普通高等教育“十三五”规划教材

Access 2013 数据库案例教程

张思卿　姜东洋　主编

化学工业出版社

·北京·

本书根据教育部高等学校计算机基础教学指导委员会编制的《普通高等学校计算机基础教学基本要求》，为满足高等教育对数据库技术和程序设计方面的基本要求进行编写。

本书共 11 章，包括数据库基础知识、Access 2013 数据库、表的创建与使用、查询设计、结构化查询语言 SQL、窗体设计、报表设计、宏、VBA 与模块、数据库管理、数据库安全。书中有丰富的案例和大量的练习题、上机实训，还提供课后习题参考答案。

本书内容叙述清楚、示例丰富、图文并茂、步骤清晰、易懂易学，适合广大应用型本科和高职高专院校教学使用，以及适合有一定计算机基础的读者自学使用，也可作为全国计算机等级考试参考书。

图书在版编目（CIP）数据

Access 2013 数据库案例教程 / 张思卿，姜东洋主编. —北京：化学工业出版社，2017.7
普通高等教育“十三五”规划教材
ISBN 978-7-122-29574-3

Ⅰ. ①A… Ⅱ. ①张… ②姜… Ⅲ. ①关系数据库系统-高等学校-教材 Ⅳ. ①TP311.138

中国版本图书馆 CIP 数据核字（2017）第 092753 号

责任编辑：王听讲　　　装帧设计：关　飞
责任校对：宋　夏

出版发行：化学工业出版社（北京市东城区青年湖南街 13 号　邮政编码 100011）
印　　装：高教社（天津）印务有限公司
787mm×1092mm　1/16　印张 16¼　字数 421 千字　2017 年 7 月北京第 1 版第 1 次印刷

购书咨询：010-64518888（传真：010-64519686）　售后服务：010-64518899
网　　址：http://www.cip.com.cn
凡购买本书，如有缺损质量问题，本社销售中心负责调换。

定　　价：38.00 元

前　　言

本书是根据教育部高等学校计算机基础教学指导委员会组织编制的《高等学校计算机基础教学基本要求》，以 Microsoft Access 2013 中文版为操作平台，针对计算机数据库及其程序设计技术，详细介绍了关系数据库管理系统的基本知识和 Access 数据库系统的主要功能。

本书采用案例教学方式，将基础知识介绍与实例分析融于一体。全书共 11 章，包括数据库基础、Access 2013 数据库、表的创建与使用、查询设计、结构化查询语言 SQL、窗体设计、报表设计、宏、VBA 与模块、数据库管理、数据库安全知识。书中提供了丰富的案例和大量的习题。本书内容及特色如下：

第 1 章介绍数据库系统的基本概念、数据模型等内容，要求读者重点掌握关系数据库的基础知识。

第 2 章在介绍 Access 2013 的基本功能和基本操作的同时，介绍了该软件新增加的特点。重点介绍了 Access 数据库系统的数据类型和表达式。

第 3 章主要介绍创建数据库和表的方法。

第 4 章介绍数据表查询设计基本操作方法。

第 5 章重点介绍结构化查询语言 SQL。

第 6 章介绍创建窗体的各种方法，以及对窗体的再设计，并讲解了窗体和报表的基本控件的功能及其属性。

第 7 章介绍创建报表的各种方法，包括创建报表的计算字段、报表中的数据排序与分组等。

第 8 章介绍宏的创建和使用。

第 9 章介绍 Access 2013 的增强应用，包括 Access VBA 编程技术、Web 发布和 OLE 应用等。

第 10 章详细介绍了数据库管理的基本操作。

第 11 章简单介绍了数据库安全的基本知识。

全书强调数据库理论知识与实际应用的有机结合，理论论述通俗易懂、重点突出、循序渐进；案例操作步骤清晰、简明扼要、图文并茂，便于广大应用型本科院校和高职高专院校教学使用，也适合有一定计算机基础的读者自学使用，也可以作为全国计算机等级考试参考书。我们将为使用本书的教师免费提供电子教案等教学资源，需要者可以到化学工业出版社教学资源网站 http://www.cipedu.com.cn 免费下载使用。

本书由张思卿、姜东洋担任主编，薛丽香、侯泽民担任副主编，编写人员分工为：郑州科技学院张思卿编写第 1、2、10 章，辽宁机电职业技术学院姜东洋编写 3、9、11 章，郑州科技学院薛丽香编写第 4、5、7 章，郑州科技学院侯泽民编写第 6、8 章，郑州科技学院邵杰、周景伟也参加了本书的编写工作。全书由张思卿统稿。

在本书的编写过程中，参考了有关专家、学者的同类教材和网络上的相关资源，在此向其作者表示衷心的感谢。由于编者水平有限，加上编写时间仓促，书中难免会有不妥之处，殷切希望广大读者提出宝贵意见。

编　者

2017 年 5 月

目　录

第1章　数据库基础

【学习要点】

- 数据库基本概念;
- 数据库系统组成;
- 数据模型;
- 关系数据库;
- 构建数据库模型。

【学习目标】

通过本章的学习，了解数据库有关基本概念，如数据、数据库、数据库系统和数据库管理系统等，了解数据库发展历史、数据库研究方向和应用范围，掌握数据库系统结构、数据库管理系统的功能和基本原理，理解数据模型的定义和实现方式，为关系型数据库系统的学习打下良好的基础。

1.1　数据库简介

数据库作为应用系统的核心和管理对象，就是以一定的组织方式将相关的数据组织在一起，存放在计算机存储器上形成的，能为多个用户共享，同时与应用程序彼此独立的一组相关数据的集合。数据库将各种数据以表的形式存储，并利用查询、窗体以及报表等形式为用户提供服务。

1.1.1　数据库基本概念

数据（Data）是数据库中存储的基本对象。数据的种类很多，如文字、图形、图像和声音等都是数据。

数据可定义为描述事物的符号记录。数据有多种形式，它们均可以经过数字化后存储在计算机中。在描述事物的过程中，数据与其解释是密不可分的。

数据库（Database）是指长期存储在计算机内的、有组织的、可共享的数据集合。数据库中的数据是按一定的数据模型组织、描述和存储的，具有较小的冗余度、较高的数据独立性和易扩展性，并且可以被多个用户、多个应用程序共享。

数据库管理系统（Database Management System，DBMS）是位于用户与操作系统（Operating System，OS）之间的一层数据管理软件，是数据库系统的枢纽。数据库管理系统能科学地组织和存储数据，高效地获取和维护数据。用户对数据库进行的各种操作，如数据库的建立、使用和维护，都是在 DBMS 的统一管理和控制下进行的。

数据库管理系统的主要功能有以下几个方面。

（1）数据定义功能。提供数据定义语言（Data Definition Language，DDL），用于定义数据库中的数据对象。

（2）数据操纵功能。提供数据操纵语言（Data Manipulation Language，DML），用于操纵数据，实现对数据库的基本操纵，如查询、插入、删除和修改等。

（3）数据库的运行管理。保证数据的安全性、完整性、多用户对数据的并发使用，以及发生故障后的系统恢复。

（4）数据库的建立和维护功能。提供数据库数据输入、批量装载、数据库转储、介质故障恢复、数据库的重组织及性能监视等功能。

数据库系统（Database System，DBS）是指在计算机系统中引入数据库之后组成的系统，是用来组织和存取大量数据的管理系统。数据库系统是由计算机系统（硬件和软件系统）、数据库、数据库管理系统、数据库管理员和用户组成的具有高度组织性的整体。

1.1.2 数据库系统介绍

1. 数据库系统的三级模式结构

数据库系统的三级模式结构由外模式、模式和内模式三级构成，如图 1-1 所示。

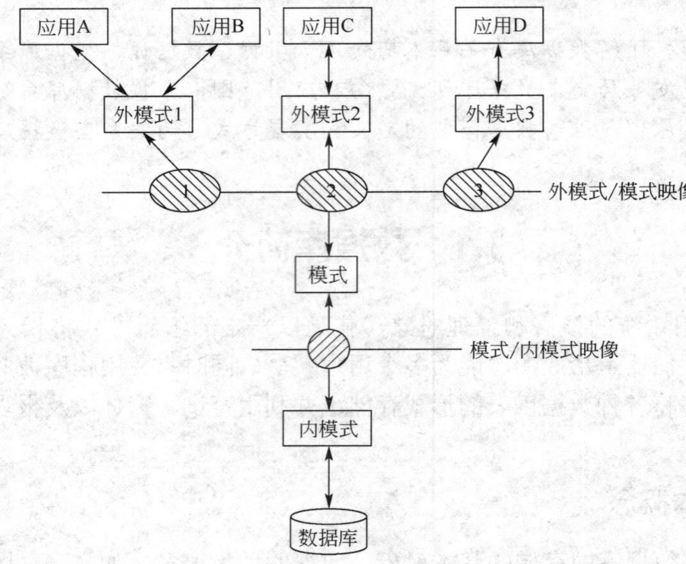

图 1-1 数据库系统的三级模式结构

（1）模式。模式（Schema）也称逻辑模式，是对数据库中全体数据的逻辑结构和特征的描述，是所有用户的公共数据视图。它是数据库系统模式结构的中间层，不涉及数据的物理存储细节和硬件环境，与具体的应用程序与所使用的应用开发工具，以及高级程序设计语言（如 C、COBOL、FORTRAN）无关。定义模式时不仅要定义数据的逻辑结构，例如，数据记录由哪些数据项构成，以及数据项的名字、类型、取值范围等，而且要定义与数据有关的安全性、完整性的要求，以及这些数据之间的联系。

（2）外模式。外模式也称子模式或用户模式，是数据库用户（包括应用程序员和最终用户）看见和使用的局部数据的逻辑结构和特征的描述，是数据库用户的数据视图，是与某一应用有关的数据的逻辑表示。

（3）内模式。内模式也称存储模式，是数据物理结构和存储结构的描述，是数据在数据库内部的表示方式。数据库只有一个内模式。

数据库系统的三级模式是数据的三个级别的抽象化，使用户能逻辑地、抽象地处理数据，而不必关心数据在计算机中的表示和存储。为了实现三个抽象层次的联系和转换，数据库系统在三个模式中提供两层映像：外模式/模式映像、模式/内模式映像。正是这两层映像保证了数据库系统中的数据能够具有较高的逻辑独立性和物理独立性。

2. 数据库系统的组成

数据库系统是指具有数据库管理功能的计算机系统，它是由硬件、软件、数据和人员组合起来为用户提供信息服务的系统。数据库系统的软件主要包括支持 DBMS 运行的操作系统以及 DBMS 本身，此外，为了支持开发应用系统，还要有各种高级语言及其编译系统。它们为开发应用系统提供了良好的环境，这些软件均以 DBMS 为核心。数据库系统人员即管理、开发和使用数据库的人员，主要是数据库管理员（Data Base Administrator，DBA）、系统分析员、应用程序员和用户。不同的人员涉及不同的数据抽象级别。数据库管理人员是数据资源管理机构的一组人员，他们负责全面管理和控制数据库系统。系统分析员负责应用系统的功能及模式设计。应用程序员负责设计应用系统的程序模块，他们要根据数据库的外模式来编写应用程序。用户是指最终用户，他们通过应用系统的用户接口使用数据库，常用的接口方式有：菜单驱动、表格操作、图形显示和报表书写等，这些接口为用户提供简明而直观的数据表示。如图 1-2 所示是数据库系统的构成。

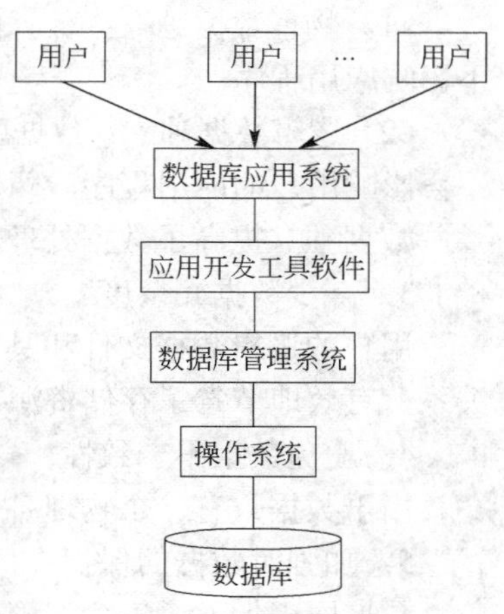

图 1-2　数据库系统的构成

一般说来，数据库系统由计算机软、硬件资源组成，它可以有组织地动态存储大量的关联数据，方便多用户访问。数据库系统与文件系统的重要区别，在于数据的充分共享、交叉访问，以及应用程序的高度独立性。

数据库主要解决以下 3 个问题。

（1）有效地组织数据。主要是对数据进行合理设计，以便计算机高效存储。

（2）将数据方便地输入计算机中。

（3）根据用户的要求将数据从计算机中提取出来。

数据库也是以文件方式存储数据的，但它是数据的一种高级处理方式。在应用程序和数据库之间有一个数据库管理软件 DBMS，即数据库管理系统。应用程序与数据库的关系如图 1-3 所示。

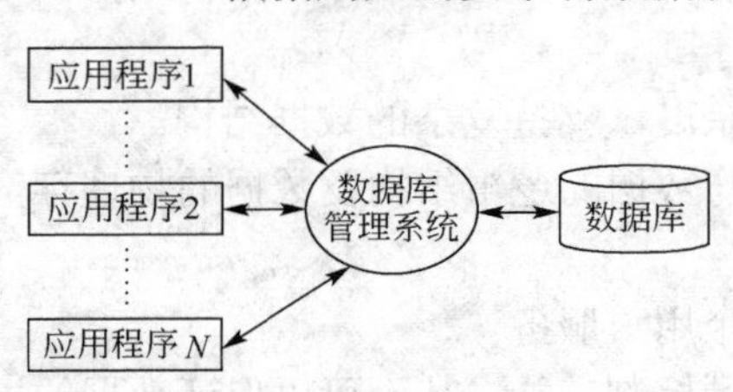

图 1-3　应用程序与数据库的关系

数据库系统和文件系统的区别是：数据库对数据的存储是按照同一结构进行的，其他应用程序可以直接操作这些数据（即应用程序的高度独立性）；而文件系统对数据的存储缺乏规范性，根据用户的需要可随意存储。

1.1.3　数据库系统的特点

数据库系统的出现是计算机数据处理技术的重大进步，它具有以下特点。

1. 实现数据共享

数据共享允许多个用户同时存取数据而互不影响，这个特征正是数据库技术先进性的体现。数据共享包括以下 3 个方面。

（1）所有用户可以同时存取数据。

（2）数据库不仅可以为当前用户服务，也可以为将来的新用户服务。

（3）可以使用多种语言完成与数据库的接口。

2．实现数据独立

所谓数据独立是指应用程序不随数据存储结构的改变而变动。这是数据库系统最基本的优点。数据独立包括以下两个方面。

（1）物理数据独立：数据的存储方式和组织方法改变时，不影响数据库的逻辑结构，从而不影响应用程序。

（2）逻辑数据独立：数据库逻辑结构变化（如数据定义的修改、数据间联系的变更等）时，不会影响用户的应用程序，即用户应用程序无需修改。

数据独立提高了数据处理系统的稳定性，从而提高了程序维护的效率。

3．减少数据冗余度

用户的逻辑数据文件和具体的物理数据文件不必一一对应，其中可存在“多对一”的重叠关系，有效地节省了存储资源。

4．避免数据不一致性

由于数据只有一个物理备份，所以数据的访问不会出现不一致的情况。

5．加强对数据的保护

数据库中加入了安全保密机制，可以防止对数据的非法存取。由于对数据库进行集中控制，所以有利于确保控制数据的完整性。数据库系统采取了并发访问控制，保证了数据的正确性。另外，数据库系统还采取了一系列措施来实现对数据库破坏的恢复。

1.1.4 关系数据库概述

关系数据库（Relation Database）是若干个依照关系模型设计的数据表文件的集合，也就是说，关系数据库是由若干个依照关系模型设计的二维表组成的。

关系数据库由于以具有与数学方法相一致的关系模型设计的数据表为基本文件，因此每个数据表之间具有独立性的同时，若干个数据表之间又具有相关性，这一特点使其具有极大的优越性，并能得以迅速普及。关系数据库有以下特点。

（1）以面向系统的观点组织数据，使数据具有最小的冗余度，支持复杂的数据结构。

（2）具有高度的数据和程序的独立性，用户的应用程序与数据的逻辑结构及数据的物理存储方式有关。

（3）由于数据具有共享性，因此数据库中的数据能为多个用户服务。

（4）关系数据库允许多个用户同时访问，同时提供了各种控制功能，从而可以保证数据的安全性、完整性和并发性控制。

1.2 数据模型

模型是现实世界特征的模拟和抽象。数据模型也是一种模型，只不过它模拟的对象是数据。根据模型应用的不同层次和目的，可以将模型分为两类：一类是概念模型，按用户的观点来对数据和信息建模，主要用于数据库设计；另一类是数据模型，主要包括网状模型、层次模型和关系模型等，它是按计算机系统的观点对数据建模。

1.2.1　数据模型概述

数据模型是现实世界数据特征的抽象。数据模型是工具，是用来抽象、表示和处理现实世界中的数据和信息的工具。在数据库中用数据模型这个工具来抽象、表示和处理现实世界的数据和信息，现有数据库系统均是基于某种数据模型的。

数据模型应满足以下 3 个方面的要求：

① 能够比较真实地模拟现实世界；

② 容易被人理解；

③ 便于在计算机系统中实现。

常用的数据模型有 3 种：层次模型、网状模型和关系模型。

1.2.2　构建数据模型

1．层次模型

层次模型（Hierarchical Model）表示数据间的从属关系结构，是一种以记录某一事物的类型为根节点的有向树结构。层次模型像一棵倒置的树，根节点在上，层次最高；子节点在下，逐层排列。其主要特征如下：

① 仅有一个根节点且无双亲；

② 根节点以下的子节点，向上层仅有一个父节点，向下层有若干子节点；

③ 最下层为叶节点，且无子节点。

层次模型表示从根节点到子节点的一个节点对多个节点，或从子节点到父节点的多个节点对一个节点的数据间的联系。层次模型的示例如图 1-4 所示。

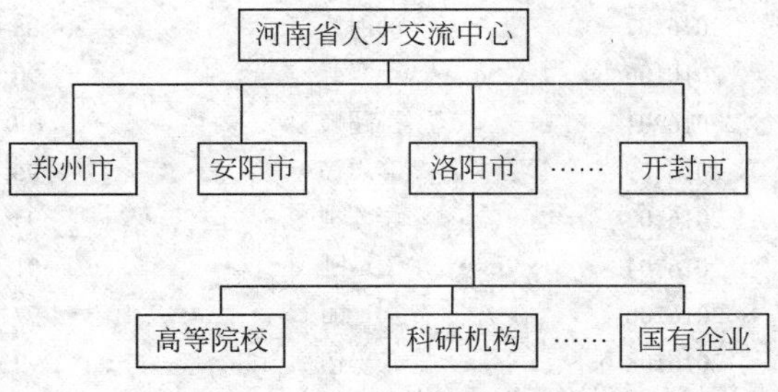

图 1-4　层次模型的示例

2．网状模型

网状模型（Network Model）是层次模型的扩展，它表示多个从属关系的层次结构，呈现一种交叉关系的网络结构。网状模型是以记录为节点的网络结构。其主要特征如下：

① 有一个以上的节点，无双亲；

② 至少有一个节点，有多个双亲。

网状模型的示例如图 1-5 所示。

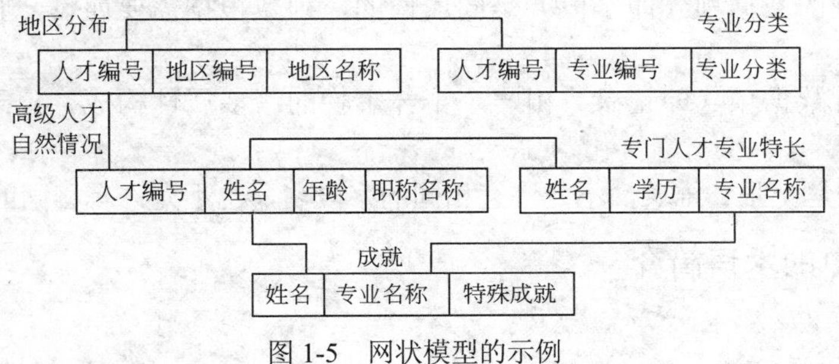

图 1-5　网状模型的示例

3．关系模型

关系模型（Relational Model）中的“关系”是有特定含义的，广义地说，任何模型都可以描述一定事物数据之间的关系。层次模型描述数据之间的从属关系；网状模型描述数据之间的多种从属的网状关系。关系模型中的"关系"虽然也适用于这种广义的理解，但同时又特指那种具有相关性而非从属性的平行数据之间的按照某种序列排列的集合关系。

表 1-1 是某部门高级人才的基本情况表。其中 4 组数据之间是平行的，从层次从属角度看也是无关系的，但假如知道他们是同一个部门的工作人员，就可以建立一个关系（二维表）。

用二维表结构来表示实体与实体之间联系的模型称为关系模型。在关系模型中，操作的对象和结果都是二维表，这种二维表就是关系。如表 1-2 所示。

表 1-1　某部门高级人才基本情况表

姓　名	性　别	年　龄
李云峰	女	40
王江鹏	男	51
孙志强	男	48
杨芳芳	女	32

表 1-2　成绩表

学号	姓名	计算机	英语	高等数学
2016205	罗云涛	98	90	95
2016101	侯泽民	88	92	80
2016202	薛丽香	85	100	90
2016106	于海燕	90	99	84
2016201	孙超峰	100	92	89
2016109	李志伟	96	97	95
2016102	李　刚	95	98	99
2016204	王运刚	91	88	100
2016206	周　丽	97	89	96
2016108	张忠伟	90	95	88
2016110	李瑞霞	90	88	80
2016210	郑　睿	92	99	100

表中的这些数据虽然是平行的，不代表从属关系，但它们构成了某部门工作人员的属性关系结构。

关系模型有以下主要特征：

① 关系中的每一数据项不可再分，是最基本的单位；

② 每一竖列的数据项（即字段）是同属性的，列数根据需要而设，且各列的顺序是任意的；

③ 每一横行数据项（即记录）由一个个体事物的诸多属性构成，记录的顺序可以是任意的；

④ 一个关系是一张二维表，不允许有相同的字段名，也不允许有相同的记录行。

1.2.3　数据库中的术语简介

1. 字段

使用过 Office 中的 Excel（电子表格软件）组件的用户，可能会发现图 1-6 中的表很像 Excel 中的工作表。Access 数据库的表与 Excel 工作表的相同点是：都是按行和列组织的，用网格线隔开各单元格，单元格中可添加数据。Access 数据表与 Excel 工作表的不同点是：在 Access

数据库表中，表中的每一列代表一个字段，即一个信息的类别，表中的每一行就是一个记录，它存放表中一个项目的所有信息。在 Access 表中的每个字段只能存放一种类型的数据（文本型、数字型、货币型或者日期型等）。

表格工具　读者 - Access

文件　开始　创建　外部数据　数据库工具　字段　表

借书证号	姓名	性	出生年	学历	所在单	照片	电话	Email	发证日期	是否会员	密码	单击以添加
2009102300	李星月	男	0-10-01	本科	市节水办	Image	7989661	lixingxue@126.com	2009-10-23	☑	123	
2009102300	张鹏	男	0-04-01	本科	市节水办	Image	8944546	zhangpeng@163.com	2009-10-23	☐	123	
2009102400	孙亚南	女	6-04-01	大专	市卫生局	Image	5325363	sunyanan@126.com	2009-10-24	☑	123	
2009102500	孙玉	女	3-08-01	中专	市教育局	Image	6563654	sunyu@126.com	2009-10-25	☐	123	
2009102500	任卫兵	男	7-09-01	大专	市卫生局	Image	4789546	renweibing@163.coı	2009-10-25	☐	123	
2009102500	张中亚	女	5-04-01	本科	市节水办	Image	5897456	zhangzhongya@163.	2009-10-25	☑	123	
2009102500	刘释典	男	8-07-01	硕士研究	市教育局	Image	6548752	liushidian@126.coı	2009-10-25	☐	123	
2009102500	赵帅	男	8-05-01	中专	市文化局	Image	7458865	zhaoshuai@163.com	2009-10-25	☐	123	
2009102600	李涛	男	6-03-01	大专	市文化局	Image	6536896	litao@126.com	2009-10-26	☐	123	
2009102600	张欣	女	2-04-01	本科	市劳动局	Image	4789653	zhangxin@126.com	2009-10-26	☑	123	
2009102600	靳红卫	男	4-01-01	本科	市劳动局	Image	6523566	jinhongwei@163.coı	2009-10-26	☐	123	
2009102600	王晓路	女	4-07-01	硕士研究	市经贸委	Image	4555647	wangxiaolu@126.coı	2009-10-26	☐	123	
2009102600	徐晓东	男	9-11-01	本科	市经贸委	Image	8778945	xuxiaodong@126.coı	2009-10-26	☐	123	
2009102600	杨红可	女	1-04-01	本科	市歌舞团	Image	5412653	yanghongke@126.coı	2009-10-26	☐	123	
2009102600	孙美玲	女	2-05-01	大专	市歌舞团	Image	2541236	sunmeiling@163.coı	2009-10-26	☐	123	
2009102700	杨先学	男	7-05-01	中专	市歌舞团	Image	4789565	yangxianxue@163.c	2009-10-27	☑	123	
2009102700	邓鹏飞	男	3-05-01	中专	自来水公	Image	4745586	dengpengfei@126.c	2009-10-27	☐	123	
2009102700	周丽	女	7-01-01	本科	自来水公	Image	5225654	zhouli@126.com	2009-10-27	☑	123	
2009102700	魏武	女	0-01-01	本科	市劳动局	Image	4774556	weiwu@126.com	2009-10-27	☐	123	
2009102700	陈康明	男	1-09-01	本科	市教育局	Image	7589641	chenkangming@126.	2009-10-27	☑	123	
*										■		

图 1-6　图书管理“读者”表视图

2．索引

索引是包含表中的一个字段或者一组字段中的某个关键词按一定顺序排列的数据列表。数据库利用索引能迅速地定位到要查找的记录，从而缩短了查找记录的时间。

如图 1-6 所示的“读者”表中，就以“ID”字段建立了一个索引，如果要查找相应个人的详细信息，就没有必要在 Access 库中逐个寻找每个人的名称，而只需直接找到索引序列表中某个人的 ID 号即可。

图 1-6 所示表中显示的数据并不多，但是在实际应用中一个数据表可能存储数以万计的个人记录，如果没有索引，搜索一个数据需要很长时间，索引是快速完成搜索大量数据任务的关键所在，但是过多的索引也会降低 Access 的性能，所以只需要在经常访问的字段上建立索引。

3．记录

数据工作表被分为行和列，行称为记录（Record），列称为字段（Field）。每条记录都被看做一个单独的实体，可以根据需要进行存取或者排列。

表中的同一列数据具有相似的信息，例如产品 ID、产品名称、供应商和类别。这些数据的列条目就是字段。每个字段通过明确的数据类型来识别。常见的数据类型有文本型、数字型、货币型或者日期型。字段具有特定的长度，每个字段在顶行有一个表明其具体信息类别的名字。

行（表示记录）和列（表示字段）的相交处就是值——存储的数据元素。在同一个表中，值可能会重复出现，而字段和记录却是唯一的，字段可以用字段名来识别，记录通常通过记录的某些唯一特征符号来识别。

1.2.4　关系数据库

用二维表的形式表示事物之间联系的数据模型就称为关系数据模型，通过关系数据模型建立的数据库称为关系数据库。Microsoft Access 就是继 DBASE、FoxBASE、FoxPro 之后推出的关系型数据库管理系统。Microsoft Access 2013（简称 Access2013）适用于 Windows 95/98、Windows NT 3.5/4.0 和 Windows 2000/XP/WIN7 等操作系统环境。

在 Microsoft Access 中一个表就是一个关系。例如，用两个表分别给出了学生的基本情况和学生的成绩两个关系，这两个关系都有标识某个学生的唯一属性——学号，根据学号通过一定的关系运算就可以把两个关系联系起来。

1. 关系术语

（1）关系。一个关系就是一个二维表，每个关系都有一个关系名，如基本情况、成绩等。

（2）元组。在一个二维表（一个关系）中，水平方向的行称为元组。元组对应表中的一条记录。如在基本情况表和成绩表两个关系中就包括多个元组（多条记录）。

（3）属性。二维表中垂直方向的列称为属性。每一列有一个属性名，在 Microsoft Access 中称为字段名。如：基本情况表中的“学号”、“姓名”和“性别”等均为字段名。

（4）域。域是属性的取值范围，即不同元组对同一属性的取值所限定的范围。如性别的域为“男”和“女”两个值。

（5）关键字。关键字是属性或属性的集合，其值能够唯一标识一个元组。在 Microsoft Access 中表示为字段或字段的组合。如，基本情况表中的“学号”字段可以作为标识一条记录的关键字，而“性别”字段则不能唯一标识一条记录，因此，不能作为关键字。在 Microsoft Access 中主关键字和候选关键字能够起唯一标识一个元组的作用。

（6）外部关键字。如果表中的一个字段不是本表的主关键字或候选关键字，而是另外一个表的主关键字或候选关键字，这个字段（属性）就称为外部关键字。

2. 关系运算

对关系数据库进行查询时，需要找到用户需要的数据，就要对关系进行运算。关系的基本运算有两类：一类是传统的集合运算（并、差、交等），在 Microsoft Access 中没有直接提供传统的集合运算，但可以通过其他操作或编写程序来实现；另一类是专门的关系运算（选择、投影、连接等），查询就是要对关系进行的基本运算。

3. 关系模型的操作

关系模型由三部分组成：数据结构、关系操作集合和关系的完整性。数据结构在前面已作描述，接下来学习关系模型操作。关系模型把关系作为集合来进行操作（运算），参与操作的对象是集合，结果仍是集合。关系操作的能力可用关系代数来表示，常用的有八种，比如选择、投影、连接、除、并、交、差和广义笛卡儿积。

4. 关系模型的完整性

关系模型的三类完整性是实体完整性、参照完整性和用户定义的完整性，这里只介绍前面两类完整性。所谓完整性是对数据库中数据的一些约束条件。前两类完整性是关系模型必须满足的完整性约束条件，应该由关系系统自动支持。

（1）实体完整性。实体完整性是指如果属性组 A 是关系 R 的关键字，那么 A 不能取空值（NULL）。空值是“不知道”或者“无意义”的值。比如学生档案表中属性“学号”下的值不能取空值。

（2）参照完整性。若关系 R 中含有与另一个关系 S 的关键字 KS 相对应的属性组 F（称为 R 的外部码），则对于 R 中每个元组在 F 上的值必须为：

① 或者取空值（F 的每个属性值均为空值）。

② 或者等于 S 中某个元组的关键字值。关系 S 的关键字 KS 和 F 定义在同一个（或一组）域上。例如现有职工关系 EMP（职工号、姓名、部门号）和部门关系 DEPT（部门号、部门名）

是两个基本关系。EMP 的关键字为职工号，DEPT 的关键字是部门号，在 EMP 中，部门号是它的外部码。

EMP 中每个元组在部门号上的值允许有以下两种可能。

① 空值说明这个职工尚未分配到某个部门。

② 非空值，则部门号的值必须是 DEPT 中某个元组中的部门号值。表示此职工不可能分配到一个不存在的部门中，即被参照的关系 DEPT 中一定存在一个元组，它的关键字值等于该关系 EMP 中的外部码值。这就是参照完整性。

1.2.5　构建数据库模型

在使用 Microsoft Access 新建数据库的窗体和其他对象之前，设计并构建数据库非常重要。合理的设计是新建一个有效、准确及时完成所需功能的数据库的基础。

1．收集项目需求

设计 Microsoft Access 数据库的第一步是确定数据库所要完成的任务以及如何来完成。用户需要明确的是希望从设计的数据库中得到什么信息，因此设计者可以根据这些信息来确定最终设计哪些数据表，以及数据表中需要包含哪些字段。

构建数据库就需要设计者与即将使用数据库的人员进行交流，集体讨论需要数据库解决的问题，并描述需要数据库生成的报表；同时收集当前用于记录数据的表格，然后参考某个设计较完善且与此相似的数据库。

2．项目构架

（1）规划数据库的表。规划数据库中的表可能是数据库设计过程中最难处理的步骤。因为设计者从第一步了解数据库任务的过程中所获得的结果（即打印输出的报表、使用的表格和所要解决的问题等），不一定能提供构建数据表结构的线索。

在使用 Microsoft Access 设计表之前，可以先在纸上草拟并润色设计方案。在设计表时，应按以下设计原则对信息进行分类。

① 表中不应该包含重复信息，并且信息不允许在表之间复制。如果每条信息只保存在一个表中，则只需更新一处，这样效率更高，同时也消除了如 A 和 B 两个表中都有相同客户的地址和电话号码的信息。如果只修改了 A 表中该客户的地址，则 A、B 两表中客户的信息就不同了，即包含不同信息的重复项的可能性。因此，在一个表中只能保存一次每一个客户的地址和电话号码。

② 每个表应该只包含关于一个主题的信息。如果每个表只包含关于一个主题的信息，则可以独立于其他主题维护每个主题的信息。例如，将客户的地址与客户订单存在不同表中，这样就可以删除某个订单，但仍然保留客户的信息。

（2）确定字段。同一主题是指建立相应主题的数据库，如建立一个教务管理系统数据库，那么在数据库中建立的每一个表都应包含关于教务管理的相关信息，如成绩、课程信息、老师信息等。

每个表都包含关于同一主题的信息，并且表中的每个字段应该包含关于该主题的各个事件。例如，“Customer（客户）表”可以包含公司的名称、地址、城市、省和电话号码的字段。在草拟每个表的字段时，用户需要注意下列内容：

① 每个字段直接与表的主题相关；

② 不包含指导或计算的数据（表达式的计算结果）；

③ 包含需要的所有信息；

④ 以最小的逻辑部分保存信息。

（3）明确有唯一值的字段。每个表应该包含一个或一组字段，且该字段是表中所保存的每条记录的唯一标识，称为表的主关键字。为表设计主关键字之后，为确保唯一性，Microsoft Access 将避免任何重复值或空（Null）值进入主关键字字段。Microsoft Access 为了连接保存在不同表中的信息，例如将某个客户与该客户的所有订单相连接，数据库中的每个表必须包含能唯一确定每条记录的字段或者字段集。

（4）确定表之间的关系。因为已经将信息分配到各个表中，并且已定义了主关键字字段，所以需要通过某种方式告知 Microsoft Access 如何以有意义的方法将相关信息重新结合到一起。用户（指设计数据库的人）如果进行关联“客户”表与“客户订单”表的操作，必须定义表之间的关系。

可以参考一个已有的且设计良好的数据库中的关系，这里打开“图书管理示例数据库”，在数据库工具选项板中选择【关系】命令，就会出现如图 1-7 所示的【关系】对话框。

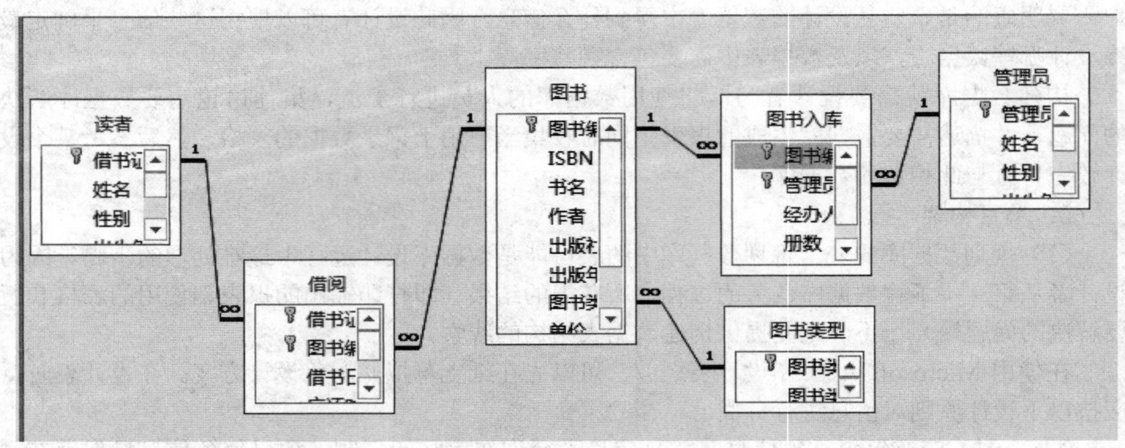

图 1-7 【关系】对话框

（5）优化设计。在设计完需要的表、字段和关系之后，就应该检查一下该设计，并找出可能存在的不足，因为此时修改数据库的设计，要比更改已经填满数据的表容易得多。

3．开发规划

如果认为表的结构已达到了设计目的，就可以在表中添加数据，然后新建所需的查询、窗体、报表、宏和模块。

Microsoft Access 有两个工具可以帮助用户方便地改进数据库的设计，即“表分析器向导”和“性能分析器”。

“表分析器向导”一次能分析一个表的设计，在适当的情况下它能建议新的表结构和关系，并且在合理的情况下根据表分析器提供的建议（如认为某表结构不合理而建议一个新的表结构）修改原来的表结构。使用“表分析器向导”可以对表进行规范化的操作，即将表拆分成相关表。如果用户的数据库中有一个表，且该表在一个或多个字段中包含重复的信息，可以使用“表分析器向导”将有重复信息的表拆分成多个关联表，这样能更有效地保存数据。

使用“性能分析器”可以分析整个数据库，并且它能提出建议和意见来改善数据库的性能。

习　题

一、选择题

1．数据库的概念模型独立于_______。

A．具体的机器和 DBMS　　B．E-R 图　　C．信息世界　　D．现实世界

2．通过指针链接来表示和实现实体之间联系的模型是_______。

A．关系模型　　B．层次模型　　C．网状模型　　D．层次和网状模型

3．层次模型不能直接表示_______。

A．1∶1 关系　　B．1∶m 关系　　C．m∶n 关系　　D．1∶1 和 1∶m 关系

4．用二维表数据来表示实体之间联系的模型叫做_______。

A．网状模型　　B．层次模型　　C．关系模型　　D．实体-联系模型

5．Access 2013 关系数据库管理系统能够实现的三种基本关系运算是_____。

A．索引、排序、查找　　B．建库、录入、排序

C．选择、投影、连接　　D．显示、统计、复制

6．关系数据库系统中所使用的数据结构是____。

A．树　　B．图　　C．表格　　D．二维表格

7．数据库系统的构成为：计算机硬件系统、计算机软件系统、数据、用户和_____。

A．操作系统　　B．文件系统　　C．数据集合　　D．数据库管理人员

8．用于实现数据库各种数据操作的软件是_____。

A．数据软件　　B．操作系统

C．数据库管理系统　　D．编译程序

9．数据库 DB、数据库系统 DBS 和数据库管理系统 DBMS 的关系是_____。

A．DBMS 包括 DB 和 DBS　　B．DBS 包括 DB 和 DBMS

C．DB 包括 DBS 和 DBMS　　D．DB、DBS 和 DBMS 是平等关系

10．Access 2013 数据库系统是_____。

A．网络数据库　　B．层次数据库　　C．关系数据库　　D．链状数据库

11．数据库系统的核心是_____。

A．数据模型　　B．数据库管理系统　　C．软件工具　　D．数据库

12．数据模型反映的是_____。

A．事物本身的数据和相关事物之间的联系

B．事物本身所包含的数据

C．记录中所包含的全部数据

D．记录本身的数据和相关关系

13．用树形结构表示实体之间联系的模型是_____。

A．关系模型　　B．网状模型　　C．层次模型　　D．以上三个都是

14．假设数据库中表 A 与表 B 建立了“一对多”联系，表 B 为“多”的一方，则下述说法中正确的是_____。

A．表 A 中的一条记录能与表 B 中的多条记录匹配

B．表 B 中的一条记录能与表 A 中的多条记录匹配

C．表 A 中的一个字段能与表 B 中的多个字段匹配

D．表 B 中的一个字段能与表 A 中的多个字段匹配

15．数据表中的“行”称为_____。

A．字段　　B．数据　　C．记录　　D．数据视图

16．“商品”与“顾客”两个实体集之间的联系一般是_____。

A．一对一　　B．一对多　　C．多对一　　D．多对多

17．常见的数据模型有 3 种，它们是_____。

A．网状、关系和语义　　B．层次、关系和网状

C．环状、层次和关系　　D．字段名、字段类型和记录

18．在数据库系统中，数据的最小访问单位是_____。

A．字节　　B．字段　　C．记录　　D．表

19．数据是指存储在某一媒体上的_____。

A．数字符号　　B．物理符号　　C．逻辑符号　　D．概念符号

20．关系数据库管理系统中，所谓的关系是_____。

A．各条记录中的数据有一定的关系

B．一个数据文件与另一个数据文件之间有一定的关系

C．数据模型符合满足一定条件的二维表格式

D．数据库中各个字段之间有一定的关系

二、简答题

1．文件系统与数据库系统有何区别和联系？

2．数据库系统由哪几部分组成？各有什么作用？

3．分别列举层次模型、网状模型和关系模型的例子。

4．关系模型有哪些特点？

5．什么是字段、索引和记录？

第 2 章　Access 2013 数据库

【学习要点】

- Access 2013 介绍；
- Access 2013 的新界面；
- Access 2013 的新功能；
- Access 2013 的功能区；
- 数据库的六大对象；
- 各种对象的主要概念和功能。

【学习目标】

通过对本章内容的学习，读者应该对数据库的概念有比较清楚的了解，对 Access 2013 数据库的功能有直观的认识。Access 2013 采用了全新的用户界面，这对于用户的学习也是一个挑战。用户应当通过本章的学习，熟悉 Access 2013 的新界面，了解功能区的组成及命令选取方法等。通过学习，用户还应当建立起数据库对象的概念，了解 Access 的六大数据库对象及其主要功能。

2.1　Microsoft Access 2013 简介

虽然目前最新的版本是 Access 2016，Access 2013 是 Microsoft 公司 2013 年推出的 Access 版本，是微软办公软件包 Office 2013 的一部分，但它是目前最常用的版本。它作为一种新型的关系型数据库，它能够帮助用户处理各种海量的信息，不仅能存储数据，更重要的是能够对数据进行分析和处理，使用户将精力聚焦于各种有用的数据。

Access 2013 是简便、实用的数据库管理系统，它提供了大量的工具和向导，即使没有编程经验的用户，也可以通过其可视化的操作，来完成绝大部分的数据库管理和开发工作。

2.1.1　Access 2013 产品简介

自 Microsoft 公司研制开发出 Access 以来，就以其简单易学的优势使得 Access 的用户不断增加，成为流行的数据库管理系统软件之一。

Access 2013 是 Office 2013 系列办公软件中的产品之一，是微软公司出品的优秀的桌面数据库管理和开发工具。Microsoft 公司将汉化的 Access 2013 中文版加入 Office 2013 中文版套装软件中，使得 Access 在中国得到了广泛的应用。

Access 2013 是一个面向对象的、采用事件驱动的新型关系型数据库。这样说可能有些抽象，但是相信用户经过后面的学习，就会对什么是面向对象、什么是事件驱动有更深刻的理解。

Access 2013 提供了表生成器、查询生成器、宏生成器、报表设计器等许多可视化的操作工具，以及数据库向导、表向导、查询向导、窗体向导、报表向导等多种向导，可以使用户很方便地构建一个功能完善的数据库系统。Access 还为开发者提供了 Visual Basic for Application（VBA）编程功能，使高级用户可以开发功能更加完善的数据库系统。

Access 2013 还可以通过 ODBC 与 Oracle、Sybase、FoxPro 等其他数据库相连，实现数据的交换和共享。并且作为 Office 办公软件包中的一员，Access 还可以与 Word、Outlook、Excel 等其他软件进行数据的交互和共享。

此外，Access 2013 还提供了丰富的内置函数，以帮助数据库开发人员开发出功能更加完善、操作更加简便的数据库系统。

2.1.2 Access 2013 的功能

Access 2013 属于小型桌面数据库系统，是管理和开发小型数据库系统非常好用的工具。

Access 2013 可以在一个数据库文件中通过 6 大对象对数据进行管理，从而实现高度的信息管理和数据共享。它的 6 对象如下：

① 表：存储数据；

② 查询：查找和检索所需的数据；

③ 窗体：查看、添加和更新数据库的数据；

④ 报表：以特定的版式分析或打印数据；

⑤ 宏：执行各种操作，控制程序流程；

⑥ 模块：处理、应用复杂的数据信息的处理工具。

Access 2013 数据库有 6 大数据库对象，分别为表、查询、窗体、报表、宏、VBA 模块。这 6 个数据库对象相互联系，构成一个完整的数据库系统。SharePoint 网站这个对象是新增的，读者可以自行学习。

只要在一个表中保存一次数据，就可以从表、查询、窗体和报表等多个角度查看到数据。由于数据的关联性，在修改某一处的数据时，所有出现此数据的地方均会自动更新。

Access 2013 有许多方便快捷的工具和向导，工具有表生成器、查询生成器、窗体生成器和表达式生成器等；向导有数据库向导、表向导、查询向导、窗体向导和报表向导等。利用这些工具和向导，可以建立功能较为完善的中小型数据库应用系统。

2.2 Access 2013 的新特点

Microsoft Access 2013 使用起来非常简单，它提供的现成模板，使用户可以快速开始工作，同时它还提供了强大的工具，用户能够随时掌握数据的发展趋势。

即使不是一名数据库专家，通过 Access 2013 也可以充分利用所拥有的信息。

此外，通过新增的 Web 数据库，Access 还增强了数据功能，用户能够更轻松地跟踪和报告数据，并与他人共享数据，只要拥有 Web 浏览器，即可访问数据。它的主要新特点如下。

（1）比以往更快、更轻松地构建数据库。现成的模板和可重用的组件使 Access 2013 成为一个快速且简便的数据库解决方案，用户无需经历长时间的学习过程。

用户只需单击相关界面即可投入工作。用户可找到新的内置模板，无需自定义即可开始使用它们，也可以从 Office.com 中选择模板，并根据需要进行自定义。

用户可使用新的应用程序部件构建包含新模块式组件的数据库，并且只需单击相关菜单，即可将用于完成常规任务的预建 Access 组件添加到数据库中。

（2）创建更具吸引力的窗体和报表。

Access 2013 为用户带来了所需的 Microsoft Office 创新工具，可帮助用户轻松创建专业且信息丰富的窗体和报表。

条件格式现在支持数据栏，可以从一个直观的视图来管理条件格式规则。通过 Access 2013 中新增的 Office 主题，可调整众多数据库对象，并轻松设置格式。

（3）在适当的时间更加轻松地访问适当的工具。用户可以在需要的时间、需要的位置找到需要的命令。

用户可以自定义经过改进的功能区，以便更加轻松地访问所需命令。用户还可以创建自定义选项卡，甚至可以自定义内置选项卡。

用户可通过全新的 Microsoft Office Backstage™视图管理数据库，并更快、更直接地找到所需数据库工具。在所有 Office 2013 应用程序中，都用 Backstage 视图取代了传统的“文件”菜单，从而为管理数据库和自定义 Access 体验提供了一个集中的有序空间。用户可以添加自动化功能和复杂的表达式，而无需编写代码。用户借助 Access 2013 中简单易用的工具，也可以成为一名开发人员。

功能得到增强的表达式生成器，借助 IntelliSense 技术极大地简化了公式和表达式，而且减少了错误，这样，用户能够花更多时间来构建数据库。

用户可以使用改进的宏设计器，更加轻松地向数据库中添加基本逻辑。如果是一名经验丰富的 Access 用户，将会发现 Access 2013 能够更加直观地使用增强功能创建复杂逻辑，并且能够通过这些功能扩展数据库应用程序。

（4）创建集中管理数据的位置。Access 2013 提供了集中管理数据，并提高工作质量的简便方式。在构建的应用程序中直接包括 Web 服务和 Microsoft SharePoint 2013 Business Connectivity Services 数据。现在可以通过新增加的 Web 服务协议连接到数据源。

用户可以从其他各种外部源（例如 Microsoft Excel、Microsoft SQL Server、Microsoft Outlook 等）导入和链接数据，或者通过电子邮件收集和更新数据，而且不需要服务器。

（5）通过新的方式访问数据库。借助 Microsoft SharePoint Server 2013 中新增的 Access Services，可以通过新的 Web 数据库在 Web 上发布数据库。联机发布数据库，然后通过 Web 访问、查看和编辑它们。没有 Access 客户端的用户，也可以通过浏览器打开 Web 窗体和报表，用户所做的更改将自动同步。无论是大型企业、小企业主、非盈利组织，还是只想找到更高效的方式来管理的个人信息，Access 2013 都可以使用户更轻松地完成任务，且速度更快、方式更灵活、效果更好。

① 该功能需要 Microsoft SharePoint Server 2013，才能发布和共享 Web 数据库。

② 在 SharePoint Server 2013 中，需要配置对 Microsoft SharePoint 2013 Business Connectivity Services 的支持。

2.3 Access 2013 的安装

Access 2013 是作为 Office 2013 的组件一同发布的，所以 Access 2013 的安装，一般是与 Office 2013 的安装同步进行的，当然读者也可根据需要选择安装自己所需的 Office 组件。

Access 2013 的安装步骤如下。

（1）把 Office 2013 的安装光盘插入驱动器之后，安装程序将自动运行，稍等片刻，打开【阅读 Microsoft 软件许可证条款】界面，选中【我接受此协议的条款】复选框，然后单击【继续】按钮。

（2）在【选择所需的安装】界面中，单击【自定义】按钮，如图 2-1 所示，打开【安装选项】选项卡。

（3）在【安装选项】选项卡中，可以选择需要安装的组件，在不需要安装的组件上选择【不可用】选项即可。

（4）选择【文件位置】选项卡，设置软件的安装位置，单击【立即安装】按钮，系统便开始安装 Office 2013 应用程序，并显示软件的安装进度。安装完成之后，将出现【安装已完成】界面。

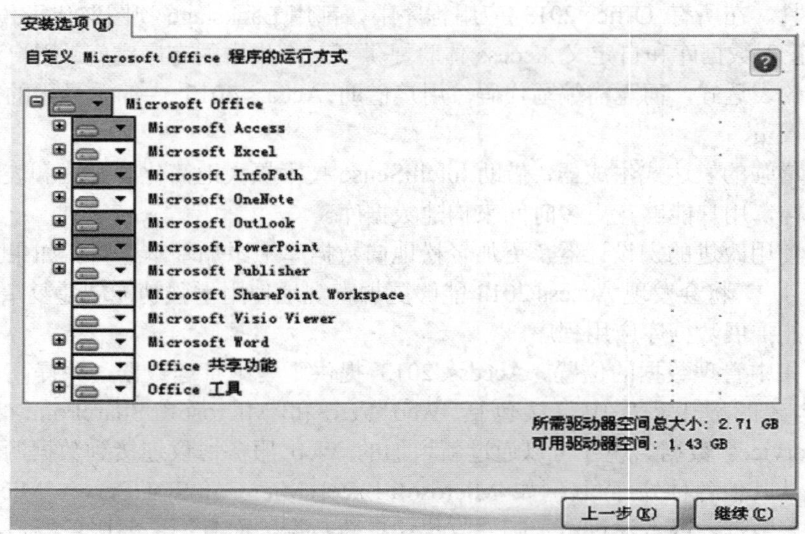

图 2-1 【选择所需的安装】界面

整个安装过程需要二三十分钟。如果只是安装 Access 2013，则只需 5～6 分钟的时间，重新启动计算机即可。

2.4 Microsoft Access 2013 启动与退出

在 Windows 操作系统中，有几种方法可以方便地启动和退出 Access 2013。

2.4.1 Access 2013 的启动

成功安装 Access 2013 以后，就可以运行这个程序了。

启动 Access 2013 的方法和启动其他软件的方法一样，Access 2013 的启动步骤如下：

① 单击任务栏上的【开始】按钮；

② 打开【所有程序】级联菜单；

③ 选择 Microsoft Office | Microsoft Access 2013 命令，就可启动 Access 2013 了。

最简单而直接的启动方法，是在桌面上建立 Access 2013 的快捷方式，只需双击桌面上的快捷方式图标，就可以方便、快捷地启动系统，如图 2-2 所示。

建立桌面快捷方式的步骤如下：

① 单击任务栏上的【开始】按钮；

② 打开【所有程序】级联菜单；

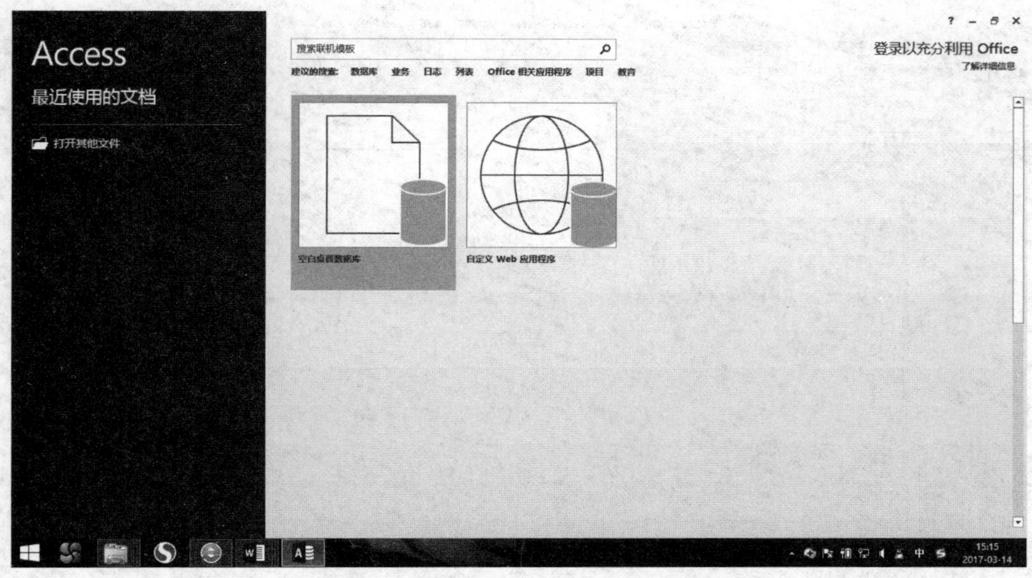

图 2-2　Access 2013 启动过程

③ 在 Microsoft Office | Microsoft Access 2013 命令上右击；

④ 在弹出的快捷菜单中选择【发送到】|【桌面快捷方式】命令。

提示：在通过【开始】菜单启动 Access 2013 以后，系统首先会显示【可用模板】面板，这是 Access 2013 界面上的第一个变化。新版本的 Access 2013 采用了和 Access 2007 扩展名相同的数据库格式，扩展名为.accdb，而原来的各个 Access 版本都是采用扩展名为.mdb 的数据库格式。

2.4.2　Access 2013 的退出

退出 Access 2013 的方法有以下几种：

① 单击 Office|【退出 Access】按钮；

② 双击 Office 按钮 A；

③ 单击标题栏右侧的【关闭】按钮；

④ 按 Alt+Space 组合键，在弹出的快捷菜单中选择【关闭】命令；

⑤ 在任务栏中 Access 2013 程序按钮上右击，在弹出的快捷菜单中选择【关闭】命令；

⑥ 按 Alt+F4 组合键；

⑦ 依次按 Alt、F 和 X 键。

提示：在打开另一个数据库的同时，Access 2013 将自动关闭当前的数据库。

2.5　Microsoft Access 2013 的窗口操作

Access 2013 的操作窗口比以前的版本更具特色，特点更鲜明。

2.5.1　Access 2013 的系统主窗口

启动 Access 2013 时，首先会出现全新的 Access 标识，然后创建空白数据库，打开其系统主窗口，如图 2-3 所示。

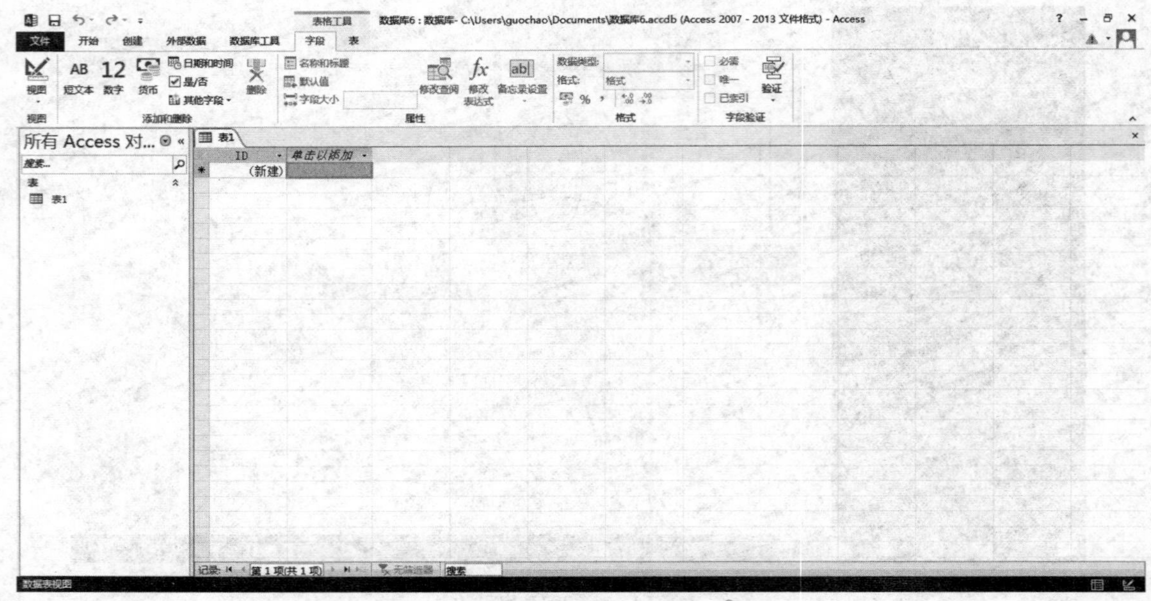

图 2-3　Access 2013 系统主窗口

Access 系统主窗口由三部分组成：标题栏、菜单栏和面板以及快速访问工具栏。

（1）标题栏：主要包括 Access 2013 标题，最大化、最小化及关闭窗口的按钮，如图 2-4 所示。

（2）菜单栏和面板：Access 2013 的菜单栏和面板是对应的关系，在菜单栏中单击某个菜单即可显示相应的面板。在面板中有许多自动适应窗口大小的选项板，提供了常用的命令按钮，如图 2-5 所示。

（3）快速访问工具栏：快速访问工具栏位于窗口的左上角，其中包括【保存】按钮、【撤销】按钮和【恢复】按钮等。

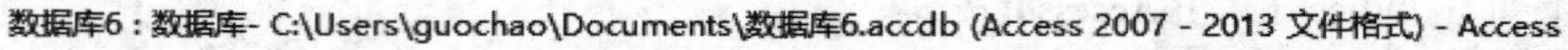

数据库6 : 数据库- C:\Users\guochao\Documents\数据库6.accdb (Access 2007 - 2013 文件格式) - Access

图 2-4　Access 的标题栏

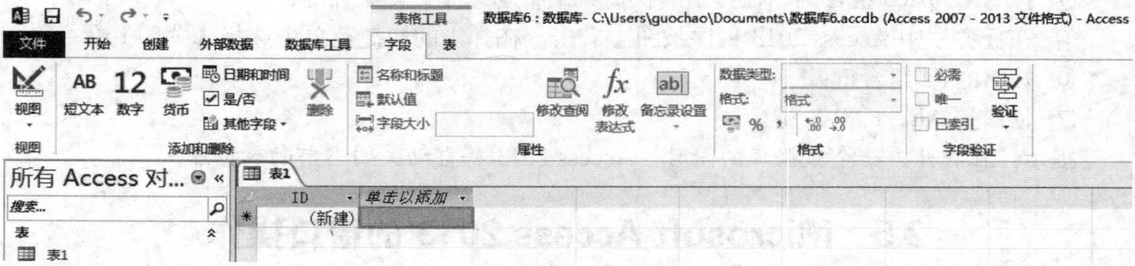

图 2-5　Access 的菜单栏和面板

2.5.2　Access 2013 的数据库窗口

选择 Office|【新建】命令，打开相应任务窗格，可以选择【空白数据库】项新建一个数据

库。数据库窗口是 Access 中非常重要的部分，可以让用户方便、快捷地对数据库进行各种操作，创建数据库对象和管理数据库对象。

数据库窗口主要包括名称框、导航窗格以及视图区 3 个部分，如图 2-6 所示。

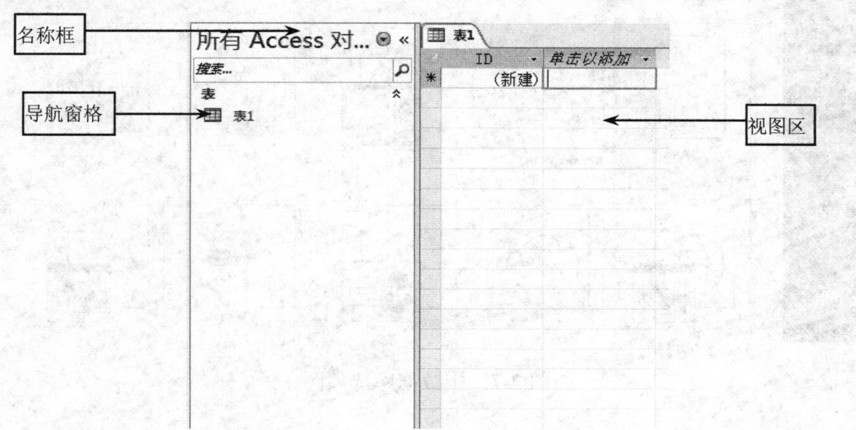

图 2-6　数据库窗口

导航窗格仅显示数据库中正在使用的内容。表、窗体、报表和查询都在此处显示，便于用户操作。

在导航窗格中单击【所有表】按钮，即可弹出列表框，列表框包含【浏览类别】和【按组筛选】两个选项区，在其中根据需要选择相应命令，即可打开相应窗格。

2.6　创建数据库

首先应该明确数据库各个对象之间的关系。数据库中有 6 个对象，分别为“表”、“查询”、“窗体”、“报表”、“宏”和“模块”，这 6 个对象构成了数据库系统。

数据库就是存放各个对象的容器，执行数据仓库的功能。因此在创建数据库系统之前，应最先做的就是创建一个数据库。

在 Access 2013 中，可以用多种方法建立数据库，既可以使用数据库建立向导，也可以直接建立一个空数据库。建立了数据库以后，就可以在里面添加表、查询、窗体等数据库对象了。

下面将分别介绍创建数据库的几种方法。

2.6.1　创建一个空白数据库

先建立一个空数据库，以后根据需要向空数据库中添加表、查询、窗体、宏等对象，这样能够灵活地创建更加符合实际需要的数据库系统。

建立一个空数据库的操作步骤如下：

（1）启动 Access 2013 程序，然后单击【文件】，在左侧导航窗格中单击【新建】命令，接着在中间窗格中单击【空数据库】选项，如图 2-7 所示。

（2）在右侧窗格中的【文件名】文本框中，输入新建文件的名称，再单击【创建】图标按钮，如图 2-8 所示。

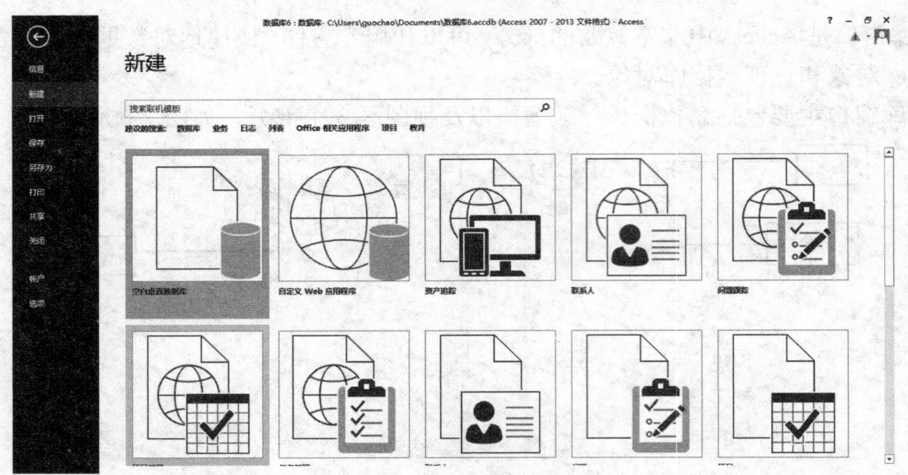

图 2-7　空数据库选项图

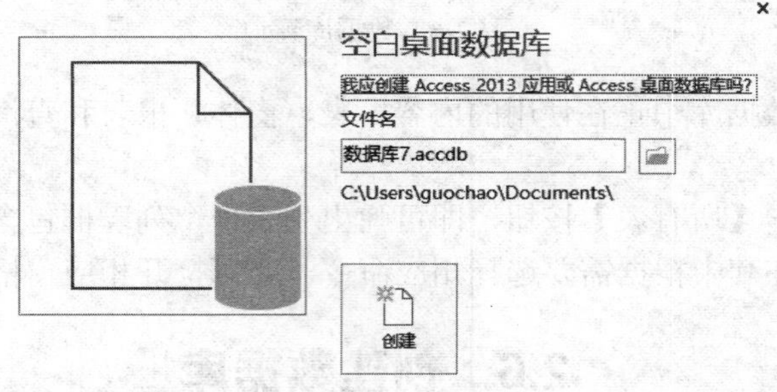

图 2-8　创建图标按钮

提示：若要改变新建数据库文件的位置，可以在图 2-8 中单击【文件名】文本框右侧的文件夹图标，弹出【文件新建数据库】对话框，选择文件的存放位置，接着在【文件名】文本框中输入文件名称，再单击【创建】按钮即可，如图 2-9 所示。

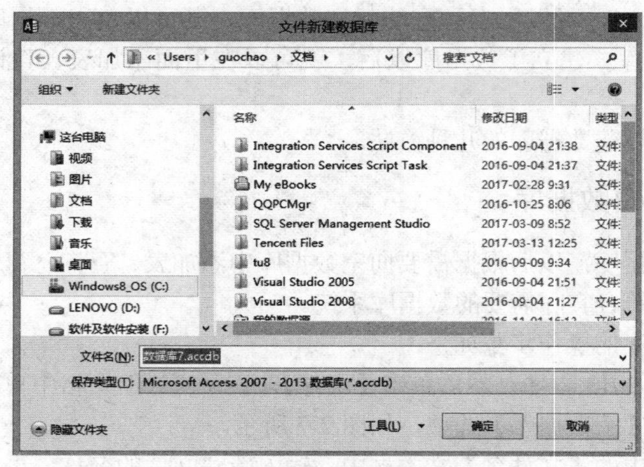

图 2-9　文件新建数据库

（3）这时将新建一个空白数据库，并在数据库中自动创建一个数据表，如图 2-10 所示。

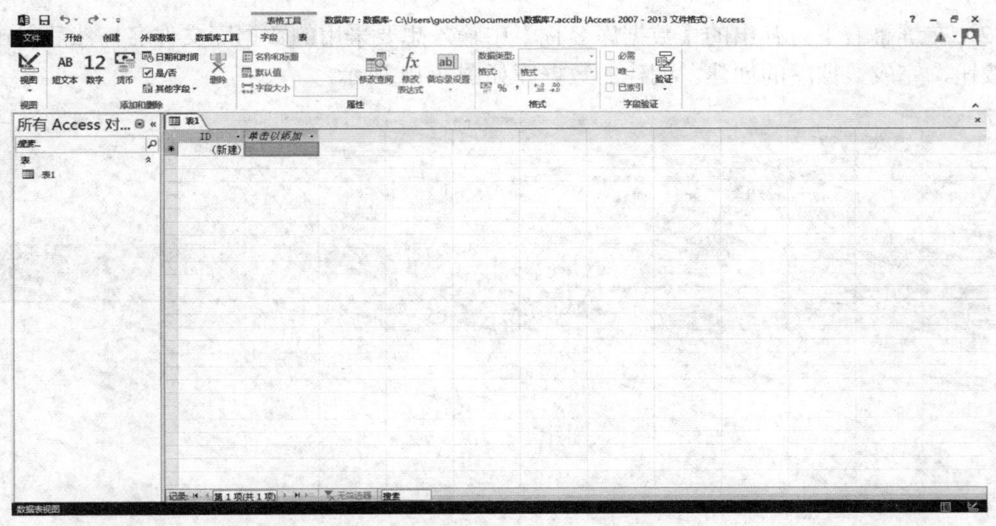

图 2-10　自动创建数据表

提示：运用这种方法，Access 2013 大大提高了建立数据库的简易程度。相对于被动地用模板，运用这种方法建立的数据库，可以更加有针对性地设计自己所需要的数据库系统，增强了使用者的主动性。

2.6.2　利用模板创建数据库

Access 2013 提供了一些数据库模板。使用数据库模板，用户只需要进行一些简单操作，就可以创建一个包含了表、查询等数据库对象的数据库系统。

下面利用 Access 2013 中的模板，创建一个“联系人”数据库，具体操作步骤如下。

（1）启动 Access 2013，单击【文件】|【新建】选项，从列出的模板中选择需要的模板，这里选择【联系人】选项，如图 2-11 所示。

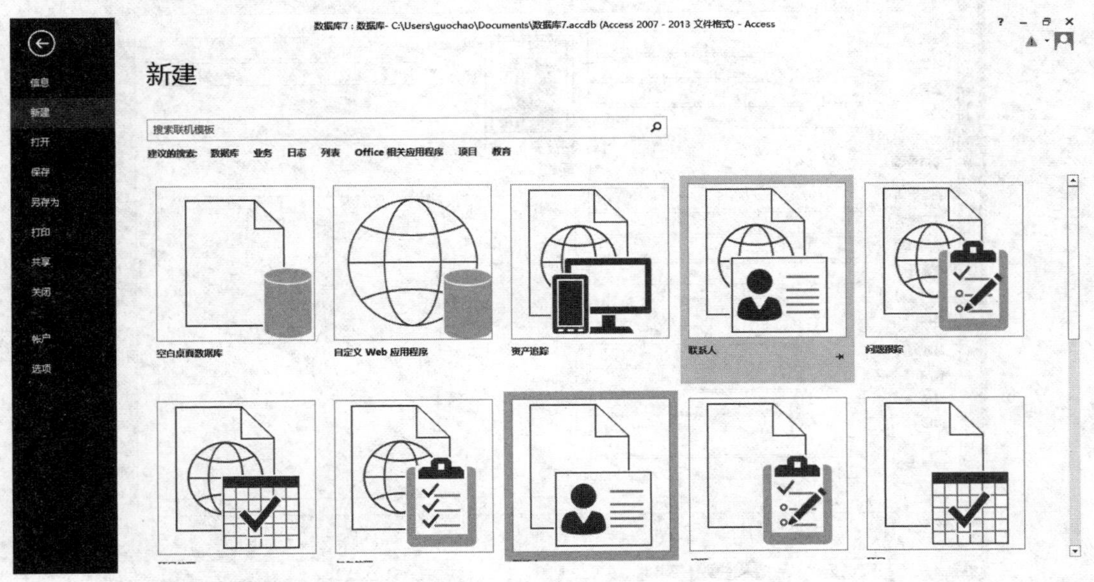

图 2-11　联系人 Web 数据库

（2）在屏幕右下方弹出的【数据库名称】中输入想要采用的数据库文件名，然后单击【创建】按钮，完成数据库的创建。创建的数据库如图 2-12 所示。

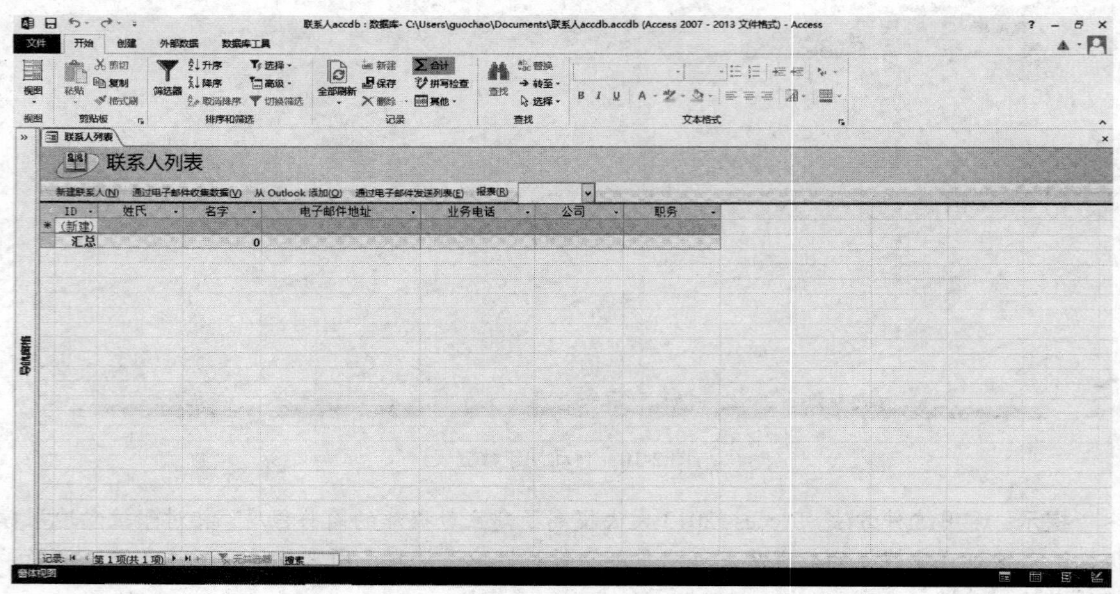

图 2-12　联系人数据库

（3）利用模板创建了“联系人”数据库以后，单击【通讯簿】选项卡下的【新建】按钮，弹出【联系人详细信息】对话框，即可输入新的联系人资料了。如图 2-13 所示。

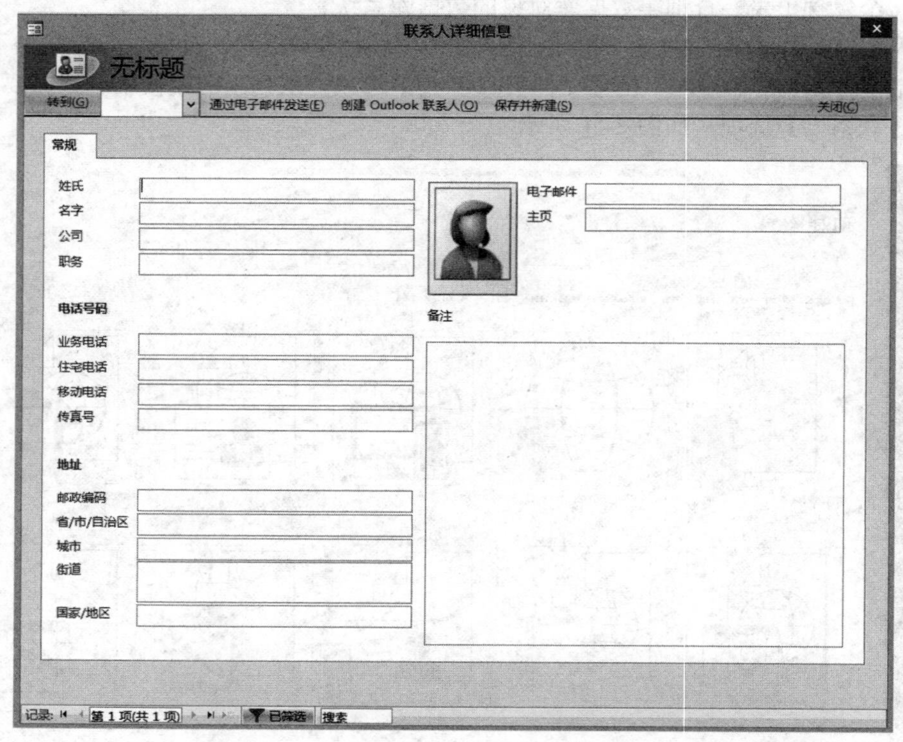

图 2-13　填写联系人数据

可见，通过数据库模板可以创建专业的数据库系统，但是这些系统有时不太符合要求，因此最简便的方法就是先利用模板生成一个数据库，然后再进行修改，使其符合要求。

2.6.3　创建数据库的实例

【例 2-1】　创建一个空数据库 ldjkk.accdb。

操作步骤如下。

（1）选择【文件】|【新建】命令，如图 2-14 所示。

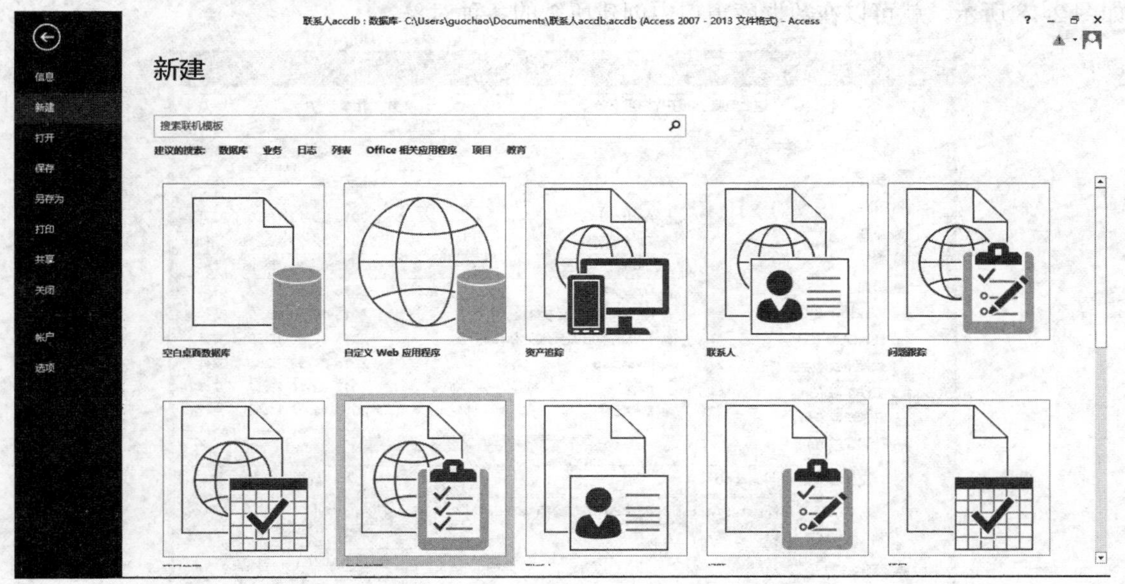

图 2-14　选择【新建】命令

（2）弹出相应任务窗格，在其中单击【空白数据库】图标，然后单击文件名右侧的文件夹图标按钮，打开如图 2-15 所示的【文件新建数据库】对话框。

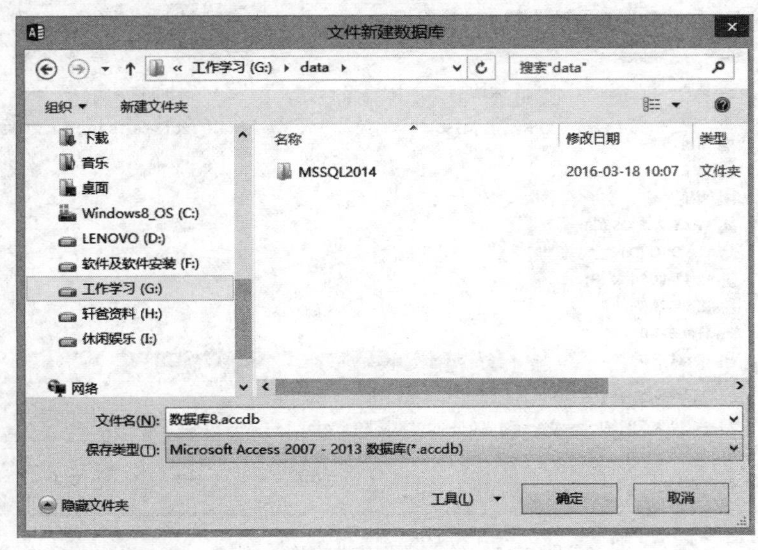

图 2-15　【文件新建数据库】对话框

（3）确定数据库文件的保存位置和文件名。在打开的【文件新建数据库】对话框中，指定数据库文件的保存位置，如图 2-16 所示，在【保存位置】列表框中选择数据库文件保存的位置，例如数据库文件保存位置为“G:\工作学习\data”。

在【文件名】下拉列表框中输入数据库文件的文件名，如图 2-17 所示，数据库文件名为 ldjkk.accdb，保存类型采用默认的 Microsoft Office Access 2013 数据库（*.accdb）。

（4）完成创建。单击【文件新建数据库】对话框右下角的【确定】按钮，返回任务窗格，单击【创建】按钮，Access 2013 就会创建一个名为 ldjkk.accdb 的数据库，并打开其数据库窗口，如图 2-18 所示，就可以在数据库窗口中创建所需的各种对象。

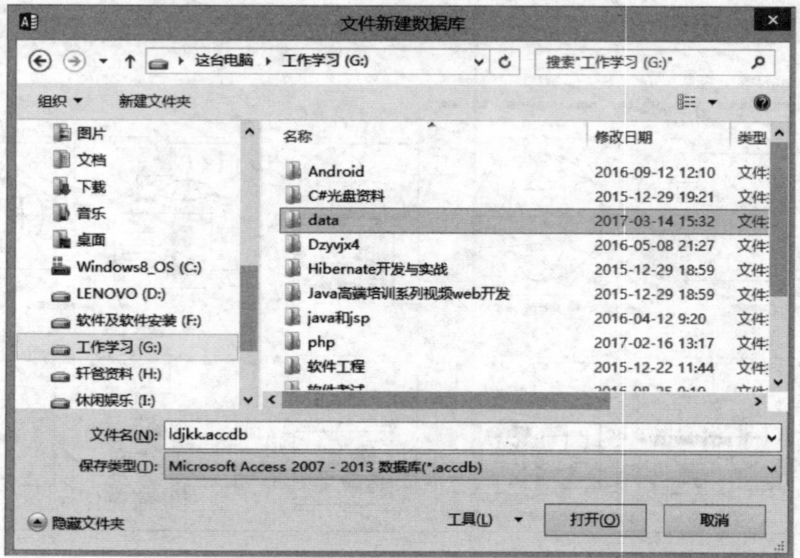

图 2-16 确定数据库文件的保存位置

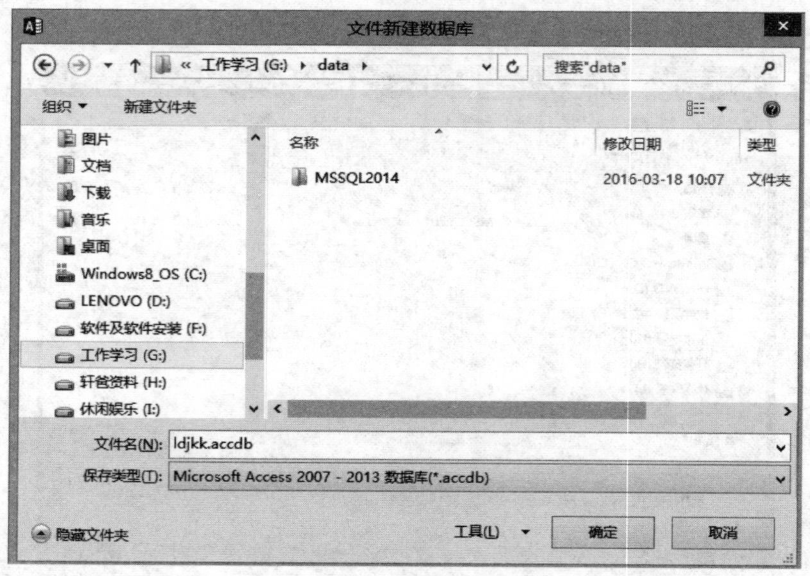

图 2-17 输入数据库文件的文件名

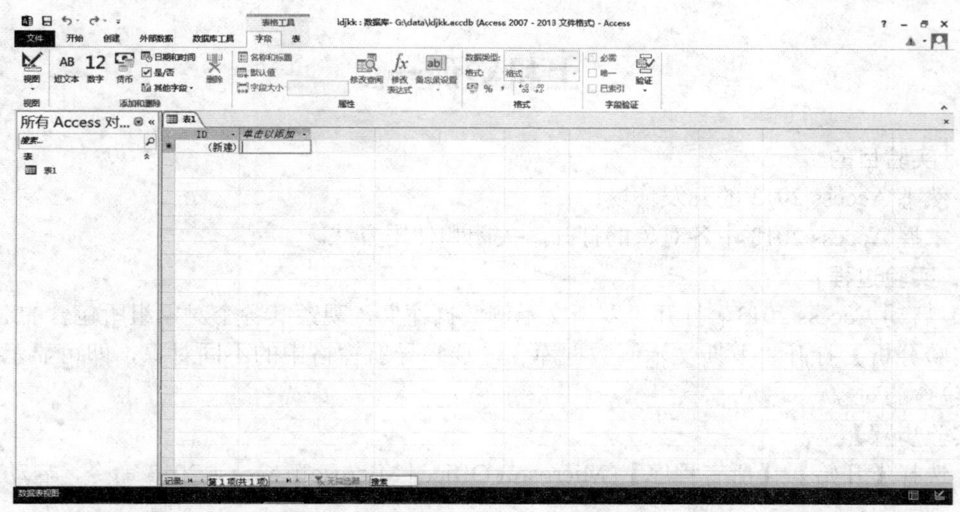

图 2-18 新建的 ldjkk.accdb 数据库窗口

2.6.4 数据库的打开与关闭

在执行数据库的各种操作之前，要求数据库必须先打开，在完成操作后则需要关闭数据库。

1．打开数据库

打开数据库的具体操作步骤如下。

（1）选择【文件选项】|【打开】命令，弹出如图 2-19 所示的【打开】对话框。

（2）在【打开】对话框中，选择【查找范围】，然后选择数据库文件名，在【打开】按钮的右侧有一个向下的箭头，单击它会出现一个下拉菜单。

（3）单击【打开】按钮，即可打开一个数据库。

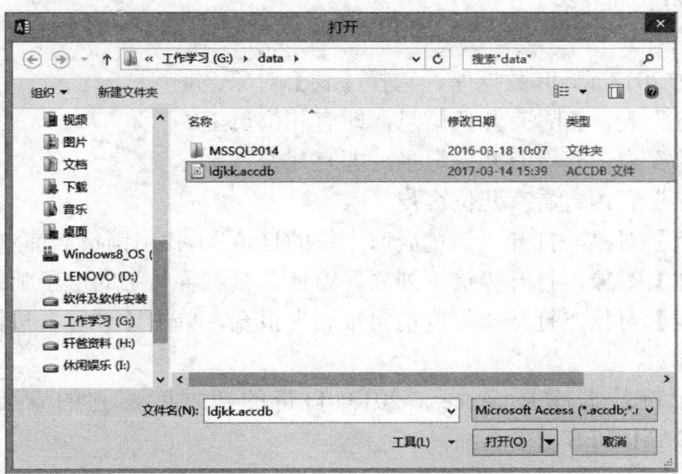

图 2-19 【打开】对话框

2．关闭数据库

关闭数据库可以用以下方法。

在 Access 主菜单中，选择 Office|【关闭数据库】命令，或者单击数据库窗口右上角的【关闭】按钮 ×，都可以关闭数据库。

上机实训一

一、实验目的

① 熟悉 Access 2013 的开发环境；

② 掌握 Access 2013 中各对象的打开、关闭和使用方法。

二、实验过程

（1）启动 Access 2013，打开“罗斯文示例数据库”，观察其各个对象组所包含的对象。

【实验分析】打开“罗斯文示例数据库”，选择导航窗格中的不同对象，即可显示各个对象组所包含的对象。

【实验步骤】

① 选择【开始】|【所有程序】| Microsoft Office | Microsoft Access 2013 命令，启动 Access 2013。

② 选择 Office|【新建】|【本地模板】|【罗斯文 2013】|【创建】命令，打开罗斯文 2013.accdb 数据库。

③ 在导航窗格中选择【对象类型】，然后依次选择表、查询、窗体、报表、宏和模块对象，观察各对象组所包含的对象。

④ 以不同的视图打开不同的对象，观察了解视图区的变化。

⑤ 关闭“罗斯文示例数据库”。

（2）打开“罗斯文示例数据库”，查看库中有几位员工、有几份订单、有几位客户，查看库中销量居前 3 位的订单，查看各员工的电子邮件地址，查看年度销售报表等。

【实验分析】在罗斯文示例数据库中，分别打开员工、订单和客户表，能查到有关信息，打开销量居前十位的订单查询，能查到销量居前 3 位的订单，打开员工窗体能查看员工的电子邮件地址和打开年度销售报表。

【实验步骤】

① 打开罗斯文 2013.accdb 数据库，选择【表】对象。

② 打开“员工”表，查看有几条信息，即有几位员工。

③ 打开“订单”表，查看有几条记录，即有几份订单。

④ 打开“客户”表，查看有几位客户。

⑤ 选择【查询】对象，打开“销量居前十位的订单”，找出销量居前 3 位的订单。

⑥ 选择【窗体】对象，打开“员工列表”窗体，查看各员工的电子邮件地址。

⑦ 选择【报表】对象，打开“年度销售报表”报表，单击【预览】按钮查看该报表。

⑧ 关闭数据库。

注：罗斯文示例数据库是 Access 2013 自带的数据库，它的安装路径为 Microsoft Office\OFFICE 11\SAMPLES。

上机实训二

一、实验目的

① 掌握创建数据库的方法；

② 掌握如何打开和关闭数据库；

③ 认识数据库窗口。

二、实验过程

（1）收集数据表中所需的数据。

（2）创建图书管理系统的数据库。

【实验步骤】

（1）调查分析、收集数据。按照表 2-1～表 2-4 的格式，调查所在院校的图书书目信息、部门信息、读者信息和图书借阅信息，收集一些数据填入表中。

表 2-1　图书书目（BookInfo）表

图书 ID（自动编号）	书目编号（文本 10）	ISBN（文本 18）	书名（文本 40）	作者（文本 16）	出版社（文本 30）	出版日期（日期/时间）	单价（货币 7.2）
1	TP3/2167	ISBN 7-302-09807-7	Visual Basic. NET 数据库编程	杨大明	航空工业出版社	2009-01-01	￥32.00
2							
3							
4							
5							

表 2-2　部门（Department）表

部门 ID（自动编号）	部门编号（文本 2）	部门名称（文本 20）	部门电话（文本 7）	负责人（文本 10）
1	01	信息系	59636862	曾芳
2				
3				
4				

表 2-3　读者（Reader）表

读者 ID（自动编号）	读者编号（文本 4）	借书证编号（文本 8）	姓名（文本 10）	部门编号（文本 2）	联系电话（文本 7）
1	0001	00096503	谢强	01	56123544
2					
3					
4					
5					

表 2-4　图书借阅（Borrow）表

借阅 ID（自动编号）	书目编号（文本 10）	借书证编号（文本 8）	借出日期（日期/时间）	应归还日期（日期/时间）
1	TP3/2167	00096503	2011-8-12	2012-12-20
2				
3				
4				

（2）创建数据库。不使用“数据库模板”，创建名为 Book.accdb 的数据库。

习　题

一、选择题

1．在数据库的六大对象中，用于存储数据的数据库对象是________。

A．表　　B．查询　　C．窗体　　D．报表

2．在 Access 2013 中，随着打开数据库对象的不同而不同的操作区域称为________。

A．命令选项卡　　B．上下文命令选项卡

C．导航窗格　　D．工具栏

3．Access 中表和数据库的关系是________。

A．一个数据库可以包含多个表　　B．一个表只能包含两个数据库

C．一个表可以包含多个数据库　　D．数据库就是数据表

4．利用 Access 2013 创建的数据库文件，其默认的扩展名为________。

A．mdf　　B．dbf　　C．mdb　　D．accdb

5．Access 2013 在同一时间可打开________个数据库。

A．1　　B．2　　C．3　　D．4

6．以下不是 Access 2013 数据库对象的是________ 。

A．查询　　B．窗体　　C．宏　　D．工作簿

7．下列说法中正确的是________。

A．在 Access 中，数据库中的数据存储在表和查询中

B．在 Access 中，数据库中的数据存储在表和报表中

C．在 Access 中，数据库中的数据存储在表、查询和报表中

D．在 Access 中，数据库中的全部数据都存储在表中

8．在 Access 2013 中，想要设置数据库的默认文件夹，可选择“文件”选项卡中________的________命令。

A．“信息”　　B．“选项”　　C．“保存并发布”　　D．“打开”

9．在 Access 2013 中，建立数据库文件可以选择“文件”选项卡中的________命令。

A．“新建”　　B．“创建”　　C．“Create”　　D．“New”

二、思考题

1．Access 2013 数据库包括哪些对象？

2．Access 2013 数据库的主要功能是什么？

3．Access 2013 数据库有几种数据类型？它们的作用是什么？

4．什么是表达式？Access 中有几种表达式？

第3章　表的创建与使用

【学习要点】

- 建立表;
- 利用表设计器创建表;
- 字段属性;
- 数据的有效性规则;
- 建立表关系;
- 表关系的高级设置;
- 修改数据表结构和记录。

【学习目标】

通过本章的学习，读者能够了解数据库和表之间的关系，掌握建立表的各种方法，理解表作为数据库对象的重要性，以及如何利用多种方法创建表。表关系是关系型数据库中至关重要的内容，读者务必深刻理解建立表关系的原理、实质及建立方法等。在进行数据记录操作时，各种筛选和排序命令能够大大提高工作效率，读者对这一部分内容也要重视。

3.1　建 立 新 表

表是整个数据库的基本单位，同时它也是所有查询、窗体和报表的基础，那么什么是表呢？

简单来说，表就是特定主题的数据集合，它将具有相同性质或相关联的数据存储在一起，以行和列的形式来记录数据。

作为数据库中其他对象的数据源，表结构设计得好坏，直接影响数据库的性能，也直接影响整个系统设计的复杂程度。因此设计一个结构、关系良好的数据表在系统开发中是相当重要的。

那么怎样才是一个好的数据库表的结构设计呢？下面的内容可为数据库设计过程提供指导。

首先，表中若有重复信息（也称为冗余数据）则非常糟糕。因为重复信息会浪费空间，并会增加出错和不一致的可能性。其次，信息的正确性和完整性非常重要。如果数据库中包含不正确和不完整的信息，任何从数据库中提取信息的报表，也将包含不正确和不完整的信息。因此，基于这些报表提供的错误信息所做出的任何决策都可能是错误的。所以，良好的数据库表设计应该具备以下几点：

- 将信息划分到基于主题的表中，以减少冗余数据；
- 向 Access 提供根据需要连接表中信息时所需要的信息；
- 可帮助支持和确保信息的准确性和完整性；
- 可满足数据处理和报表需求；

数据表的主要功能就是存储数据，存储的数据主要应用于以下几个方面；

- 作为窗体和报表的数据源；

❖ 作为网页的数据源，将数据动态显示在网页中；

❖ 建立功能强大的查询，完成 Excel 表格不能完成的任务。

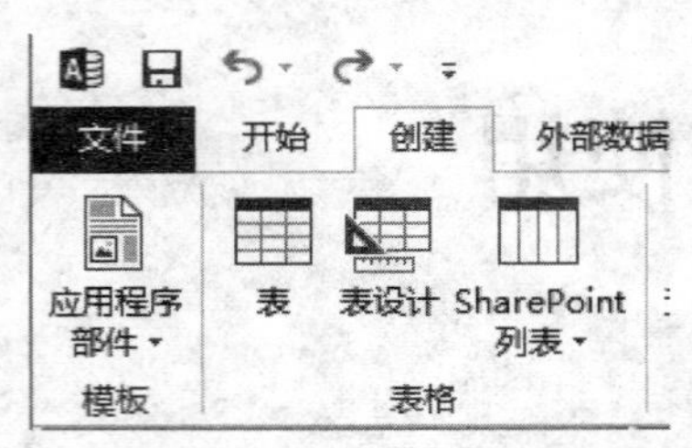

图 3-1 创建数据库表格

选择【创建】选项卡，可以看到【表格】组中列出了用户可以用来创建数据表的方法，如图 3-1 所示。

数据表是 Access 数据库中存储数据的唯一对象，这里分类存储着各种数据信息。它存储的数据一般要经过各种数据库对象的处理后，才能成为对人们有用的信息。在 Access 中，创建表可以有多种方法，可以利用直接输入数据、表设计器、模板、导入和链接等方法创建表。下面介绍几种创建表的操作方法。

3.1.1 在新数据库中创建新表

刚开始着手设计数据库时，需要在新的数据库中建立新表，下面举例介绍如何在新数据库中创建新表。

【例 3-1】 在新数据库中创建新表。

操作步骤如下：

（1）启动 Access 2013，单击【空白桌面数据库】，在【文件名】文本框中为新数据库输入文件名，如图 3-2 所示。

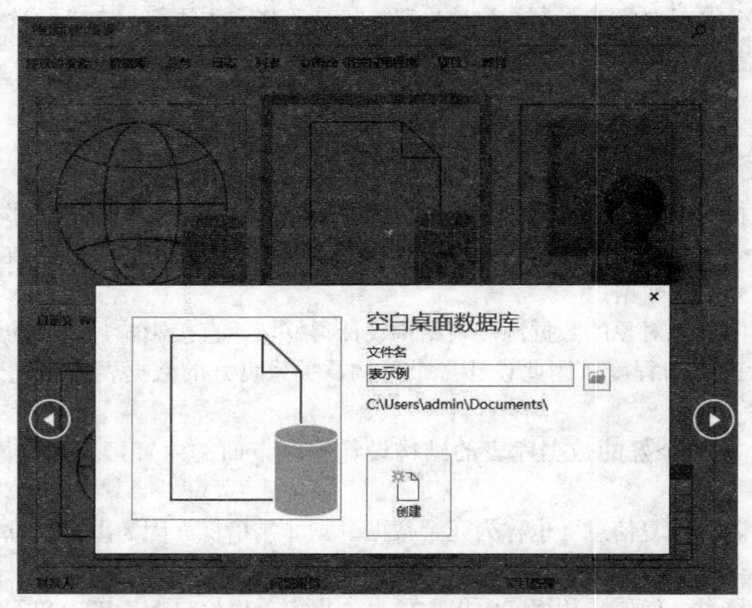

图 3-2 空白桌面数据库

（2）单击【创建】图标按钮，新数据库将打开，并且将创建名为 “表 1” 的新表，在数据表视图中打开该新表，如图 3-3 所示。

3.1.2 在现有数据库中创建新表

在使用数据库时，经常要在现有的数据库中建立新表，那么，如何在现有的数据库中创建新表呢？下面举例说明如何在现有数据库中建立一个新表。

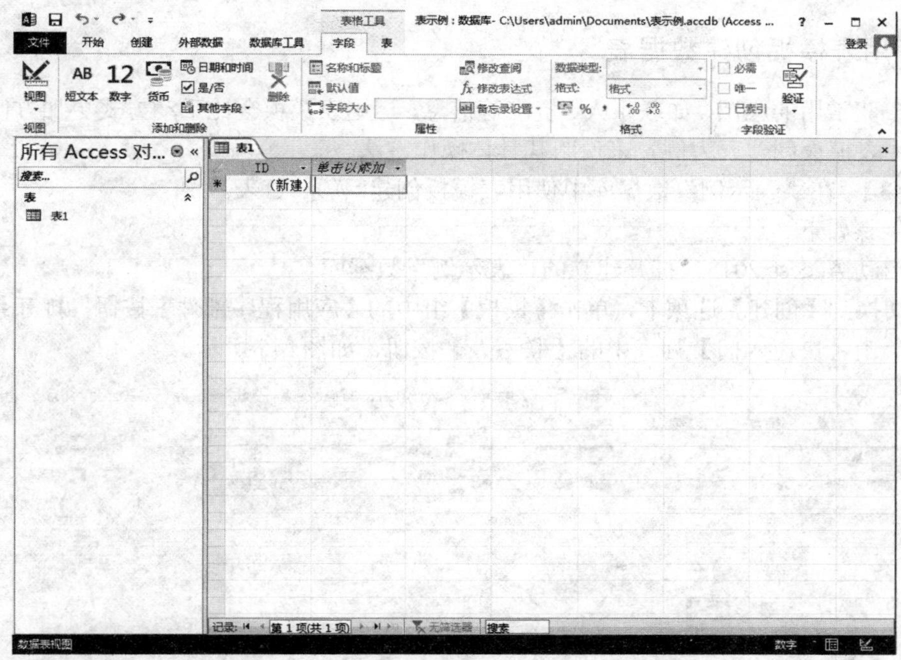

图 3-3　新表

【例 3-2】 在“表示例”数据库中建立一个数据表。

操作步骤如下：

（1）启动 Access 2013，打开建立的“表示例”数据库。

（2）在【创建】选项卡下的【表格】组中，单击【表】按钮，将在数据库中插入一个表名为“表 2”的新表，并且将在数据表视图中打开该表，如图 3-4 所示。

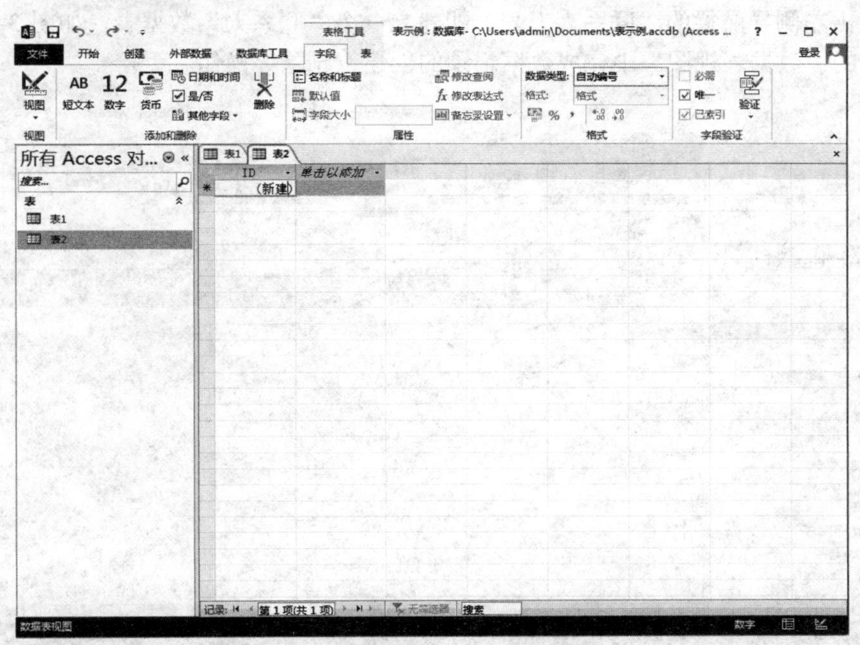

图 3-4　数据表视图中打开新表

3.1.3 使用表模板创建数据表

对于一些常用的应用，如联系人、资产等信息，运用表模板会比手动方式更加方便和快捷。下面以运用表模板创建表为例，来说明其具体操作方法。

【例 3-3】 在“表示例”数据库中使用表模板创建“联系人”表。

操作步骤如下。

（1）启动 Access 2013，打开建立的“表示例”数据库。

（2）切换到【创建】选项卡，单击【模板】组中的【应用程序部件】按钮，打开系统模板。

（3）单击【快速入门】列表中的【联系人】按钮，如图 3-5 所示。

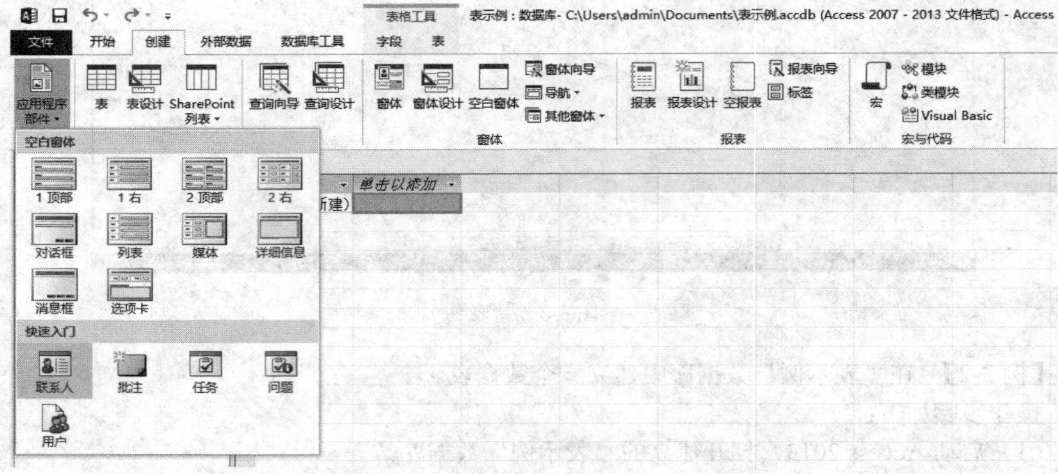

图 3-5 “应用程序部件”中的联系人

（4）双击左侧导航栏的“联系人”表，即建立一个“联系人”数据表，如图 3-6 所示，接着可以在表的“数据表视图”中完成数据记录的创建、删除等操作。

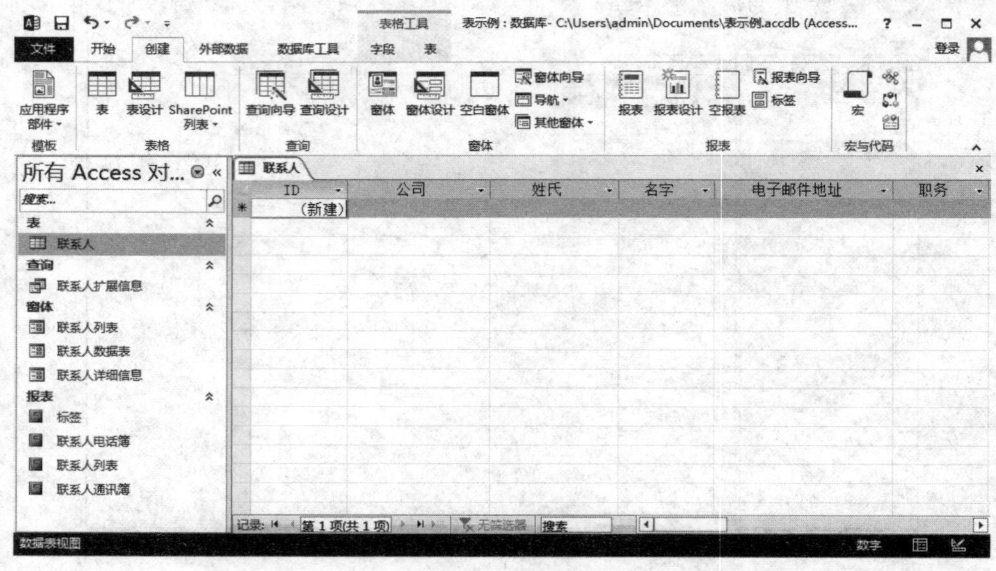

图 3-6 “联系人”数据库表

3.1.4　使用字段模板创建数据表

Access 2013 提供了一种新的创建数据表的方法，即通过 Access 自带的字段模板创建数据表。模板中已经设计好了各种字段属性，可以直接使用该字段模板中的字段。

【例 3-4】 在“表示例”数据库中，运用字段模板，建立一个数据表。

操作步骤如下。

（1）启动 Access 2013，打开建立的“表示例”数据库。

（2）“表示例”数据库中默认建立一个空白表，进入该表的【数据表视图】，如图 3-7 所示。

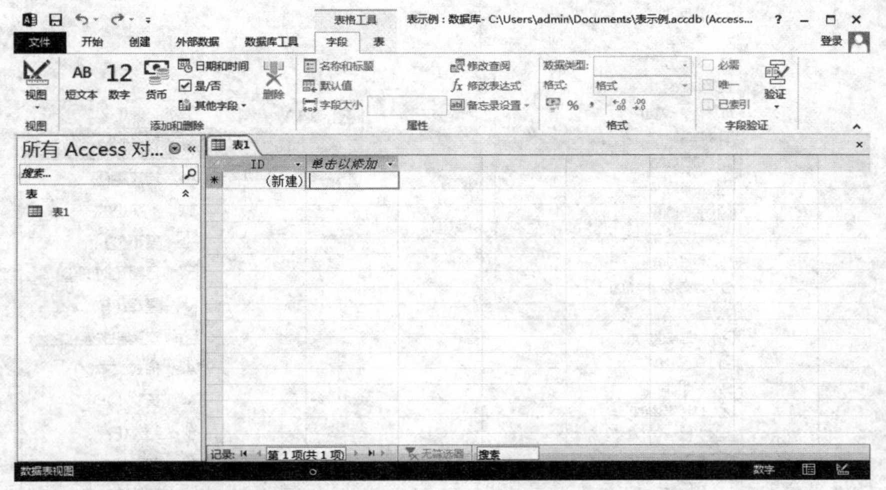

图 3-7　数据表视图

（3）单击【表格工具】选项卡下的【字段】，在【添加和删除】组中，单击【其他字段】右侧的下拉按钮，弹出要建立的字段类型，如图 3-8 所示。

提示： 设计表，实际上就是设计表的各个字段，包括字段的数据类型、字段属性等。如果使用字段模板，各种字段和字段属性都已经设置好，用户选择相应的字段组合成一个表即可。

单击要选择的字段类型，即可在表中输入字段名，如图 3-9 所示。

3.1.5　使用表设计创建数据表

由于在表模板中提供的模板类型是非常有限的，而且运用模板创建的数据表也不一定完全符合要求，需要进行适当的修改，所以在许多情况下，都必须自己创建一个新表。这都需要用到“表设计器”，用户需要在表的【设计视图】中完成表的创建和修改。

使用表的【设计视图】来创建表，主要是设置表的各种字段的属性。然而它创建的仅仅是表的结构，各种数据记录还需要在【数据表视图】中输入。通常都是使用【设计视图】来创建表。

【例 3-5】 在“表示例”数据库中，使用表的【设计视图】创建“学生信息表”。

操作步骤如下。

（1）启动 Access 2013，打开建立的“表示例”数据库。

（2）切换到【创建】选项卡，单击【表格】组中的【表设计】按钮，进入表的设计视图，如图 3-10 所示。

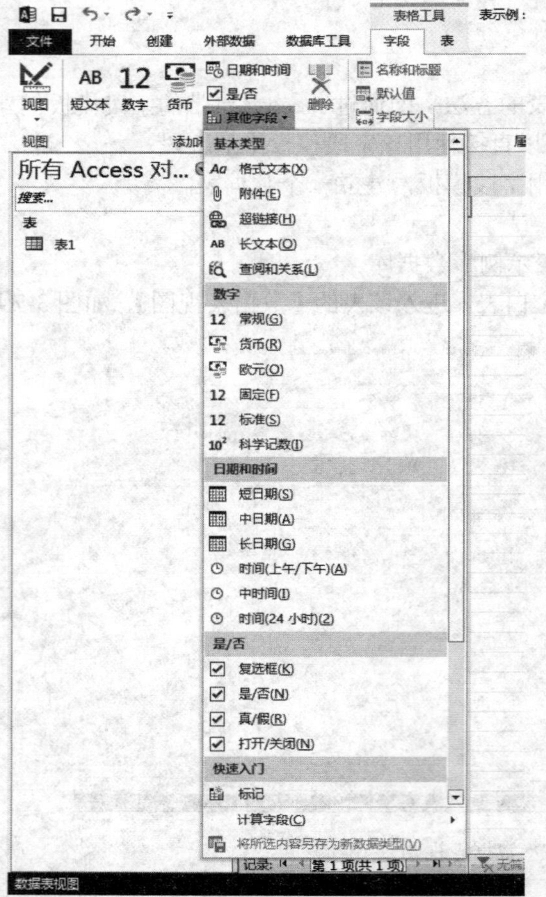

图 3-8　数据表字段类型

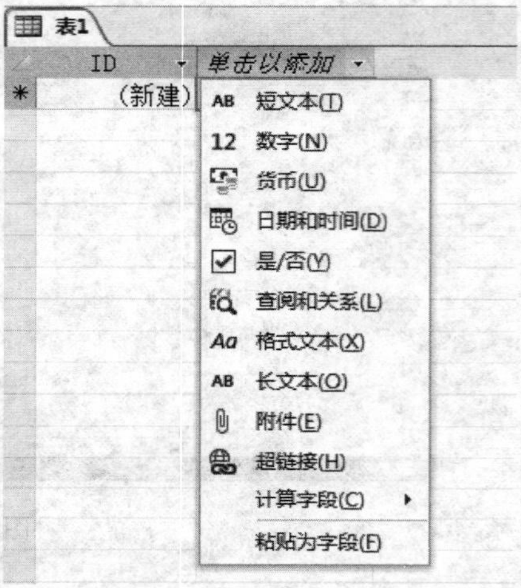

图 3-9　数据表字段设置

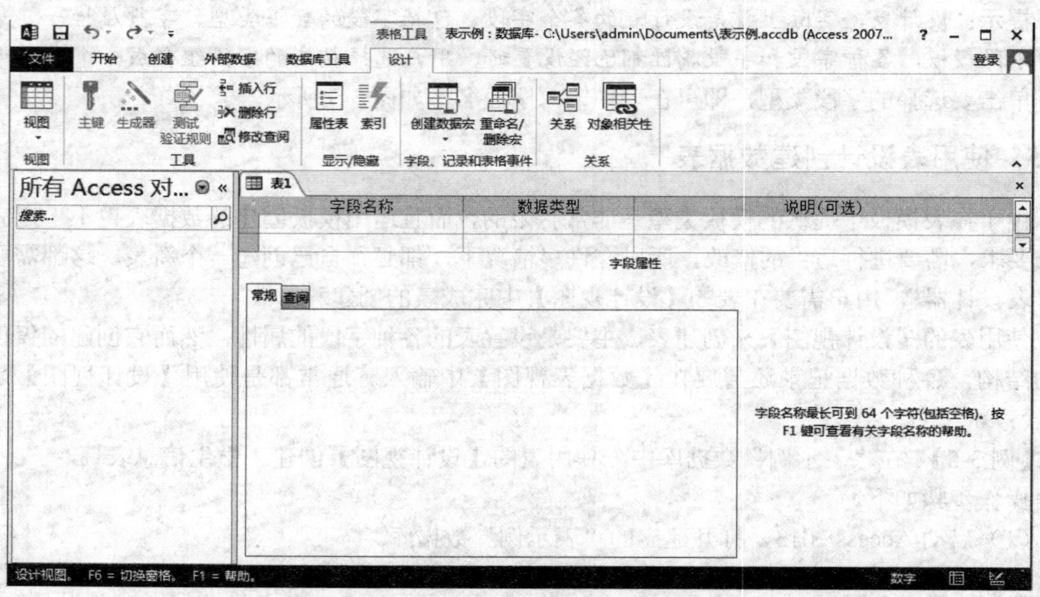

图 3-10　数据表设计视图

（3）在【字段名称】栏中输入字段的名称“学号”；在【数据类型】下拉列表框中选择该字段的数据类型，这里选择“数字”选项；在【说明】栏中的输入为选择性的，也可以不输入，如图 3-11 所示。

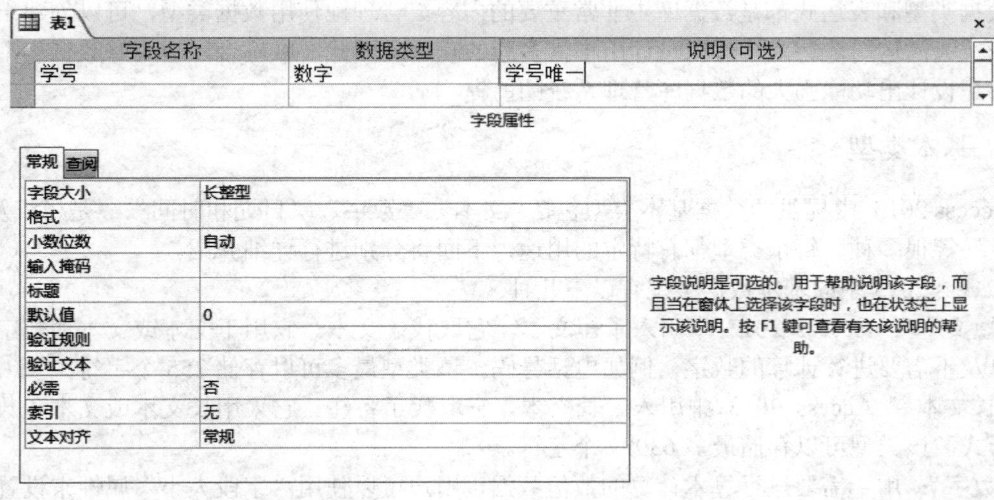

图 3-11　数据表字段设置

（4）用同样的方法，输入其他字段名称，并设置相应的数据类型如图 3-12 所示。

提示：设计表，实际上就是设计表的各个字段，包括字段的数据类型、字段属性等。如果用表模板，各种字段和字段属性都已经设置好了，用户直接修改使用即可。

（5）单击【保存】按钮，弹出【另存为】对话框，然后在【表名称】文本框中输入“学生信息表”，再单击【确定】按钮，如图 3-13 所示。

图 3-12　数据表字段类型

图 3-13　保存数据表

（6）这时将弹出提示性对话框，提示尚未定义主键，单击【否】按钮，暂时不设定主键。

（7）单击【表格工具】选项卡下的【设计】，在【视图】组中，单击【视图】下方的下拉按钮，选择【数据表视图】，这样就完成了利用表的【设计视图】创建表的操作。完成的数据表如图 3-14 所示。

图 3-14　学生信息表

3.2 数据类型

数据类型和表达式都是数据库中非常重要的内容。合理地使用数据类型，可以创建出高质量的表；灵活运用表达式，可以设计出丰富多彩的查询。因此，准确合理地用好数据类型和表达式，是设计出功能强大的数据库管理系统的前提。

3.2.1 基本类型

Access 2013 中提供的数据基本类型包括“文本”、“数字”、“日期和时间”、“是/否”及“计算字段”等很多种。每个类型都有特定的用途，下面将分别进行详细介绍。

Access 2013 中的基本数据类型有以下几种。

“短文本”：Access 2013 中引入了短文本，它取代了文本。它用于文本或文本和数字的组合，以及不需要进行计算的数字，例如电话号码。该类型最多可以存储 255 个字符。

“长文本”：Access 2013 中引入了长文本，它取代了备注。它采用长文本或文本和数字的组合形式。该类型可以存储最多 63999 个字符。

“数字”：用于需要进行算术计算的数值数据，用户可以使用“字段大小”属性来设置包含的值的大小。可以将字段大小设置为 1、2、4、8 或 16 个字节。

“货币”：货币值或用于数学计算的数值数据。

“日期/时间”：用于日期和时间格式的字段。

“自动编号”：每当向表中添加一条新记录时，Microsoft Access 将指定一个唯一的顺序号（每次递增 1）或随机数。自动编号字段不能更新。

“是/否”：“是”和“否”值，以及只包含两者之一的字段（Yes/No、True/False 或 On/Off）。

“OLE 对象”：Microsoft Access 表中链接或嵌入的对象（例如 Microsoft Excel 电子表格、Microsoft Word 文档、图形、声音或其他二进制数据）。

“计算字段”：存储计算结果。计算时必须引用同一张表中的其他字段。可以使用表达式生成器创建计算。

“超链接”：存储为文本且用作超链接地址的文本或文本和数字的组合。超链接数据类型的每个部分最多只能包含 2048 个字符。

“附件”：任何支持的文件类型。可以将图像、电子表格文件、文档、图表和其他类型的支持文件附加到数据库的记录，这与将文件附加到电子邮件非常类似。它还可以查看和编辑附加的文件，具体取决于数据库设计者对附件字段的设置方式。“附件”字段和“OLE 对象”字段相比，有着更大的灵活性，而且可以更高效地使用存储空间，这是因为“附件”字段不用创建原始文件的位图图像。

“查阅向导”：创建一个字段，通过该字段可以使用列表框或组合框，从另一个表或值列表中选择值。单击该选项将启动“查阅向导”，它用于创建一个查阅字段。在向导完成之后，Microsoft Access 将基于在向导中选择的值来设置数据类型。

提示：创建表有多种不同的方法。用户可以根据自己的习惯和工作的难易程度选择合适的创建方法。通过直接输入、【表模板】和表的【设计视图】是最常用的创建表的方法。

对于字段该选择哪一种数据类型，可由下面几点来确定。

① 存储在表格中的数据内容。比如设置为“数字”类型，则无法输入文本。

② 存储内容的大小。如果要存储的是一篇文章的正文，那么设置成“短文本”类型显然

是不合适的，因为它只能存储 255 个字符，约 120 个汉字。

③ 存储内容的用途。如果存储的数据要进行统计计算，则必然要设置为“数字”或“货币”。

④ 其他。比如要存储图像、图表等，则要用到“OLE 对象”或“附件”。

通过上面的介绍，可以了解到各种数据类型的存储特性有所不同，因此在设定字段的数据类型时要根据数据类型的特性来设定。例如，一个产品表中的“单价”字段应该设置为“货币”类型；“销售数量”字段应设置成“数字”类型；而“产品名”则最好设置为“短文本”类型；“产品说明”最好设置为“长文本”类型等。

3.2.2　数字类型

Access 2013 中数据的数字类型有以下几种。

①“常规”：存储时没有明确进行其他格式设置的数字。

②“货币”：用于应用 Windows 区域设置中指定的货币符号和格式。

③“欧元”：对数值数据应用欧元符号（€ ）。

④“固定”：用于显示数字，使用两个小数位，但不使用千位数分隔符。如果字段中的值包含两个以上的小数位，则 Access 会对该数字进行四舍五入。

⑤“标准”：用于显示数字，使用千位数分隔符和两个小数位。如果字段中的值包含两个以上的小数位，则 Access 会将该数字四舍五入为两个小数位。

⑥“科学计数”：用于使用科学（指数）记数法来显示数字。

3.2.3　日期和时间类型

Access 2013 中提供了以下几种日期和时间类型的数据。

①“短日期”：显示短格式的日期。具体取决于读者所在区域的日期和时间设置，如美国的短日期格式为 3/14/2012。

②“中日期”：显示中等格式的日期，如美国的中日期格式为 14-Mar-01。

③“长日期”：显示长格式的日期，具体取决于读者所在区域的日期和时间设置，如美国的长日期格式为 Wednesday, March 14, 2012。

④“时间（上午/下午）”：仅使用 12 小时制显示时间，该格式会随着所在区域的日期和时间设置的变化而变化。

⑤“中时间”：显示的时间带“上午”或“下午”字样。

⑥“时间（24 小时）”：仅使用 24 小时制显示时间，该格式会随着所在区域的日期和时间设置的变化而变化。

3.2.4　是/否类型

Access 2013 中提供了以下几种是/否类型的数据。

①“复选框”：显示一个复选框。

②“是/否”：（默认格式）用于将 0 显示为“否”，并将任何非零值显示为“是”。

③“真/假”：用于将 0 显示为“假”，并将任何非零值显示为“真”。

④“打开/关闭”：（默认格式）用于将 0 显示为“关”，并将任何非零值显示为“开”。

3.2.5 快速入门类型

Access 2013 中提供了多种快速入门类型的数据，例如：

①“地址”：包含完整邮政地址的字段。

②“电话”：包含住宅电话、手机号码和办公电话的字段。

③“优先级”：包含“低”、“中”、“高”优先级选项的下拉列表框。

④“状态”：包含“未开始”、“正在进行”、“已完成”和“已取消”选项的下拉列表框。

3.3 字段属性

在 Access 2013 中表的各个字段提供了“类型属性”、“常规属性”和“查询属性”3 种属性设置。打开一张设计好的表，可以看到窗口的上半部分是设置【字段名称】、【数据类型】等分类，下半部分是设置字段的各种特性的“字段属性”列表，如图 3-15 所示。

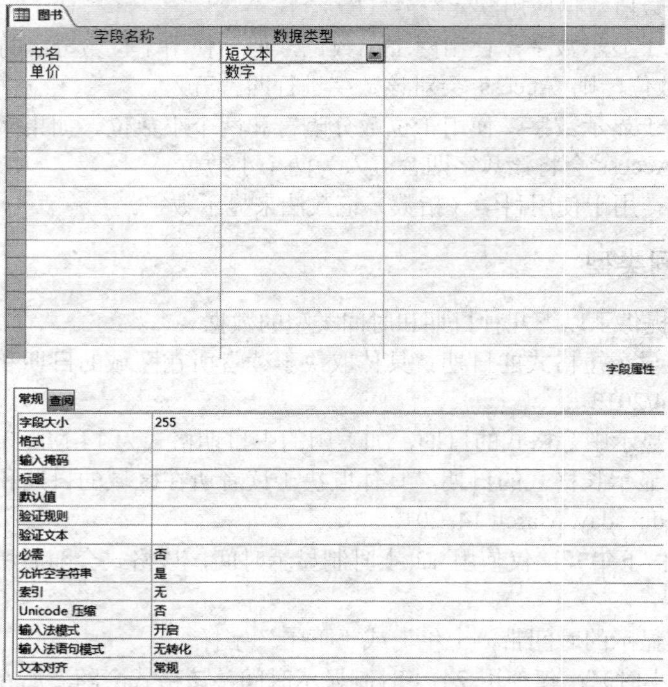

图 3-15 字段属性

3.3.1 类型属性

字段的数据类型决定了可以设置哪些其他字段属性，如只能为具有“超链接”数据类型或“长文本”数据类型的字段设置“仅追加”属性。

如图 3-16 所示，前面一个是“短文本”数据类型的“字段属性”窗口，后面一个是“数字”数据类型的“字段属性”窗口，“数字”数据类型中有“小数位数”设置属性，而在“短文本”数据类型中是没有的。

图 3-16　类型属性比较

3.3.2　常规属性

“常规属性”也是根据字段的数据类型不同而不同，下面就以“图书”表为例，对其中的各个字段设置一下字段属性。

“图书编号”为“数字”型，设置字段属性如图 3-17 所示。

常规	查阅
字段大小	长整型
格式	
小数位数	0
输入掩码	
标题	
默认值	0
验证规则	
验证文本	
必需	是
索引	无
文本对齐	常规

图 3-17　常规属性

【字段大小】设置为“长整型”。在这里，“图书编号”字段中的数据是用不着数值计算的，但是由于【图书编号】字段中的值都是数字字符，为了防止用户输入其他类型的字符，设置其为“数字”型。

提示：设置“整型”将产生数字溢出，因为“整型”数据为 2 个存储字节，即 16 位，则存储的最大二进制数为 1111111111111111，转换为十进制数为 32 767。当存储的数据大于 32 767 时，就不能使用“整型”了。

【小数位数】设置为“0”。

【标题】就是在数据表视图中要显示的列名，默认的列名就是字段名。

【验证规则】和【验证文本】是检查输入值的选项，验证输入值是否符合规则。

【必需】字段选择“是”，这样设置的结果，就是当用户没有输入【图书编号】字段中的值就去输入其他记录时，将弹出提示对话框。

上面介绍了【图书编号】字段属性的各个设置，第二个字段为【书名】，数据类型为“短文本”型，设置的字段属性如图 3-18 所示。

【字段大小】设置为 50，即该字段中可以输入 50 个英文字母或汉字，这对于【书名】名称的显示应该是足够的。

这里仅介绍了“数字”型字段和“文本”型字段的属性设置情况，其余各字段的数据类型不在这里一一详述，请读者参考上面的例子自行设置。

3.3.3 查询属性

【查阅】属性也是字段属性之一，可以查阅【显示控件】，如图 3-19 所示。

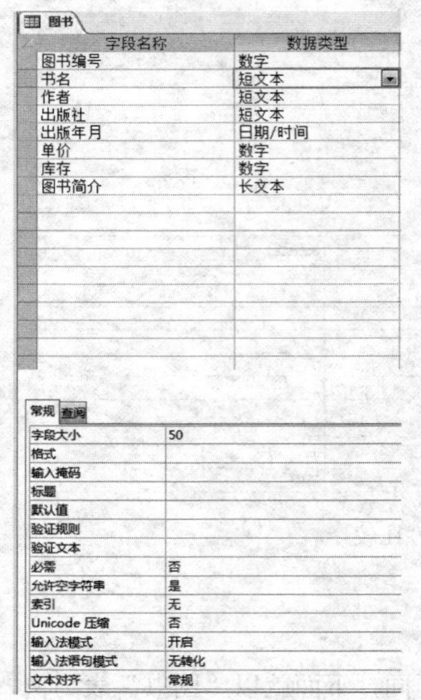

图 3-18 设置字段属性

字段名称	数据类型
图书编号	数字
书名	短文本
作者	短文本
出版社	短文本
出版年月	日期/时间
单价	数字
库存	数字
图书简介	长文本

常规 查阅

显示控件	文本框

图 3-19 字段属性

【显示控件】：窗体上用来显示该字段的空间类型。

3.4 修改数据表与数据表结构

一个好的表结构将给数据库的管理带来很大的方便，如可以节省硬盘空间、加快处理速度等。然而第一次定义的数据表结构不一定是最优的，特别是运用模板自动创建的表，有时离要求还有一定差距，因此进行适当的修改是必需的。

在表的使用中，可能会发现很多意料之外的问题，因此在表中应该可以修改表的结构和定义，排除系统错误，让数据库系统更加强大和稳定，更符合实际要求。

提示：设计表，实际上就是设计表的各个字段，包括字段的数据类型、字段属性等。如果用户直接输入数据记录，则系统自动识别数据的属性，从而可以自动设置字段的数据类型等。

如果字段中需要存储的字符很多（比如文章的正文、产品的介绍等），用户可以将该字段的数据类型设置为“长文本”，然后设置该字段可以占用的空间。

3.4.1 利用设计视图更改表的结构

运用【设计视图】对自动创建的数据表进行修改，这几乎是必需的操作。如在前面自动创建的“联系人”表，很多的字段可能是没用的，而有可能自己需要的字段却没有创建，这都可以在表的【设计视图】中进行修改。

运用【设计视图】更改表的结构和用【设计视图】创建表的原理是一样的，两者的不同之处在于运用【设计视图】更改表的结构之前，系统已经创建了字段，仅需要对字段进行添加或删除操作。

在【开始】选项卡下单击【视图】按钮，进入表的【设计视图】，可以在此实现对字段的添加、删除和修改等操作，也可以对【字段属性】进行设置。操作界面如图 3-20 所示。

3.4.2　利用数据表视图更改表的结构

在 Access 2013 的【数据表视图】中，用户也可以修改数据表的结构。下面就对表的【数据表视图】中的各个操作项进行详细介绍。

双击屏幕左边导航窗格中需要进行修改的表，此时在主页面上出现有黄色提示的【表格工具】选项卡，进入该选项卡下的【字段】选项，可以看到各种修改工具按钮。

【字段】选项卡下面的工具栏可以分为 5 个组，分别如下。

①【视图】组：单击该视图下部的小三角按钮，可以弹出数据表的各种视图选择菜单，用户可以选择“数据表视图”和“设计视图”等，如图 3-21 所示。

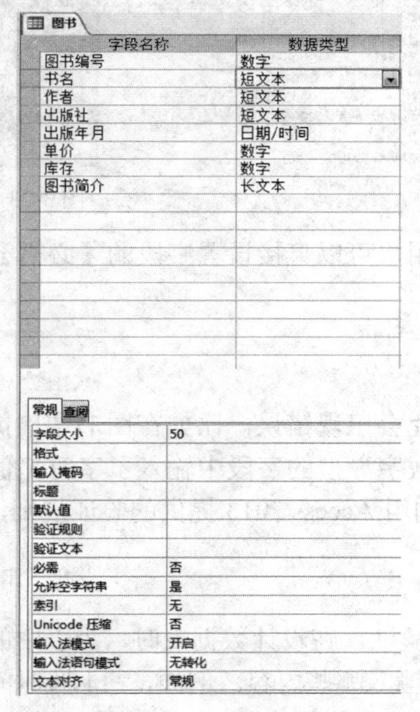

图 3-20　表的设计视图

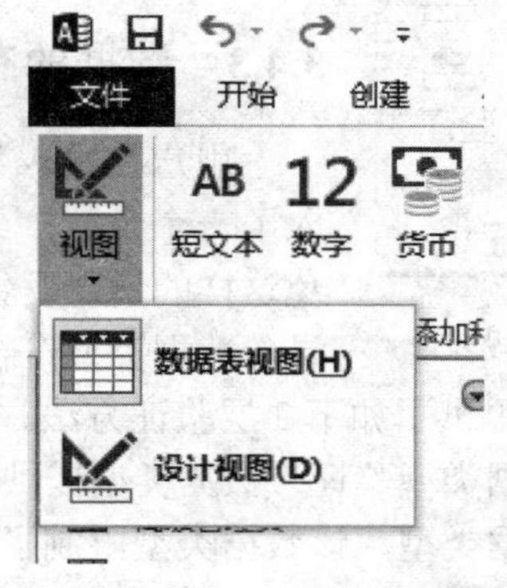

图 3-21　视图菜单

提示：

我们必须先认清表的各种视图。

“数据表视图”：用户在此视图中输入数据或进行简单设置。

“设计视图”：主要用来对表的各个字段进行设置。

②【添加和删除】组：该组中有各种关于字段操作的按钮，用户可以单击这些按钮，实现表中字段的新建、添加、查阅和删除等操作。

③【属性】组：该组中有各种关于字段属性的操作按钮，如图 3-22 所示。

④【格式】组：在该组中可以对某一数据类型的字段的格式进行设置，如图 3-23 所示。

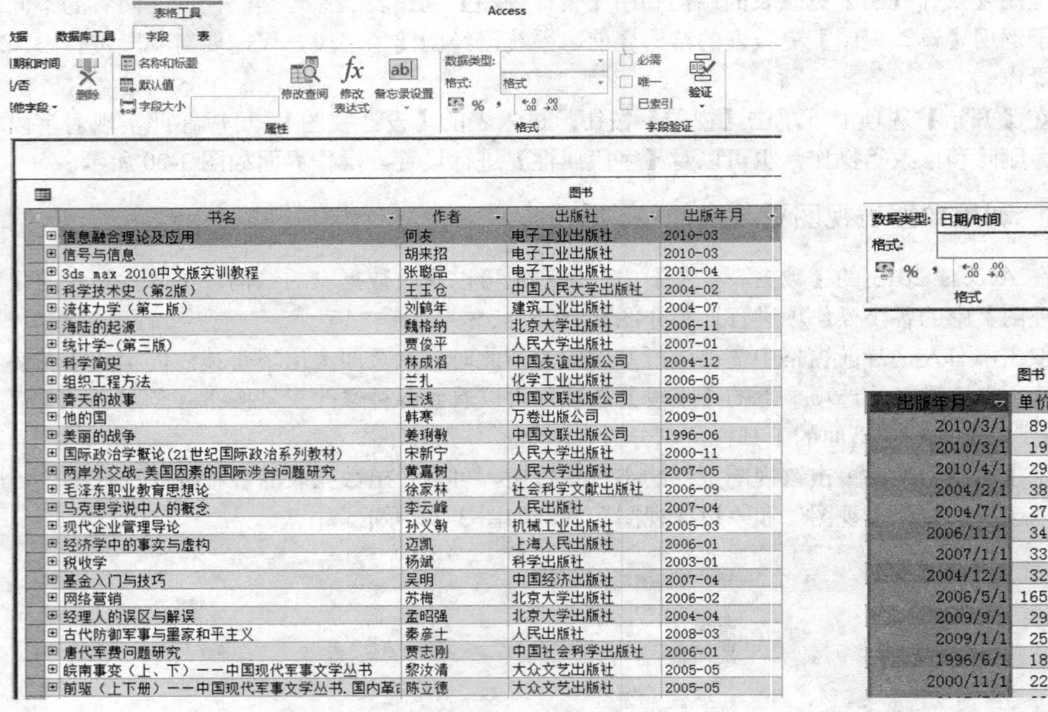

图 3-22　属性按钮　　　　图 3-23　格式属性

⑤【字段验证】组：用户可以直接设置字段的【必需】、【唯一】属性等，如图 3-24 所示。

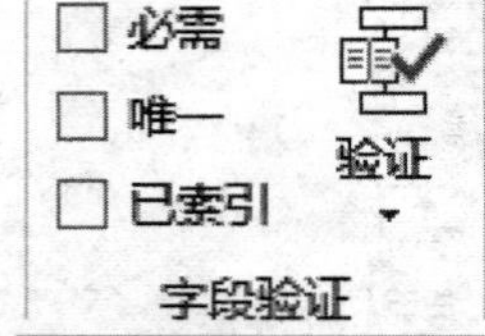

图 3-24　字段验证

3.4.3　数据的有效性

用户在输入数据时难免会出现错误，比如在图书【单价】字段中录入了一个负数，或者在“数字”型的字段中输入了字符串值等。为了避免这样的错误发生，可以利用 Access 2013 提供的验证规则，保证输入记录的数据类型符合要求。

Access 提供了如下 3 层验证方法。

（1）数据类型验证。数据类型提供了第一层验证。在设计数据表时，为表中的每个字段定义了一个数据类型，该数据类型限制了用户可以输入哪些内容。例如，“日期/时间”数据类型的字段只接受日期和时间，“数字”型字段只接受数字数据等。

（2）字段大小。字段大小提供了第二层验证。例如，在上面例子中设置【书名】字段最多接受 50 个字符，这样可以防止用户向字段中粘贴大量的无用文本。

（3）表属性。表属性提供了第三层验证方法。表属性提供具体的以下几类验证。

① 可以将【必需】字段属性设置为“是”，从而强制用户在字段中输入值。

② 使用【验证规则】属性要求输入特定的值，并使用“验证文本”属性来提醒用户存在错误。

③ 使用【输入掩码】强制用户以特定格式来输入记录。

【验证规则】是一个逻辑表达式，用该逻辑表达式对记录数据进行检查；【验证文本】往往是一句有完整语句的提示句子，当数据记录不符合【验证规则】时便弹出提示窗口。【验证规则】往往与【验证文本】配合使用，当输入的数据违反了【验证规则】时，则弹出【验证文本】规定的提示文字。例如，在【验证规则】属性中输入“>100 And<1000”，会强制用户输入 100～1000 之间的值。如果录入了无效的数据，系统将立即给予提示，提醒用户更正。

3.4.4　主键的设置、更改与删除

主键是表中的一个字段或字段集，它为 Access 2013 中的每一条记录提供了一个唯一的标识符。它是为提高 Access 在查询、窗体和报表中的快速查找能力而设计的。

设定主键的目的，就在于能够保证表中的记录能够被唯一识别。例如，在一个规模很大的公司中，公司为了更好地管理员工，为每一个员工分配了一个“员工 ID”，该 ID 是唯一的，它标识了每一个员工在公司中的身份，这个“员工 ID”就是主键。同样，“图书编号”可以作为“图书”表的主键，“身份证号”可以作为“用户列表”的主键等。

【例 3-6】 以“图书管理”数据库的“图书”表为例，介绍如何在 Access 2013 中定义主键。

操作步骤如下。

（1）启动 Access 2013，打开建立的“图书管理”数据库。

（2）在导航窗格中双击已经建立的“图书”表，然后单击【视图】按钮，或者单击【视图】按钮下的小箭头，在弹出的菜单中选择【设计视图】命令，进入表的【设计视图】，如图 3-25 所示。

（3）在【设计视图】中选择要作为主键的一个字段，或者多个字段。要选择一个字段，请单击该字段的行选择器；要选择多个字段，请按住 Ctrl 键，然后选择每个字段的行选择器。本例中选择【图书编号】字段，如图 3-26 所示。

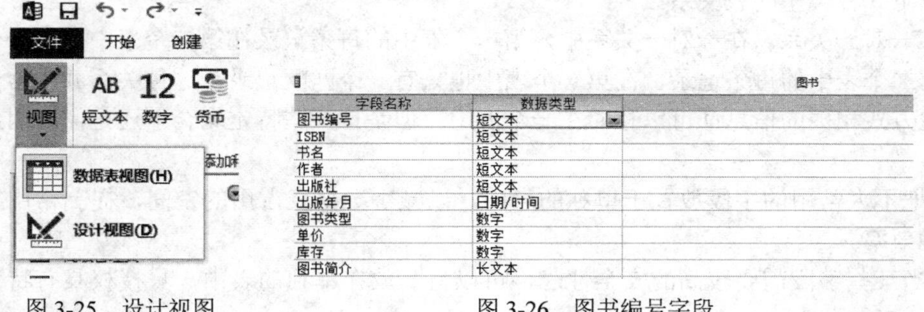

图 3-25　设计视图　　　　图 3-26　图书编号字段

（4）在【设计】选项卡的【工具】组中，单击【主键】按钮，或者单击鼠标右键，在弹出的快捷菜单中选择【主键】命令，为数据表定义主键，如图 3-27 所示。

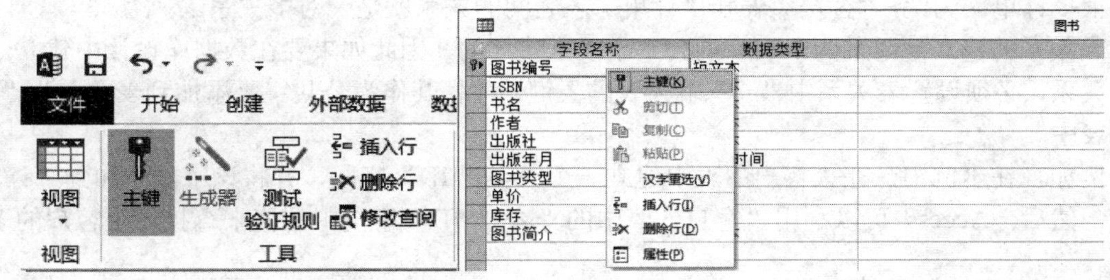

图 3-27　设置主键

这样就完成了为“图书”表定义主键的操作。如果数据表的各个字段中没有适合作主键的字段，可以使用 Access 2013 自动创建的主键，并且为它指定“自动编号”的数据类型。

如果要更改设置的主键，可以删除现有的主键，再重新指定新的主键。删除主键的操作步骤和创建主键步骤相同，在【设计视图】中选择作为主键的字段，然后单击【主键】按钮，即可删除主键。

删除的主键必须没有参与任何“表关系”，如果要删除的主键和某个表建立表关系，Access 2013 会警告必须先删除该关系。

3.5 建立表之间的关系

3.5.1 表间关联关系

表关系是数据库中非常重要的一部分，甚至可以说，表关系就是 Access 作为关系型数据库的根本。

表是数据库中其他对象的数据源，它的主要功能就是存储数据，因此表结构设计得好坏，直接影响到数据库的性能。一个良好的数据库设计的目标之一就是消除数据冗余（重复数据）。在 Access 等关系型数据库中要实现该目标，可将数据拆分为多个主题的表，尽量使每种记录只出现一次，然后再将各个表中按主题分类的信息组合到一起，成为用户所关注的数据，这其实就是关系型数据库的运行原理。所谓“关系型”数据库，其核心就在于此。

这其实也就是关系型数据库的最大优势所在，它将各种记录信息按照不同的主题安排在不同的数据表中，通过在建立了关系的表中设置公共字段，实现各个数据表中数据的引用。要正确执行上述过程，必须首先了解表关系的概念，并在 Access 2013 数据库中建立表关系。在 Access 中，有以下 3 种类型的表关系。

（1）一对一关系。在一对一关系中，第一个表中的每条记录在第二个表中只有一个匹配记录，而第二个表中的每条记录，在第一个表中也只有一个匹配记录。这种关系并不常见，因为多数与此方式相关的信息都可以存储在一个表中。但是在某些特定场合下还是需要用到一对一关系。

① 把不太常用的字段放置于单独的表中，以减小数据表占用的空间，提高常用字段的检索和查询效率。

② 当某些字段需要较高的安全性时，可以将其放在单独的表中，只授权具有特殊权限的用户查看。

（2）一对多关系。假设有一个客户管理数据库，其中包含了一个“客户”表和一个“订单”表。客户可以签署任意数量的订单。“客户”表中显示的所有客户都是这样，“订单”表中可以显示很多订单。因此，“客户”表和“订单”表之间的关系就是一对多关系。

表关系的建立是通过两个表中的公共字段来建立的，因此如果要在数据库设计中建立一对多的关系，必须设置表关系中“一”端为表的主键，并将其作为公共字段添加到表关系为“多”端的表中。

例如，在本例中，在“客户”表中建立一个“客户 ID”字段，并将该字段添加到“订单”表中，然后，Access 可以利用“客户”表中的“客户 ID”字段中的值来查找每个客户的多个订单。

（3）多对多关系。客户管理数据库中还包含一个“产品”表。这样一个订单中可以包含多个产品。另外，一个产品可能出现在多个订单中。因此，对于“订单”表中的每条记录，都可能与“产品”表中的多条记录相对应。同时，对于“产品”表中的每条记录，都可能与“订单”表中的多条记录相对应。这种关系称为多对多关系。

要建立多对多的表关系，在 Access 中必须创建第三个表，该表通常称为连接表，它将多对多关系划分为两个一对多关系，将这两个表的主键都插入到第三个表中，通过第三个表的连接建立起多对多的关系。例如，“订单”表和“产品”表有一种多对多的关系，这种关系是通过与“订单明细”表建立两个一对多关系来定义的。一个订单可以有多个产品，每个产品可以出现在多个订单中。

3.5.2　表的索引

索引的作用就如同书的目录一样，通过它可以快速地查找到自己所需要的章节。在数据库中，为了提高搜索数据的速度和效率，也可以设置表的索引。

可以根据一个字段或多个字段来创建索引。应考虑为以下字段创建索引：经常搜索的字段、进行排序的字段及在查询中连接到其他表中的字段。索引可帮助加快搜索和选择查询的速度，但在添加或更新数据时，索引会降低性能。

如果在包含一个或更多索引字段的表中输入数据，则每次添加或更改记录时，Access 都必须更新索引。如果目标表包含索引，则通过使用追加查询或通过追加导入的记录来添加记录也可能会比平时慢。

3.6　表　达　式

3.6.1　常量与变量

1. 常量

常量是指固定不变的量。一般分为直接常量、系统常量和符号常量。

（1）直接常量

① 数字常量：指整数或小数，如 20，−10,0.3 等。

② 字符串常量：指用半角双引号引起来的字符串，如“数据库”，“Access 2013”，“20161130”等。

③ 日期/时间常量：指常用的日期、时间。使用时必须在日期/时间左右两边加#作为定界符，如#2016-11-30#、#15:29:30#等。

（2）系统常量

① 逻辑常量：指“是/否”型常量，如“True/False”、“Yes/No”等。

② 空字符串：指长度为零的字符串，用半角双引号引起来，如“”。

③ NULL：表示未知数据。

（3）符号常量

当一个程序中多次使用一个常量时，可以定义一个标识符来代表这个常量值，系统在执行时会自动将这个标识符替换成所代表的常量值。如 CONST 语句。

2. 变量

变量是指命名的存储空间，用于存储在程序执行过程中可以改变的数据。变量名必须以字母开头，可以包含字母、数字和下划线，在同一范围内必须是唯一的（即不能重名）。组成变量的字符不能超过 255 个，且中间不能包含标点符号、空格和类型声明字符。变量分整型、单精度、货币、字符串和日期等不同类型。

在 Access 数据库中，字段名、属性控件等都可以作为变量。

若用字段名作为变量，其表示方法是用英文方括号（[]）将字段名括起来。例如，[班级]、[姓名]、[成绩] 等。

若同时用不同表中的同名字段作为变量，则必须将表名写在每一个字段前，也用 [] 括起来，并用英文感叹号！将两对 [] 分开。例如：[情况]! [姓名]、[课程]! [姓名]。

3.6.2 表达式

1. 运算符

运算符又称操作符，在 Access 2013 系统有以下 5 种运算符。

（1）算术运算符。算术运算符有∧（乘方）、*（乘）、\（整除或取整）、/（除）、Mod（取余）、+（加）、－（减）。如 15\4=3、18 Mod 4=2、3∧3=27。

（2）关系运算符（又称比较运算符）。关系运算符有=（等于）、＞（大于）、＜（小于）、＞=（大于等于或不小于）、＜=（小于等于或不大于）、＜＞（不等于）。

关系运算的结果是逻辑值 True 或 False。例如：3＜5 的运算结果是 True，而 3＞5 的运算结果是 False。

（3）连接运算符。连接运算符有&和+。主要用于连接两个字符串。

当运算符两边都是字符串时，&和+的作用一样，都是将两边的字符串连接起来生成一个新的字符串。如："中国"+"上海"和"中国"&"上海"，结果都是"中国上海"。如果用"&"连接数字，&会将数字转换成字符串后再连接，并且在原数字前后都添一个空格。例如："01 电子商务"&3 的结果是："01 电子商务 3"。而"+"只能连接两个字符串。

为了避免与算术运算符"+"混淆，一般用&连接两个字符串，而尽量不使用+。

（4）逻辑运算符。逻辑运算符有 Not（否）、And（与）、Or（或）。

参与逻辑运算的量和逻辑运算的结果都是逻辑值。如：A And（与） B，当且仅当 A、B 同时为真时，结果为真，其他情况结果皆为假。

（5）特殊运算符（又称匹配运算符）。特殊运算符有：Between…And…，确定值的匹配范围；Like，确定值的匹配条件；In，确定匹配值的集合；Is，确定一个值是 Null 或 not Null；Not，确定不匹配的值。特殊运算符前都可以有 Not，形成复合运算。参见如下例子。

Between #2011-1-1#　And #2011-3-31#：指属于 2011 年第一季度的日期。

In（"英语"，"德语"，"法语"）：指与"英语"、"德语"、"法语"之一相同的值。

Like"王*"：指第一个字是王的字符串。

Like"#####"：指 5 个数字字符的字符串。

2. 表达式

用运算符将常量、变量、函数，以及字段名、控件和属性等连接起来的式子称为表达式，该表达式将计算出一个单个值。可以将表达式作为许多属性和操作参数的设置值；还可以利用表达式在查询中设置准则（搜索条件）或定义计算字段；在窗体、报表和数据访问页中定义计算控件，以及在宏中设置条件。

表达式的生成方法有两种：自行创建表达式和使用表达式生成器生成表达式。表达式中可以有各种运算符，它们的优先级顺序如下：

① 函数；

② ∧；

③ * 和 /；

④ \ 和 Mod；

⑤ + 和 -；

⑥ =、＞、＜、＞=、＜= 和 ＜＞；

⑦ Not；

⑧ And；

⑨ Or。

必要时可用添加“（ ）”的方法改变原来的优先级。

表达式根据其计算结果分为算术表达式、逻辑表达式、文本表达式或日期表达式。如：37+66 是算术表达式；a+b＞c 是逻辑表达式；“上海”&“北京”是文本表达式；#2011-1-1# + 5 是日期表达式。

下面举几个表达式的实例。

【例 3-7】 写出下列各表达式。

（1）姓名中最后一个字是“钢”的男性。

（2）20 世纪 90 年代出生的。

（3）代号中前两位是“0”（共 6 位数字）。

（4）工资高于 2000 元低于 4000 元的工程师。

解：

（1）［姓名］Like“*钢”and ［性别］ =“男”。

（2）［出生日期］Between #1990-1-1# and #1999-12-31#。

（3）［代号］Like“00# # # #”。

（4）［工资］>2000 and［工资］＜4000 and［职称］=“工程师”。

3.6.3　常用函数

Access 2013 提供了大量的标准函数，有利于管理和维护数据库。下面介绍一些常用的函数。

1. 系统日期函数

格式：DATE（ ）

功能：返回当前系统日期。

例如：在窗体或报表上创建一个文本框，在其控件来源属性中输入：

```
=DATE（ ）
```

则在控件文本框内会显示当前机器系统的日期，如：

```
16-11-30
```

2. 系统时间函数

格式：TIME（ ）

功能：返回当前系统时间。

例如：在窗体或报表上创建一个文本框，在其控件来源中输入：

=TIME（ ）

返回当前机器系统的时间，如：

21：07：23

3. 年函数

格式：YEAR（＜日期表达式＞）

功能：返回年的四位整数。

例如：

myd = # Apri 20，2016#

YEAR（myd）=2016。

4. 月函数

格式：MONTH（＜日期表达式＞）

功能：返回 1~12 之间的整数，表示一年的某月。

例如：

MONTH（myd）=4。

5. 日函数

格式：DAY（＜日期表达式＞）

功能：返回值为 1~31 之间的整数，表示日期中的某一天。

例如：

DAY（myd）=20。

6. 删除前导、尾随空格函数

格式：

① LTRIM（＜字符串表达式＞）

② RTRIM（＜字符串表达式＞）

③ TRIM（＜字符串表达式＞）

功能：

① LTRIM 函数可以去掉“字符串表达式”的前导空格。

② RTRIM 函数可以去掉“字符串表达式”的尾随空格。

③ TRIM 函数可以同时去掉“字符串表达式”的前导和尾随空格。

例如：

myst=“I am a student.”

LTRIM（myst）返回值为字符串“I am a student.”。

RTRIM（myst）返回值为字符串“I am a student.”。

TRIM（myst）返回值为字符串“I am a student.”。

7. 截取子串函数

格式：MID（＜字符串表达式＞，＜n1＞，＜n2＞）

功能：从“字符串表达式”的左端第“n1”个字符开始，截取“n2”个字符，作为返回的子字符串。

说明：

①“n1”和“n2”都是数值表达式。

② 方括号中的内容是可选的，在后面的格式中如遇到同类情况时不再说明。

③ 当“n2”默认时，则返回从“字符串表达式”的左端第“n1”个字符开始直到“字符

串表达式”的最右端的字符。

例如：

myst=“I am a student”

MID（myst, 5）返回值为字符串“ a student”。

MID（myst, 10, 4）返回值为字符串“uden”。

MID（myst, 1, 4）返回值为字符串“I am”。

8. 数值转换为字符函数

格式：STR（<数值表达式>）

功能：将“数值表达式”转换成字符串。

说明：如果“数值表达式”是一个正数，则转换后的字符串有一个前导空格，暗示有一个正号。

例如：

STR（459）返回值为字符串“ 459”。

STR（-459.65）返回值为字符串“−459.65”。

STR（459.001）返回值为字符串“459.001”。

9. 字符转数值函数

格式：VAL （<字符表达式>）

功能：返回包含在字符串中的数字。

说明：

① 当遇到第一个不能识别为数字的字符时，结束转换。

② 函数不能识别美元符号和逗号。

③ 空格字符将被忽略。

例如：

VAL（“1615 198ok street N.E.”）　返回值为 1615198。

VAL（“2468”）　返回值为 2468。

VAL（“24 and 68”）　返回值为 24。

10. 条件函数

格式：IIF（<条件表达式>，<表达式 1>，<表达式 2>）

功能：根据“条件表达式”的值决定返回“表达式 1”的值还是“表达式 2”的值。

说明：当“条件表达式”为真时，返回“表达式 1”的值；否则，返回“表达式 2”的值。

例如：

IIF（X＞100, “Large”, “Small”），当 X＞100 为真时，函数返回值为“Large”，否则返回“Small”。

11. 大写字母变为小写字母函数

格式：LCASE（<字符串表达式>）

功能：将“字符串表达式”中的所有大写字母都变为小写字母，其余字符不变。

例如：

upst=“Hello World 1234”

LCASE（upst）　返回值为“hello world 1234”。

12. 小写字母变为大写字母函数

格式：UCASE（<字符串表达式>）

功能：将“字符串表达式”中的所有小写字母都变为大写字母，其余字符不变。
例如：
upst= “Hello world 1234” UCASE（upst） 返回值为“HELLO WORLD 1234”。

习 题

一、选择题

1．数据表最明显的特性，也是关系型数据库数据存储的特征是（ ）。
A．数据按主题分类存储 B．数据按行列存储
C．数据存储在表中 D．数据只能是文字信息

2．下面（ ）不是使用关系的好处。
A．一致性 B．调高效率 C．易于理解 D．美化数据库

3．对数据表进行修改，主要是在数据表的（ ）视图中进行的。
A．数据表 B．数据透视表
C．设计 D．数据透视图

4．Access 2013 的表关系有 3 种，即一对一、一对多和多对多，其中需要中间表作为关系桥梁的是（ ）关系。
A．一对一 B．一对多
C．多对多 D．各种关系都有

5．不属于 Access 2013 数据表字段的数据类型的是（ ）。
A．文本 B．通用 C．数字 D．自动编号

6．“日期/时间”字段类型的字段长度为（ ）。
A．2 字节 B．4 字节 C．8 字节 D．16 字节

7．可以保存音乐的字段数据类型是（ ）。
A．OLE 对象 B．超链接 C．备注 D．自动编号

8．在 Access 中，如果不想显示数据表中的某些字段，可以使用（ ）功能。
A．隐藏 B．删除 C．冻结 D．筛选

9．下列对主键字段描述错误的是（ ）。
A．每个数据表必须有一个主键
B．主键字段值是唯一的
C．主键可以是一个字段，也可以是一组字段
D．主键字段不允许有重复值或空值

10．在 Access 中对记录进行排序，则（ ）排序。
A．只能按 1 个字段 B．只能按 2 个字段
C．只能按主关键字段 D．可以按多个字段

二、填空题

1．______________是 Access 数据库的基础，是存储______________的地方，是查询、窗体、报表等其他数据库对象的基础。

2．__________________是在输入或删除记录时，为维持表之间已定义的关系而必须遵循的规则。

3．如果某一字段没有设置显示标题，Access 系统就默认__________________为字段的显示标题。

4．一般情况下，一个表可以建立多个索引，每一个索引可以确定表中记录的一种____________________。

5．字段有效性规则是在给字段输入数据时所设置的____________________________。

6．表结构的设计及维护，是在_________________视图中完成的。

7．在 ACCESS 数据库中，建立表之间一对多的关联关系，要求主表中一定有设置_____________________。

8．表是数据库中最基本的操作对象，也是整个数据库系统的________________________。

9．OLE 对象数据类型字段通过“链接”或__________________方式接收数据。

10．在 Access 中数据类型主要包括：自动编号、文本、备注、日期 / 时间、数字、是 / 否、0LE 对象、货币、附件、计算、__________________和查阅向导等。

三、操作题

1．请分别通过表模板、字段模板、表设计 3 种方法建立一个数据表。

2．对已经创建好的数据表进行删除、添加等编辑操作。

3．在数据表中什么是“冻结列”？什么是“隐藏列”？两者各有什么样的作用？请用户通过对“图书”表的实际操作，体会这两者的不同作用。

4．对建立的“图书”表实施筛选，将符合条件的记录从数据表中筛选出来。

第4章　查 询 设 计

【学习要点】

➢ 查询的概念、种类和作用；
➢ 各种查询的建立；
➢ 查询的应用。

【学习目标】

通过对本章内容的学习应掌握以下内容：表间关系的概念，学会定义表间关系；查询的概念及作用；使用查询向导创建各种查询；查询设计视图的使用方法；在查询设计网格中添加字段，设置查询条件的各种操作方法；计算查询、参数查询、交叉表查询的创建方法；操作查询的设计、创建方法。

4.1　查 询 概 述

1．什么是查询

查询就是依据一定的查询条件，对数据库中的数据信息进行查找。它与表一样，都是数据库的对象。它允许用户依据准则或查询条件抽取表中的记录与字段。与基本表不同的是，查询本身并不保存数据，其结果中的数据来自其他数据源。

Access 2013 中的查询可以对一个数据库中的一个或多个表中存储的数据信息进行查找、统计、计算、排序等。

Access 2013 提供了两种创建查询的方法：查询向导和设计视图。查询向导如图 4-1 所示，设计视图如图 4-2 所示。

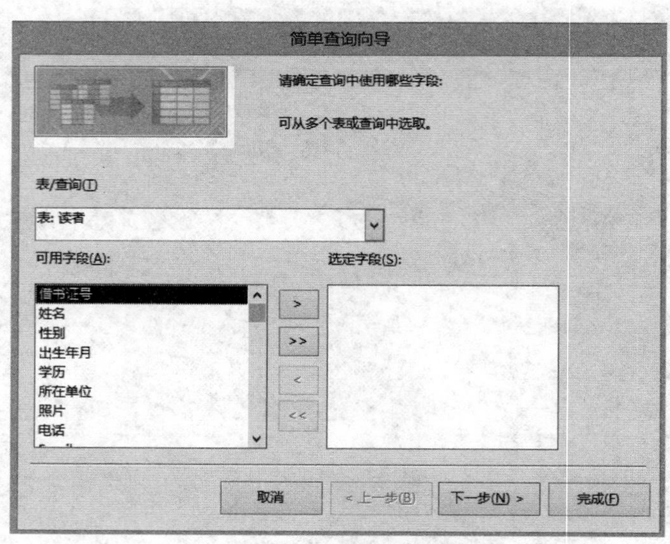

图 4-1　查询向导

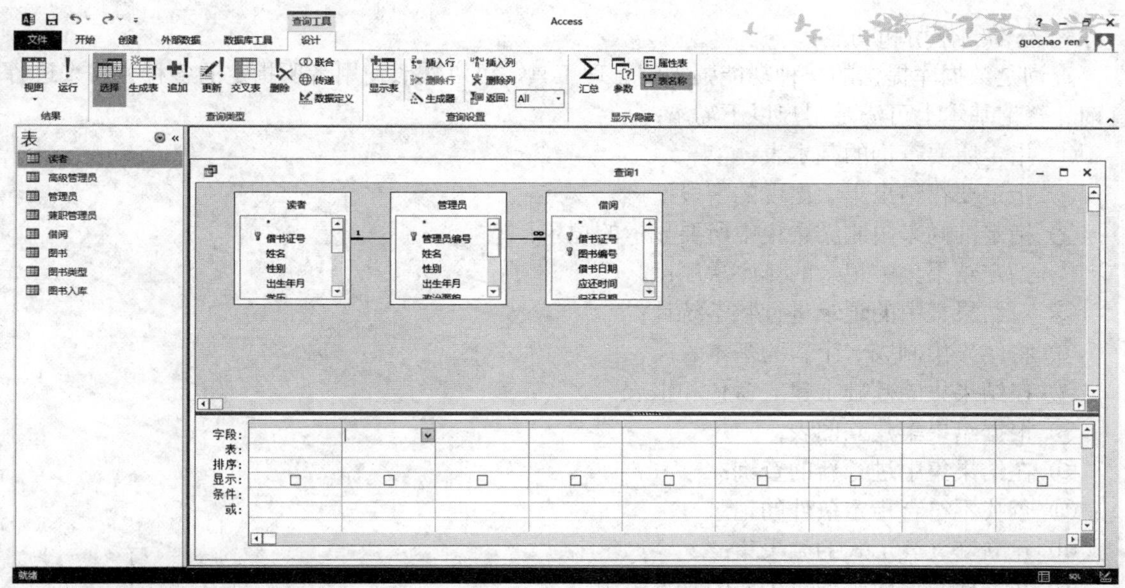

图 4-2　设计视图

无论是使用查询向导，还是设计视图，查询结果都将以工作表的形式显示出来。显示查询结果的工作表又称为结果集，它虽然与基本表有着十分相似的外观，但它并不是一个基本表，而是符合查询条件的记录集合。其内容是动态的，如图 4-3 所示。

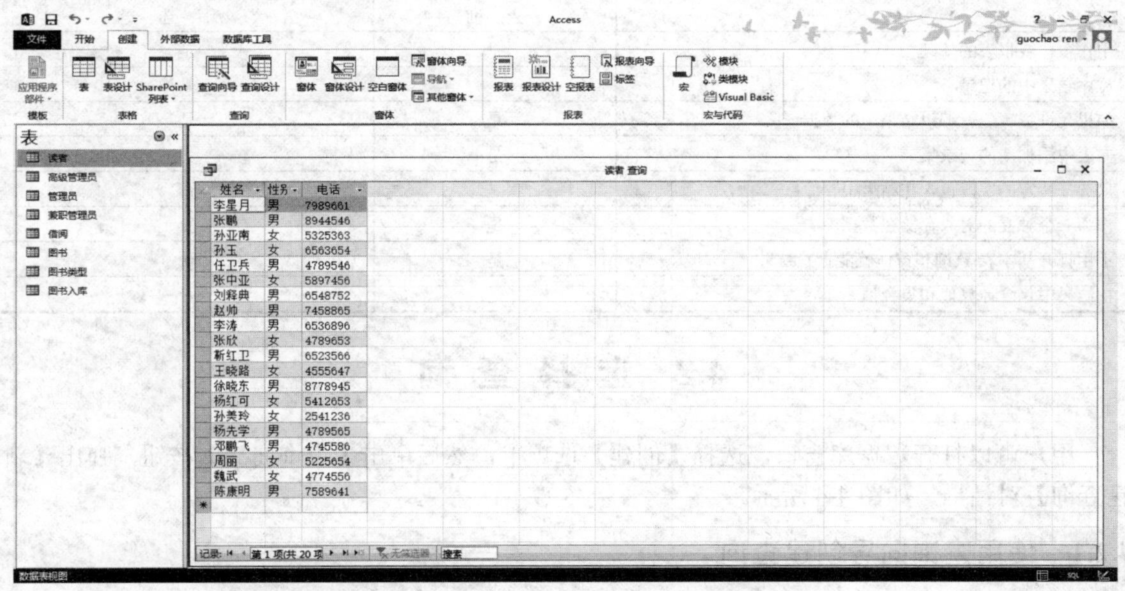

姓名	性别	电话
李星月	男	7989661
张鹏	男	8944546
孙亚南	女	5325363
孙玉	女	6563654
任卫兵	男	4789546
张中亚	女	5897456
刘释典	男	6548752
赵帅	男	7458865
李涛	男	6536896
张欣	女	4789653
靳红卫	男	6523566
王晓路	女	4555647
徐晓东	男	8778945
杨红可	女	5412653
孙美玲	女	2541236
杨先学	男	4789565
邓鹏飞	男	4745586
周丽	女	5225654
魏武	女	4774556
陈康明	男	7589641

图 4-3　查询结果

2. 查询的种类

Access 2013 提供多种查询方式，查询方式可分为选择查询、汇总查询、交叉表查询、重复项查询、不匹配查询、动作查询、SQL 特定查询，以及多表之间进行的关系查询。这些查询方式总结起来有 4 类：选择查询、特殊用途查询、操作查询和 SQL 专用查询。

3. 查询的作用和功能

查询是数据库提供的一种功能强大的管理工具，可以按照使用者所指定的各种方式来进行查询。查询基本上可满足用户以下需求：

① 指定所要查询的基本表；
② 指定要在结果集中出现的字段；
③ 指定准则来限制结果集中所要显示的记录；
④ 指定结果集中记录的排序次序；
⑤ 对结果集中的记录进行数学统计；
⑥ 将结果集制成一个新的基本表；
⑦ 在结果集的基础上建立窗体和报表；
⑧ 根据结果集建立图表；
⑨ 在结果集中进行新的查询；
⑩ 查找不符合指定条件的记录；
⑪ 建立交叉表形式的结果集；
⑫ 在其他数据库软件包生成的基本表中进行查询。

作为对数据的查找，查询与筛选有许多相似的地方，但二者是有本质区别的。查询是数据库的对象，而筛选是数据库的操作。

表 4-1 指出了查询和筛选之间的不同。

表 4-1　查询和筛选的区别

功　能	查　询	筛　选
用作窗体或报表的基础	是	是
排序结果中的记录	是	是
如果允许编辑，就编辑结果中的数据	是	是
向表中添加新的记录集	是	否
只选择特定的字段包含在结果中	是	否
作为一个独立的对象存储在数据库中	是	否
不用打开基本表.查询和窗体就能查看结果	是	否
在结果中包含计算值和集合值	是	否

4.2 选择查询

用户可以打开数据库窗口，选择【创建】选项卡，然后单击【查询向导】按钮，弹出【新建查询】对话框，如图 4-4 所示。

4.2.1 使用查询向导创建查询

1. 简单选择查询

简单选择查询是通过简单查询向导来快速完成查询操作。

【例 4-1】 查询管理员表中管理员姓名、性别、学历和职称信息。如图 4-5～图 4-7 所示。如果要添加汇总，则进行下一步操作，而不选择【明细】。

【例 4-2】 查询管理员经办图书汇总情况，如图 4-8～图 4-12 所示。

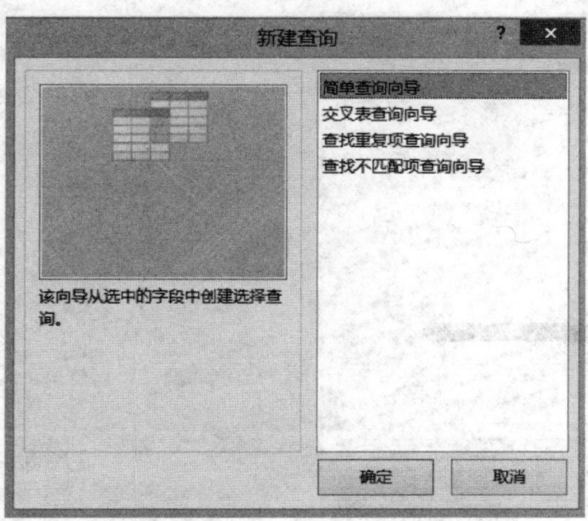

图 4-4　【新建查询】对话框

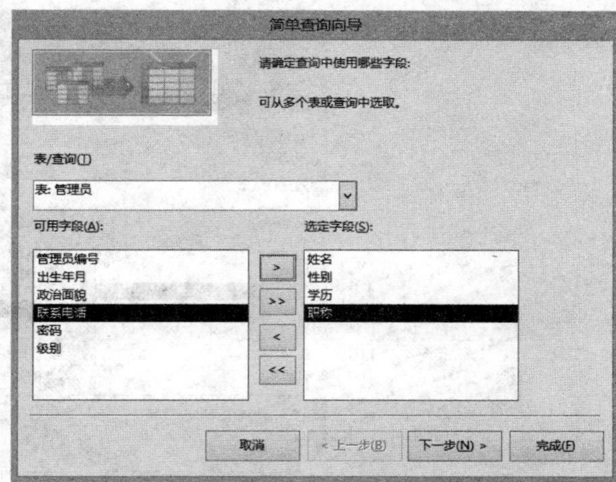

图 4-5　简单查询向导 1

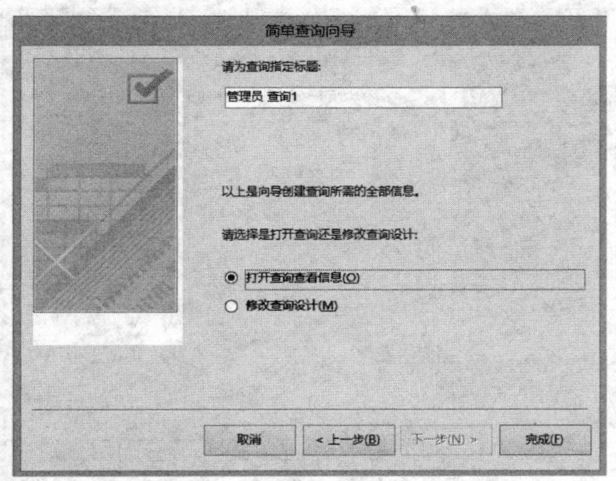

图 4-6　简单查询向导 2

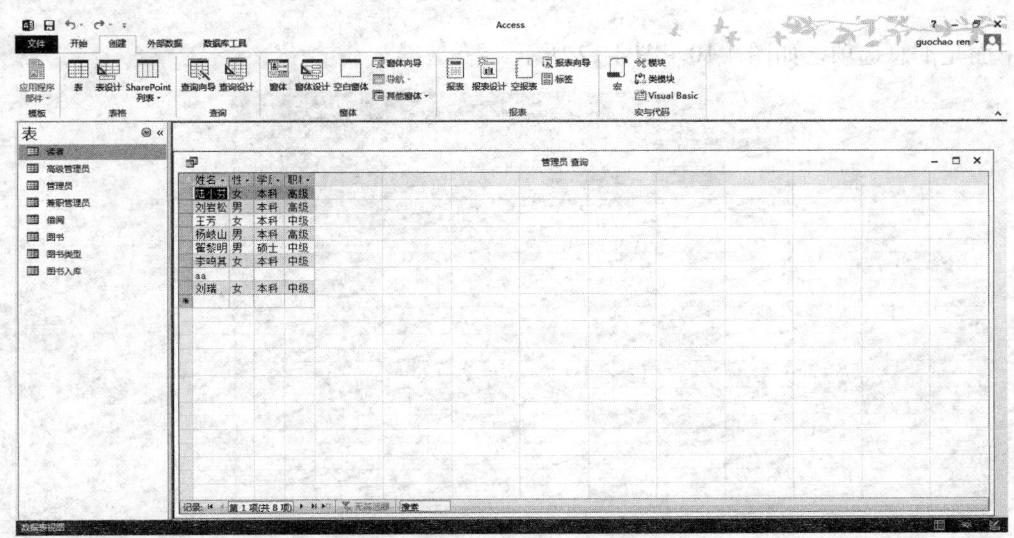

图 4-7　简单查询向导 3

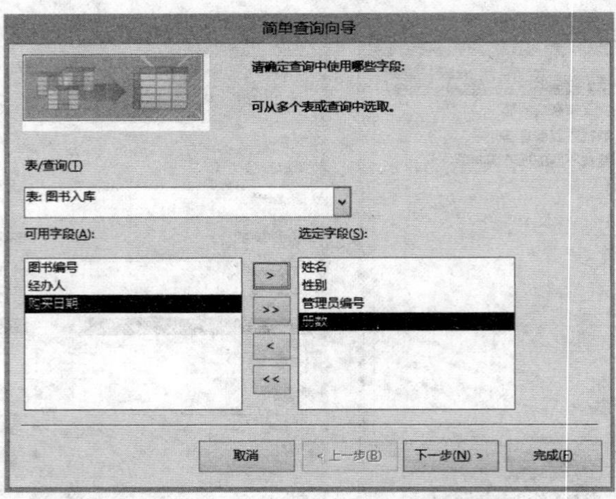

图 4-8　简单查询向导 4

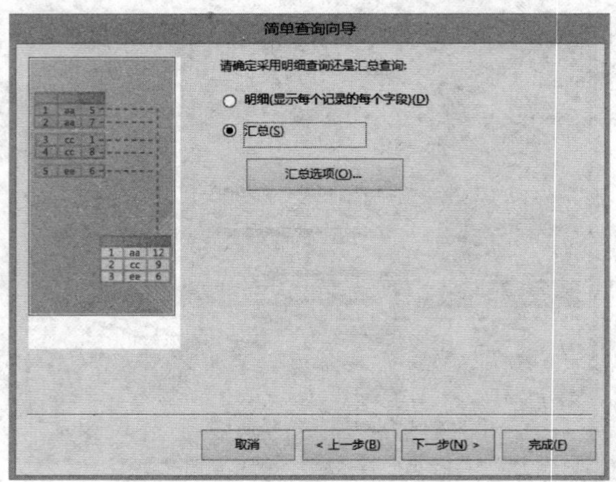

图 4-9　简单查询向导 5

下面是汇总选项，如图 4-10～图 4-12 所示。

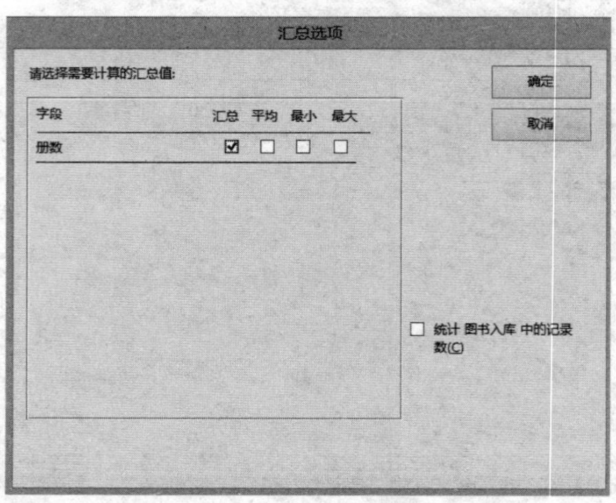

图 4-10　简单查询向导 6

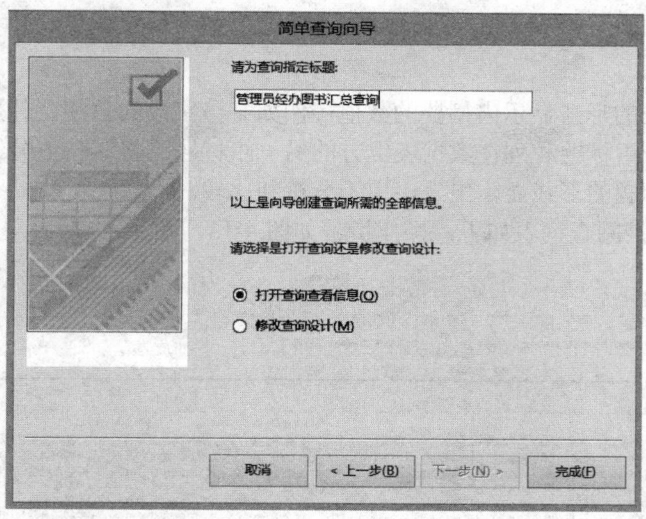

图 4-11 简单查询向导 7

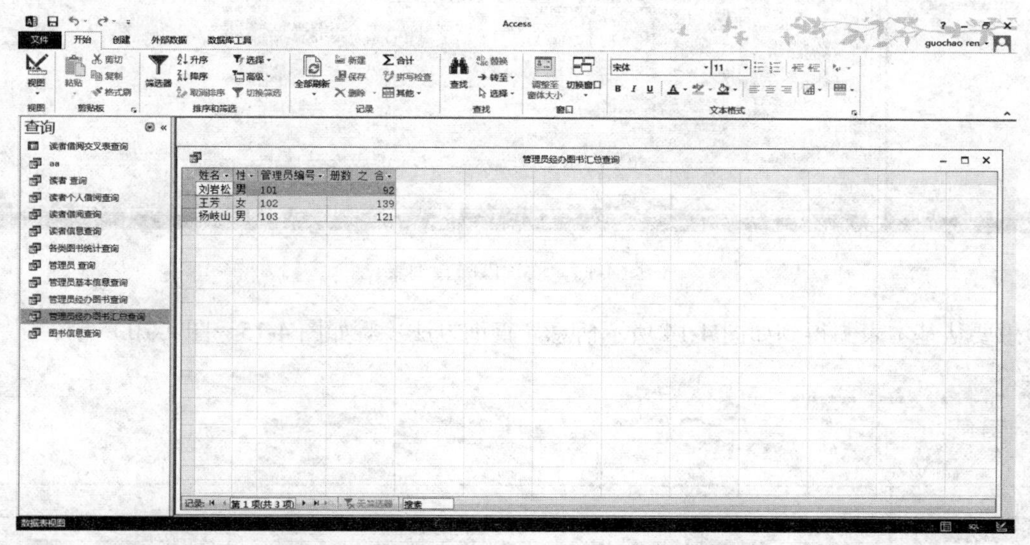

图 4-12 简单查询向导 8

如果不用向导设计查询，而用查询设计器进行查询设计，并且要在查询中添加汇总选项，则需要手工添加以下汇总函数：

Sum：求总和；

Avg：平均值；

Min：最小值；

Max：最大值；

Count：计数；

StDev：标准差；

Var：方差；

First：第一条记录；

Last：最后一条记录。

2. 交叉表查询

交叉表查询以表的形式显示出摘要的数值，例如某一字段的总和、计数、平均等，并按照列在数据表左侧的一组标题和列在数据表上方的另一组标题，将这些值分组，在数据工作表中分别以行标题和列标题的形式显示出来，用于分析和比较。

【例 4-3】 读者借阅查询表如下，操作步骤如图 4-13～图 4-20 所示。

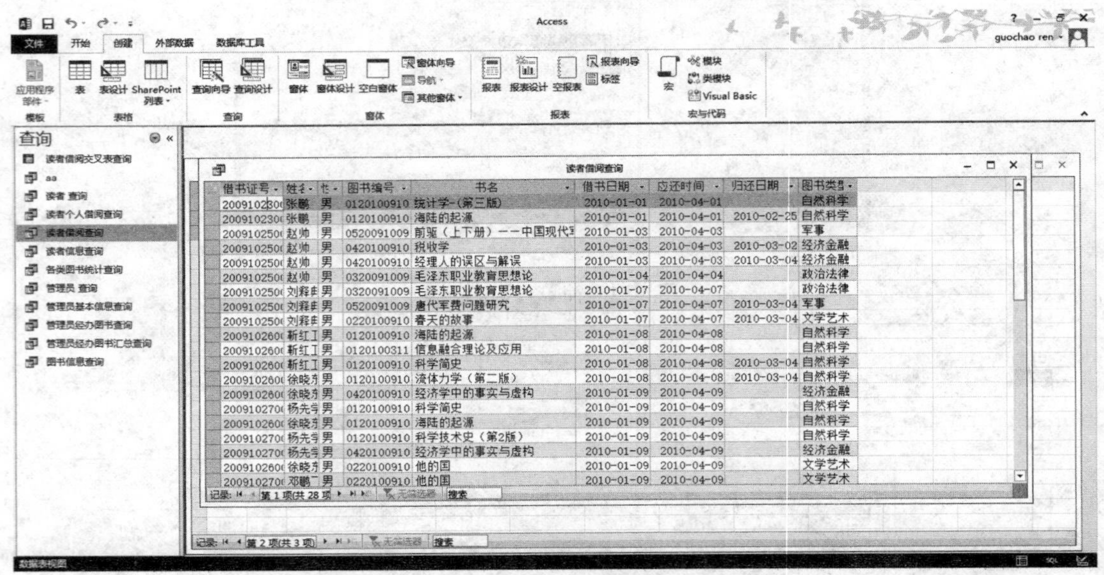

图 4-13 读者借阅查询表

想要从基本表中得到如图 4-14 所示信息，查询方法步骤如图 4-15～图 4-20 所示。

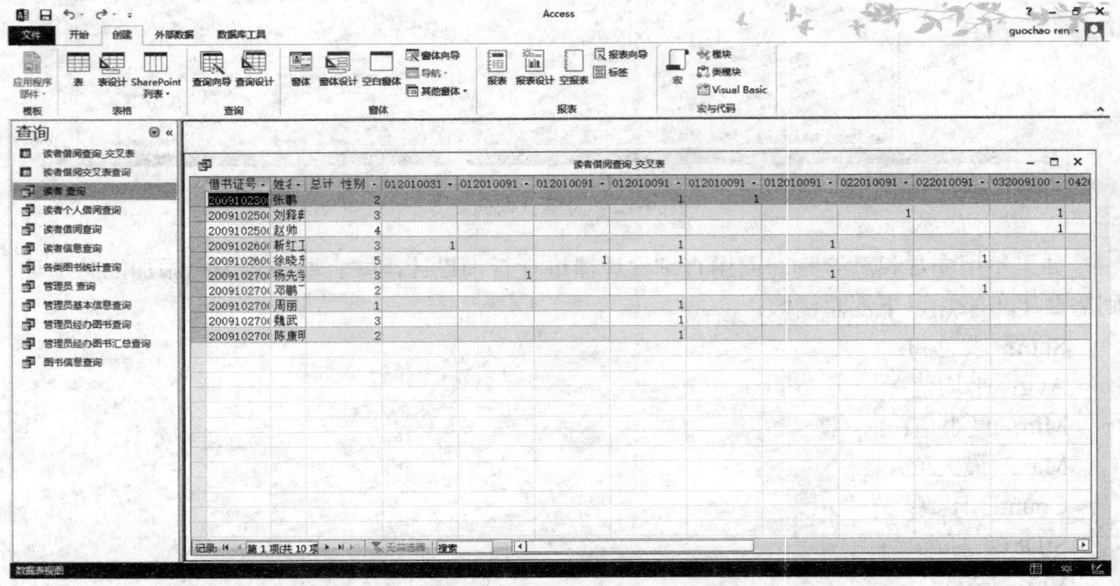

图 4-14 交叉表查询信息

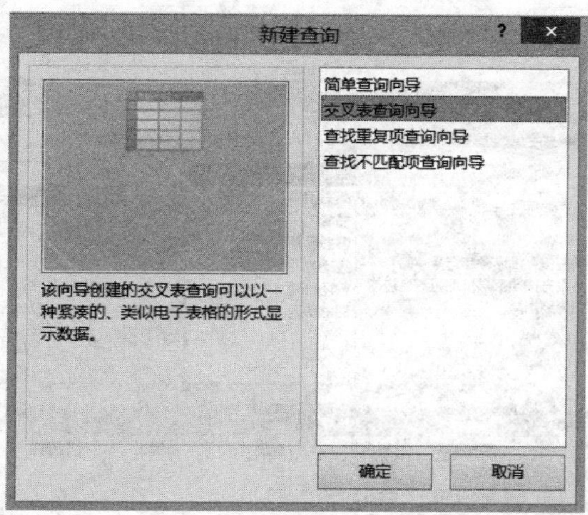

图 4-15 交叉表查询步骤 1

选择读者借阅查询，如图 4-16 所示。

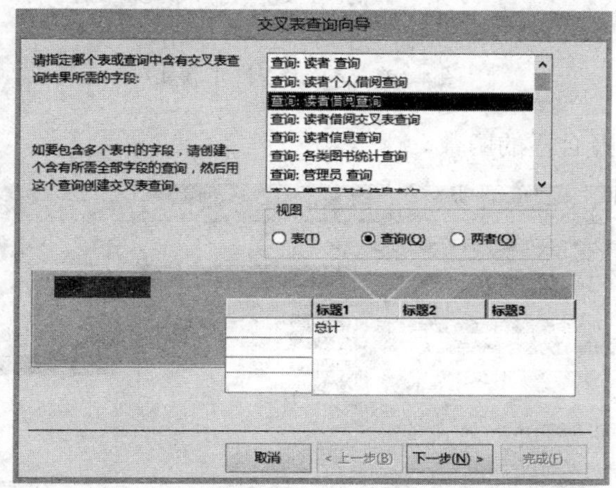

图 4-16 交叉表查询步骤 2

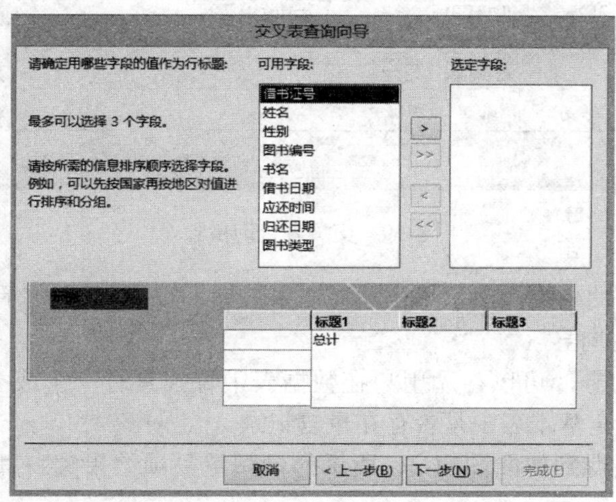

图 4-17 交叉表查询步骤 3

将表中的借书证号、姓名字段导入，如图 4-18 所示。

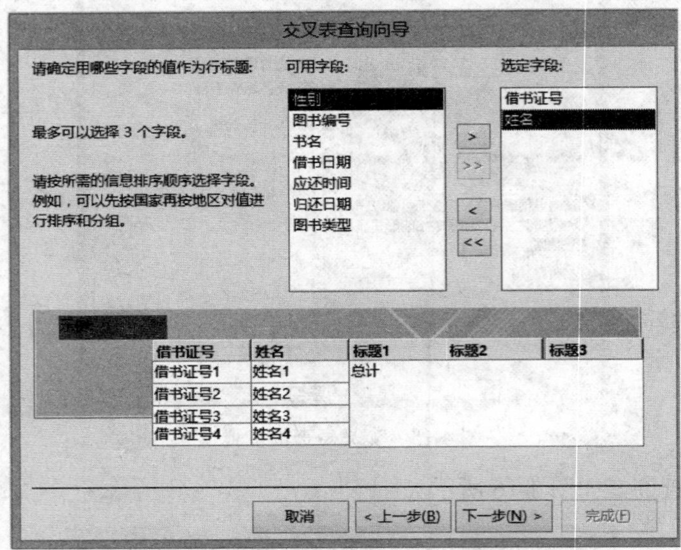

图 4-18　交叉表查询步骤 4

如图 4-19 所示，选择合适的函数。

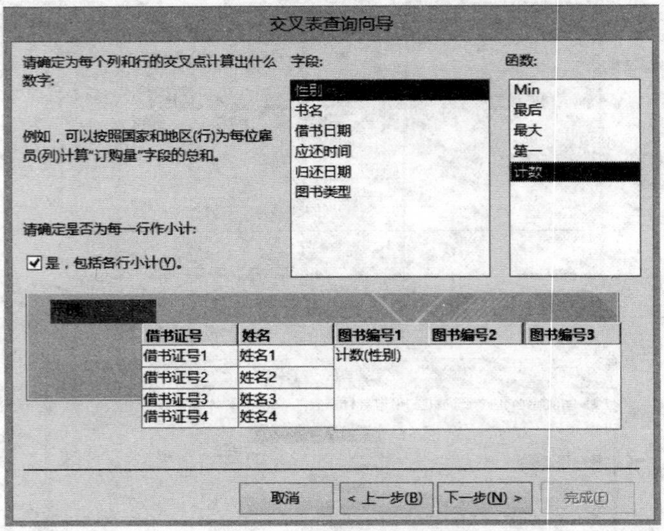

图 4-19　交叉表查询步骤 5

为交叉表指定查询的名称，然后单击【完成】按钮，如图 4-20 所示。

3. 查找重复项查询向导

查找重复项查询向导，可以帮助用户在数据表中查找具有一个或多个字段内容相同的记录。此向导可以用来确定基本表中是否存在重复记录。

【例 4-4】 如果要得到如面图 4-21 所示的借阅重复项结果集，其操作步骤如图 4-22～图 4-26 所示。

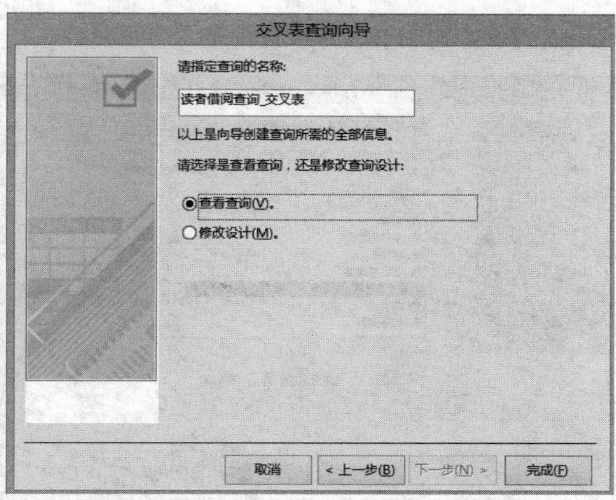

图 4-20　交叉表查询步骤 6

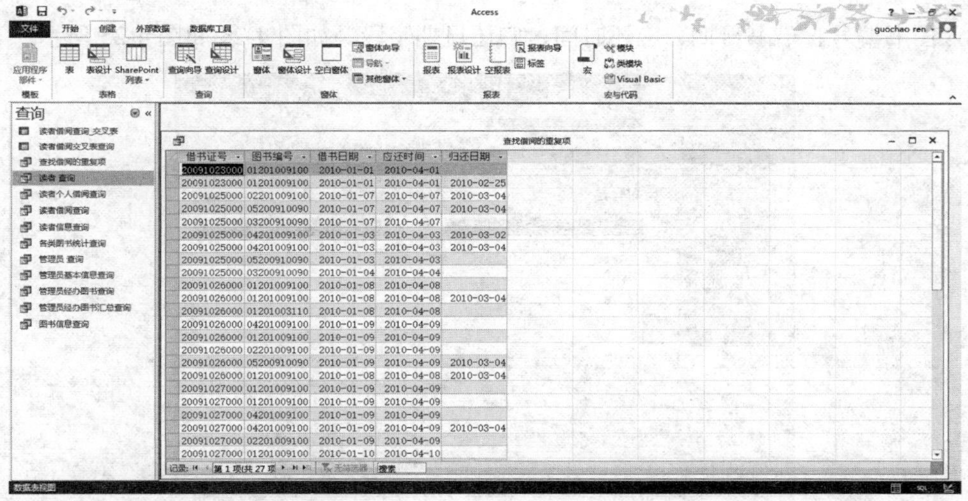

借书证号	图书编号	借书日期	应还时间	归还日期
20091023000	01201009100	2010-01-01	2010-04-01	
20091023000	01201009100	2010-01-01	2010-04-01	2010-02-25
20091025000	02201009100	2010-01-07	2010-04-07	2010-03-04
20091025000	05200910090	2010-01-07	2010-04-07	2010-03-04
20091025000	03200910090	2010-01-07	2010-04-07	
20091025000	04201009100	2010-01-03	2010-04-03	2010-03-02
20091025000	04201009100	2010-01-03	2010-04-03	2010-03-04
20091025000	05200910090	2010-01-03	2010-04-03	
20091025000	03200910090	2010-01-04	2010-04-04	
20091026000	01201009100	2010-01-08	2010-04-08	
20091026000	01201009100	2010-01-08	2010-04-08	2010-03-04
20091026000	01201003110	2010-01-08	2010-04-08	
20091026000	04201009100	2010-01-09	2010-04-09	
20091026000	01201009100	2010-01-09	2010-04-09	
20091026000	02201009100	2010-01-09	2010-04-09	
20091026000	05200910090	2010-01-09	2010-04-09	2010-03-04
20091026000	01201009100	2010-01-08	2010-04-08	2010-03-04
20091027000	01201009100	2010-01-09	2010-04-09	
20091027000	01201009100	2010-01-09	2010-04-09	
20091027000	04201009100	2010-01-09	2010-04-09	
20091027000	04201009100	2010-01-09	2010-04-09	2010-03-04
20091027000	02201009100	2010-01-09	2010-04-09	
20091027000	01201009100	2010-01-10	2010-04-10	

图 4-21　重复项查询结果

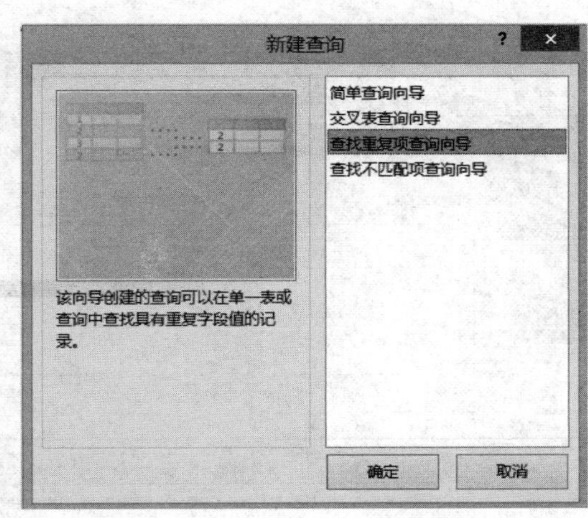

图 4-22　重复项查询向导 1

如图 4-23 所示，利用借阅表中的图书编号来查询是否有重复项。

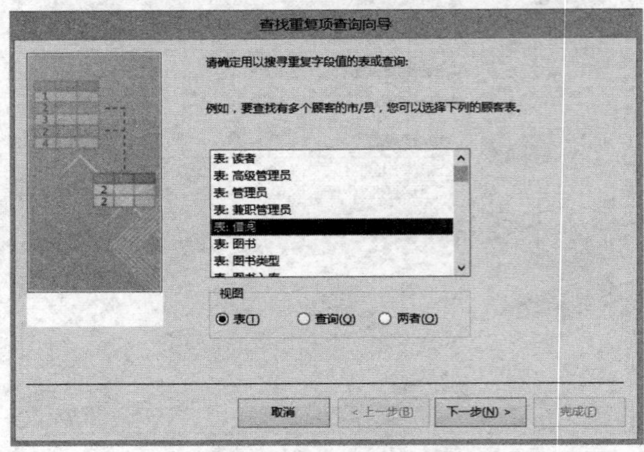

图 4-23 重复项查询向导 2

导入图书编号、借书日期、应还时间、归还日期字段，如图 4-24 和图 4-25 所示。

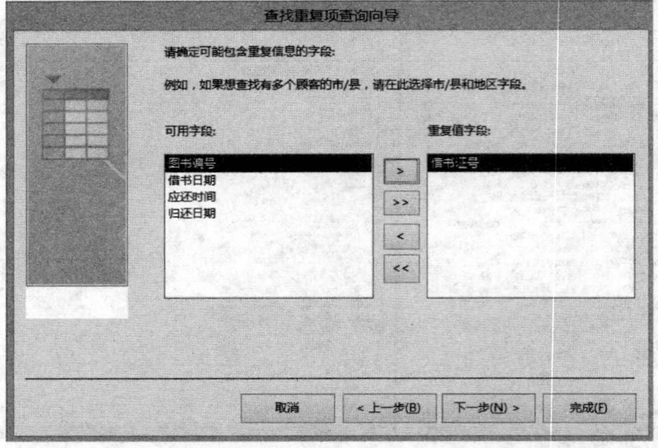

图 4-24 重复项查询向导 3

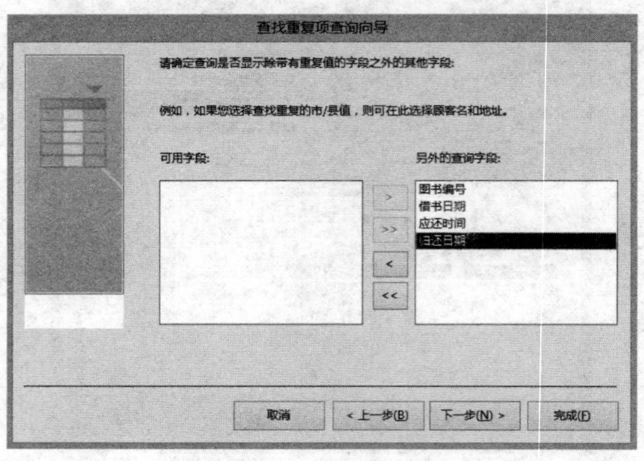

图 4-25 重复项查询向导 4

指定查询的名称，然后单击【完成】按钮，如图 4-26 所示。

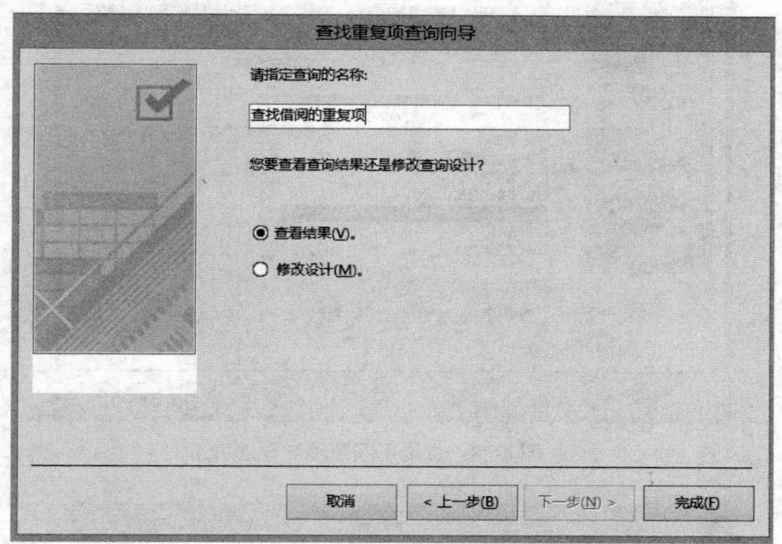

图 4-26　重复项查询向导 5

4. 查找不匹配项查询向导

查找不匹配项查询向导，是用来帮助用户在数据中查找不匹配记录的向导。

【例 4-5】如要查找【借阅】表中的图书编号与【图书】表中的图书编号不匹配的记录，查找步骤分解如图 4-27～图 4-33 所示。

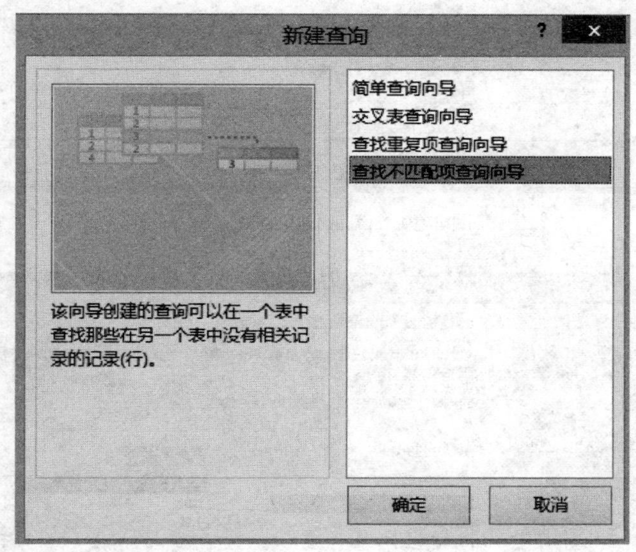

图 4-27　查询不匹配项向导 1

查找图书表和借阅表中的图书编号是否有不匹配，如图 4-28 和图 4-29 所示。

由向导识别两张表的匹配字段，如图 4-30 所示。

如图 4-31 所示，选择还需要查询显示的字段，然后指定查询名称（图 4-32），单击【完成】按钮后，结果如图 4-33 所示。

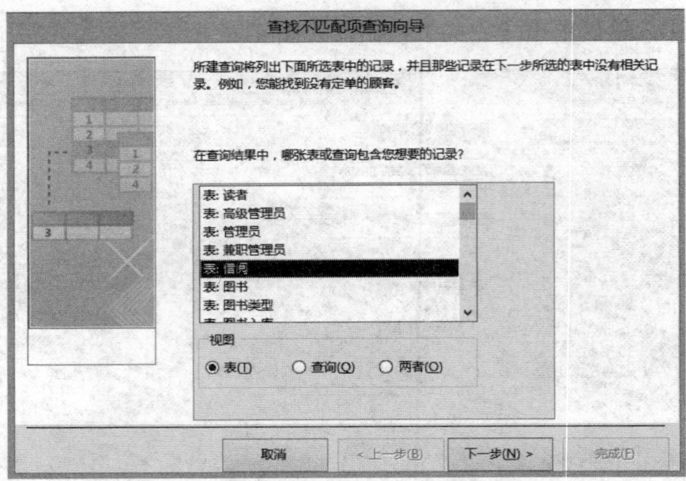

图 4-28　查询不匹配项向导 2

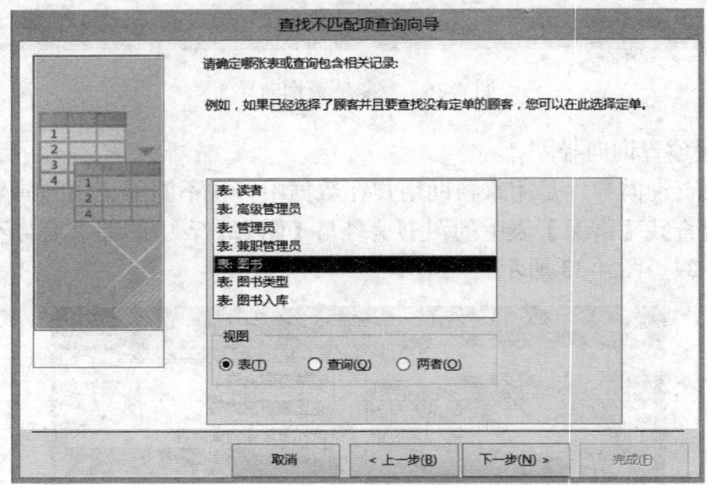

图 4-29　查询不匹配项向导 3

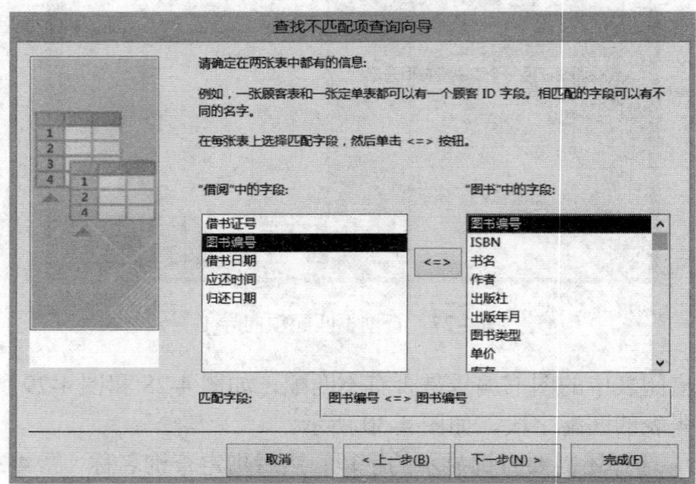

图 4-30　查询不匹配项向导 4

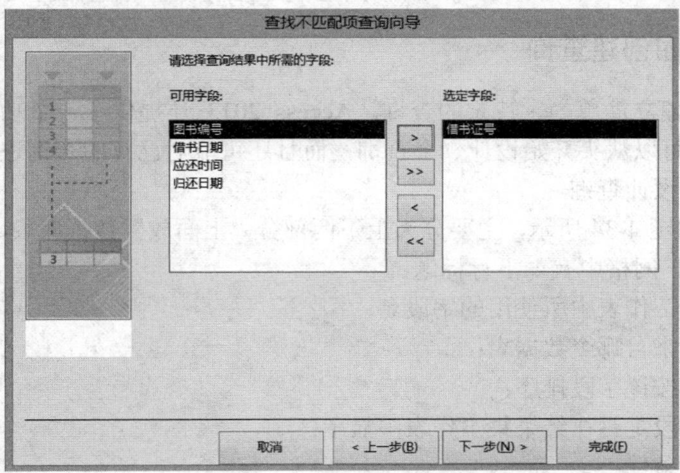

图 4-31 查询不匹配项向导 5

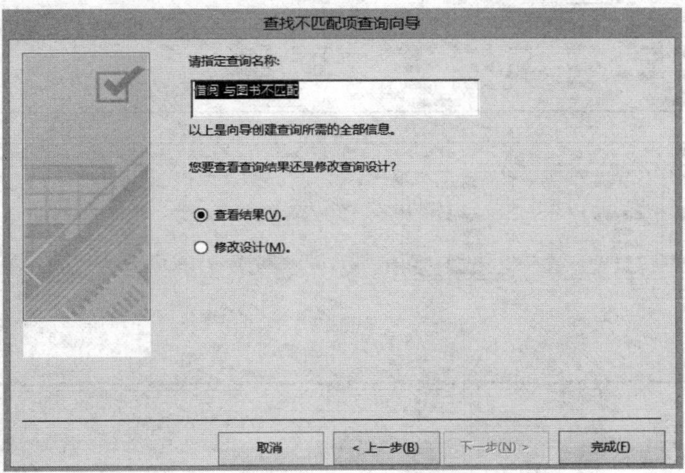

图 4-32 查询不匹配项向导 6

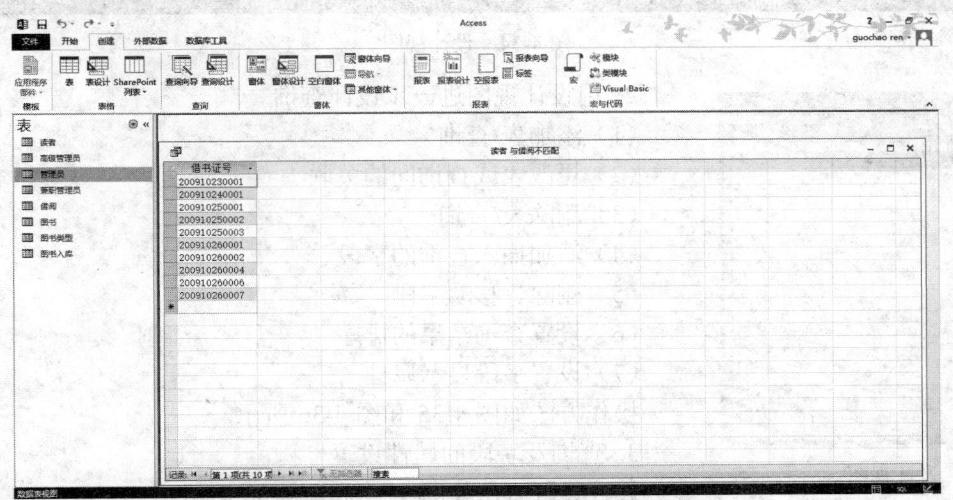

图 4-33 查询不匹配项向导 7

4.2.2 用设计视图创建查询

使用向导只能建立简单的、特定的查询。Access 2013 还提供了一个功能强大的查询设计视图，通过它不仅可以从头开始设计一个查询，而且还可能对已有的查询进行编辑和修改。

1. 用设计视图设计查询

【设计视图】如图 4-34 所示，主要分为上下两部分，上面放置数据库表、显示关系和字段；下面给出设计网格，网格中有如下行标题：

- 字段：查询工作表中所使用的字段名；
- 表：该字段来自哪个数据表；
- 排序：是否按该字段排序；
- 显示：该字段是否在结果集工作表中显示；
- 条件：查询条件；
- 或：用来提供多个查询条件。

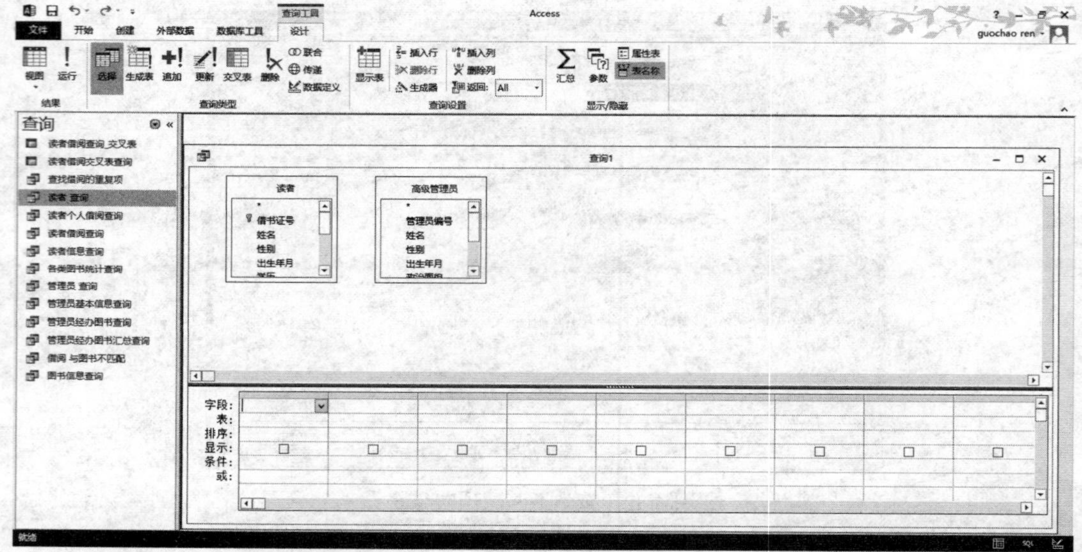

图 4-34 设计视图

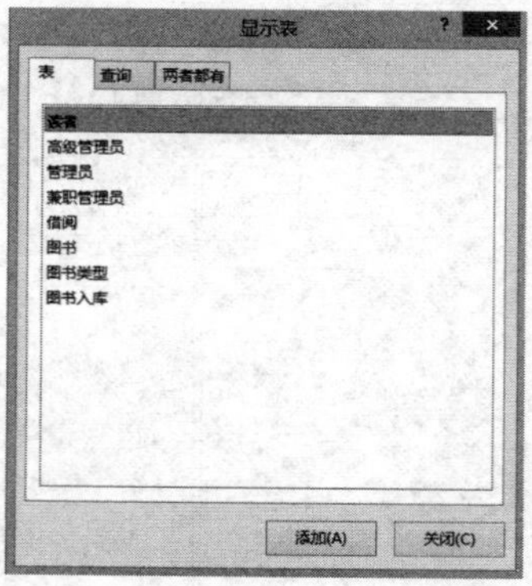

图 4-35 设计视图——显示表

2. 用设计视图进一步设计查询

（1）添加表/查询

（2）更改表或查询间的关联

（3）删除表/查询

（4）添加插入查询的字段

（5）删除、移动字段

（6）设置查询结果的排序

（7）设置字段显示属性

操作方法如图 4-35 和图 4-36 所示。

3. 查询及字段的属性设置

属性设置方法如图 4-37 和图 4-38 所示。

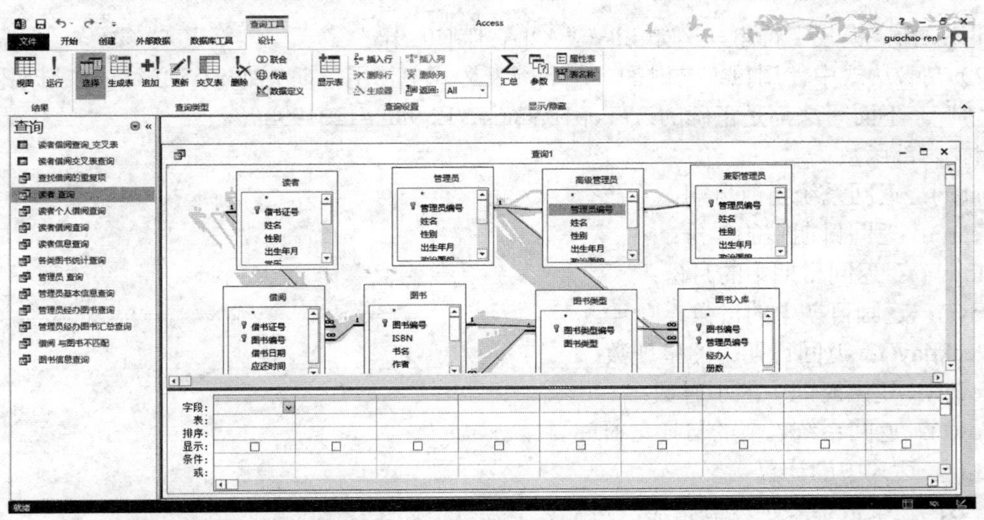

图 4-36 设计视图——显示联系

属性表

所选内容的类型: 查询属性

常规

说明	
默认视图	数据表
输出所有字段	否
上限值	All
唯一值	否
唯一的记录	否
运行权限	属于用户的
源数据库	(当前)
源连接字符串	
记录锁定	不锁定
记录集类型	动态集
ODBC 超时	60
筛选	
排序依据	
最大记录数	
方向	从左到右
子数据表名称	
链接子字段	
链接主字段	
子数据表高度	0cm
子数据表展开	否
加载时的筛选器	否
加载时的排序方式	是

图 4-37 设计视图——查询属性

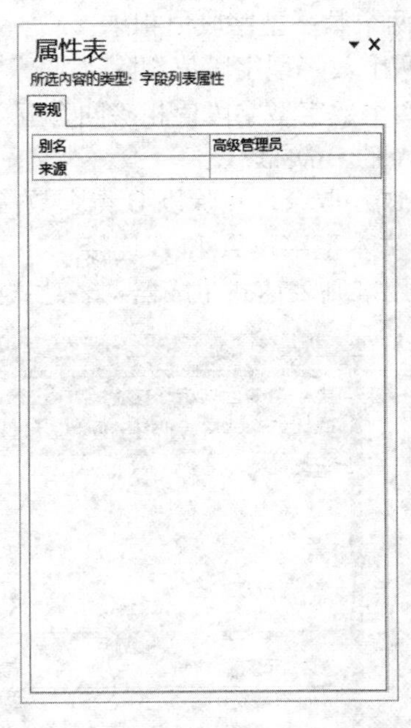
属性表

所选内容的类型: 字段列表属性

常规

别名	高级管理员
来源	

图 4-38 设计视图——字段列表属性

4.2.3 设置查询条件

查询设计视图中的准则就是查询记录应符合的条件。它与在设计表时设置字段的有效性规则的方法相似。

(1) 准则表达式

And：与操作，例如“A” And “B”；

Or：或操作，例如“A” Or “B”；

Between…And：指定范围操作，例如 Between “A” And “B”；

In：指定枚举范围，例如 In(“A,B,C”)；

Like：指定模式字符串，例如 Like “A?[A~f]#[!0~9]*”。

（2）在表达式中使用日期与时间。在准则表达式中使用日期/时间时，必须要在日期值两边加上“#”。下面写法都是正确的：#Feb12,98#.#2/12/98#.#1221998#。

相关内部函数：

Date()：返回系统当前日期；

Year()：返回日期中的年份；

Month()：返回日期中的月份；

Day()：返回日期中的日数；

Weekday()：返回日期中的星期数；

Hour()：返回时间中的小时数；

Now()：返回系统当前的日期与时间。

（3）表达式中的计算

A+B：两个数字型字段值相加，两个文本字符串连接；

A-B：两个数字型字段值相减；

A*B：两个数字型字段值相乘；

A/B：两个数字型字段值相除；

A\B：两个数字型字段值相除四舍五入取整；

A^B：A 的 B 次幂；

Mod(A,B)：取余，A 除以 B 得余数；

A&B：文本型字段 A 和 B 连接。

（4）使用准则表达式生成器。表达式生成器的使用方法如图 4-39 和图 4-40 所示。

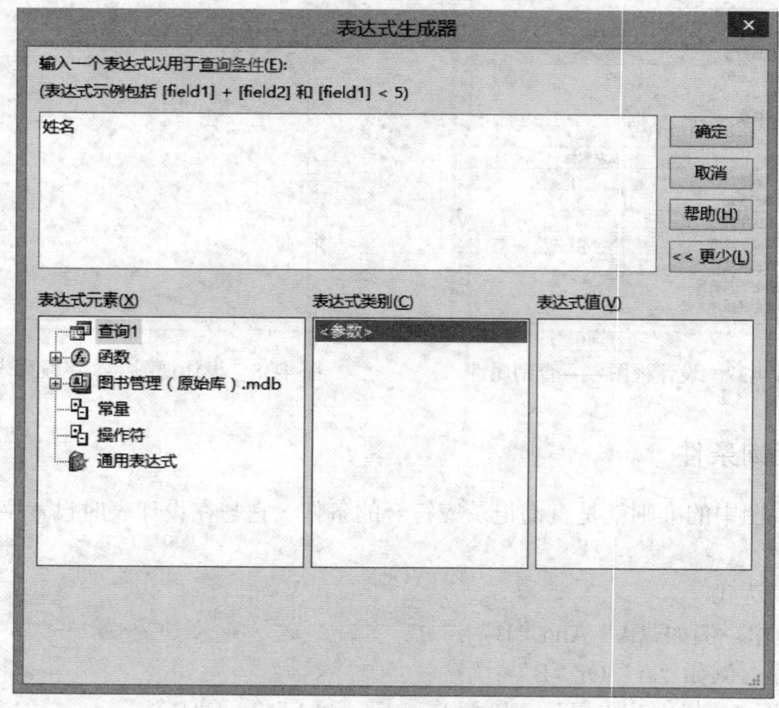

图 4-39　表达式生成器 1

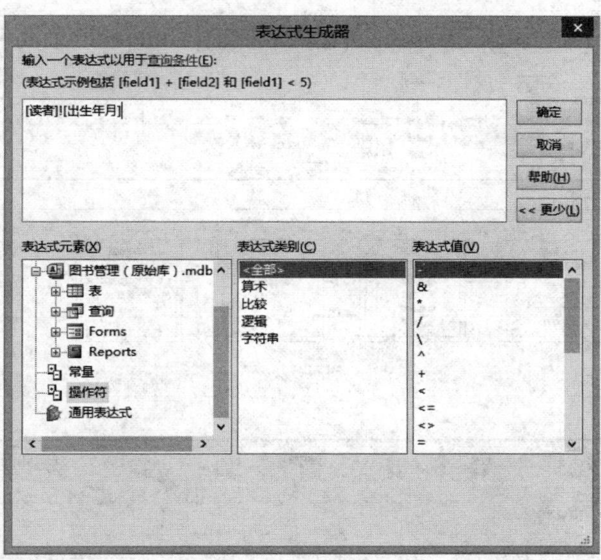

图 4-40 表达式生成器 2

4.3 参 数 查 询

数据查询未必总是静态地提取统一信息，只要用户把搜索类别输入到一个特定的对话框中，就能在运行查询时对其进行修改。例如：当用户希望能够规定所需要的数据组时，就需要使用一个参数查询。

另一个特殊用途的查询就是把字段值自动填充到相关表中的“自动查询”查询。“自动查询”查询通过查找用户输入在匹配字段中的数值，把用户指定的信息输入到相关表的字段中。

【例 4-6】用户想要利用借书证号查询读者个人借阅信息，具体步骤如下。

（1）首先打开查询设计器，将数据表添加到上面，如图 4-41 所示。

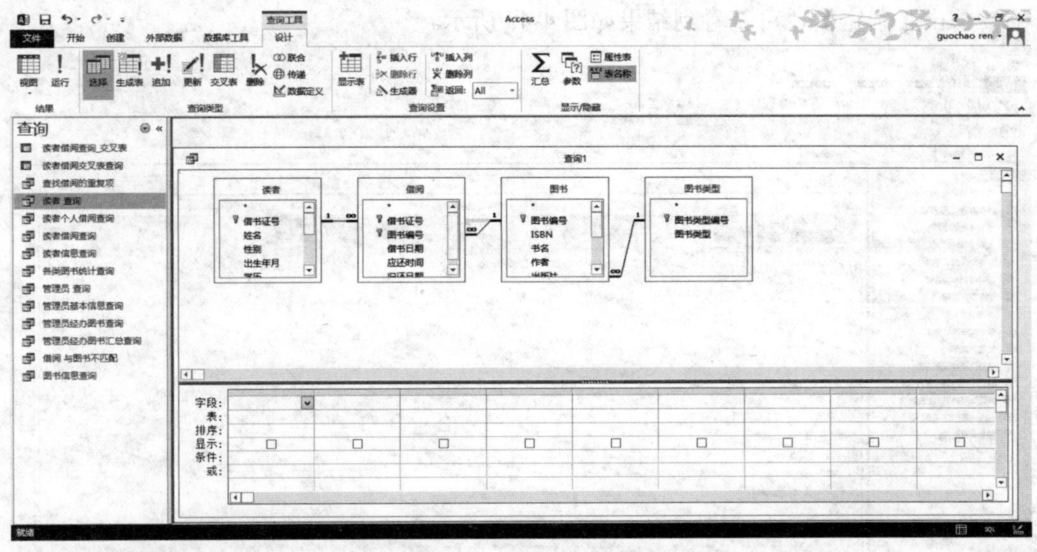

图 4-41 参数查询步骤 1

（2）添加字段，并给出条件：Between [输入最低值] And [输入最高值]，如图 4-42 所示。

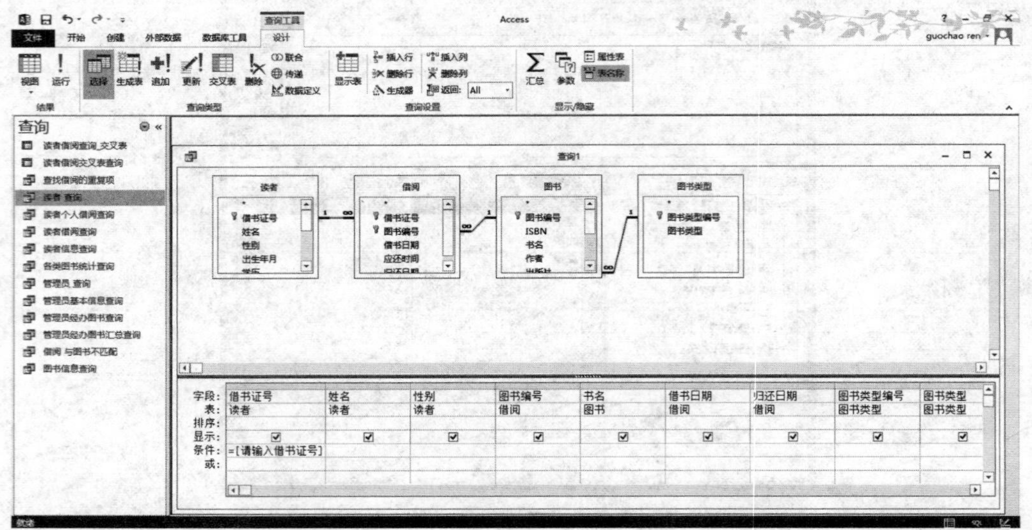

图 4-42　参数查询步骤 2

（3）保存为“读者借阅参数查询”，如图 4-43 所示。

（4）单击【确定】然后运行，输入参数，如图 4-44 所示。

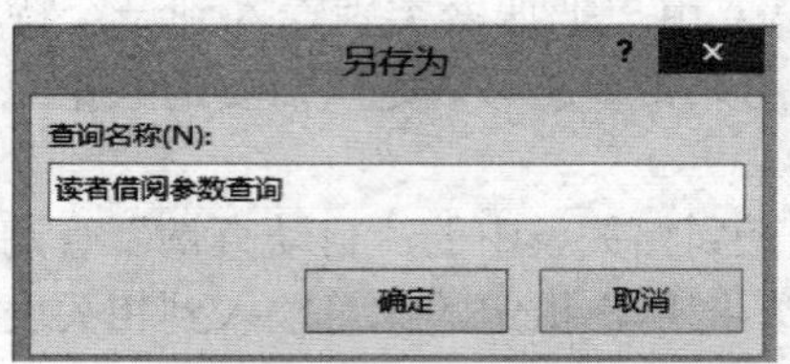

图 4-43　参数查询步骤 3

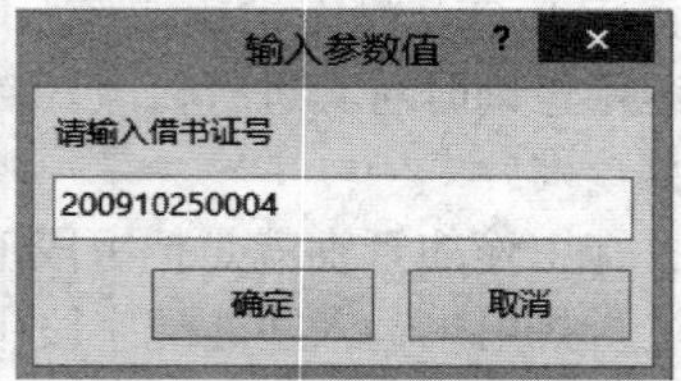

图 4-44　参数查询步骤 4

（5）单击【确定】，可查看到结果如图 4-45 所示。

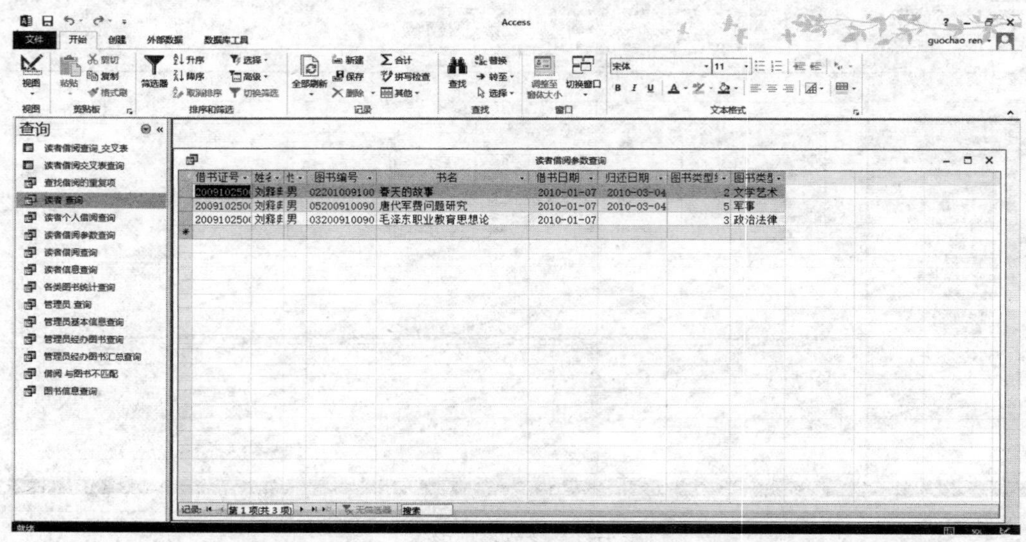

图 4-45　参数查询结果

（6）如要改变参数类型，可打开【设计】|【参数】对话框来解决，如图 4-46 所示。

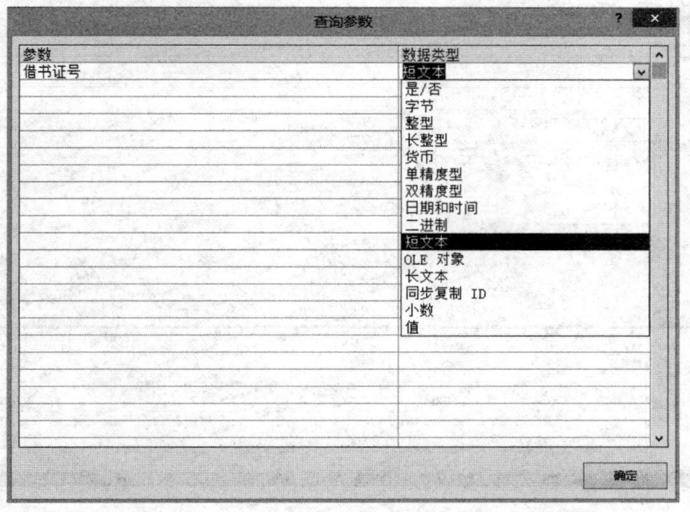

图 4-46 改变参数类型

4.4 操作查询

操作查询用于同时对一个或多个表来执行全局数据管理的操作。操作查询可以对数据表中原有的数据内容进行编辑，对符合条件的数据成批地进行修改。因此，应该备份数据库。

4.4.1 生成表查询

生成表查询可以从一个或多个表/查询的记录中制作一个新表。在下列情况下可以使用生成表查询：

- 把记录导出到其数据库，如创建一个交易已完成的订单表，以便送到其他部门；
- 把记录导出到 Excel/Word 之类的非关系应用系统中；
- 对被导出的信息进行控制，如筛选出机密或不相干的数据；
- 用作在某一特定时间出现的一个报表的记录源；
- 通过添加一个记录集来保存初始文件，然后用一个追加查询向该记录集中添加新记录；
- 用一个新记录集替换现有的表中的记录。

【例 4-7】 要以读者表为基础，查询出姓名、性别、出生年月、电话、学历为本科，并生成一个新表。具体操作步骤如图 4-47～图 4-50 所示。

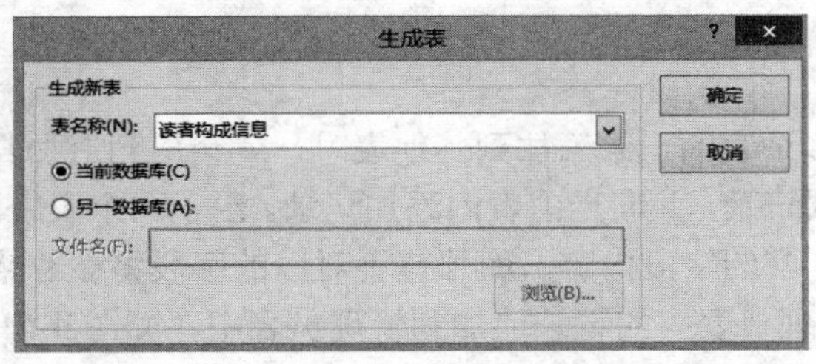

图 4-47 生成表对话框 1

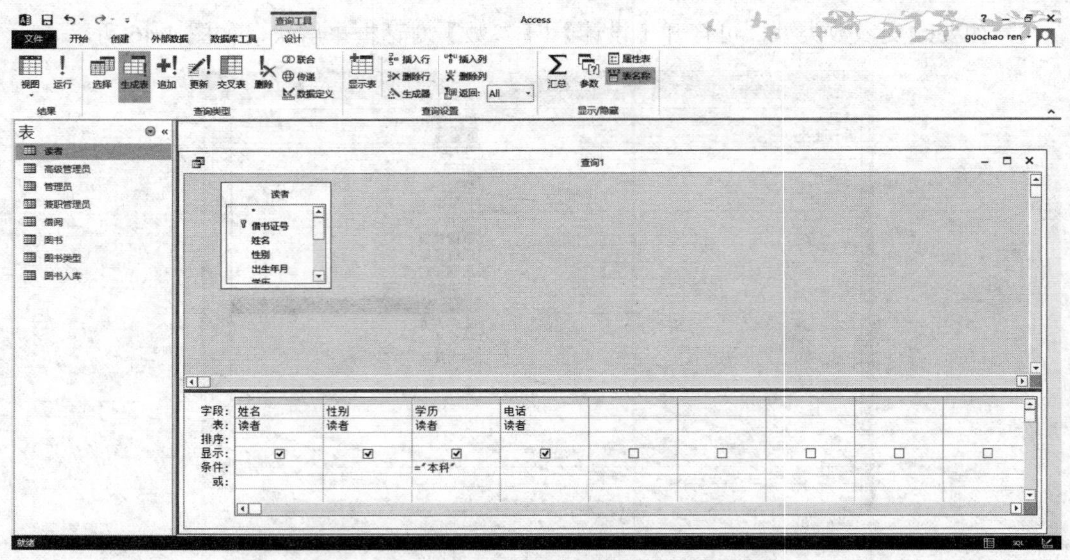

图 4-48　生成表对话框 2

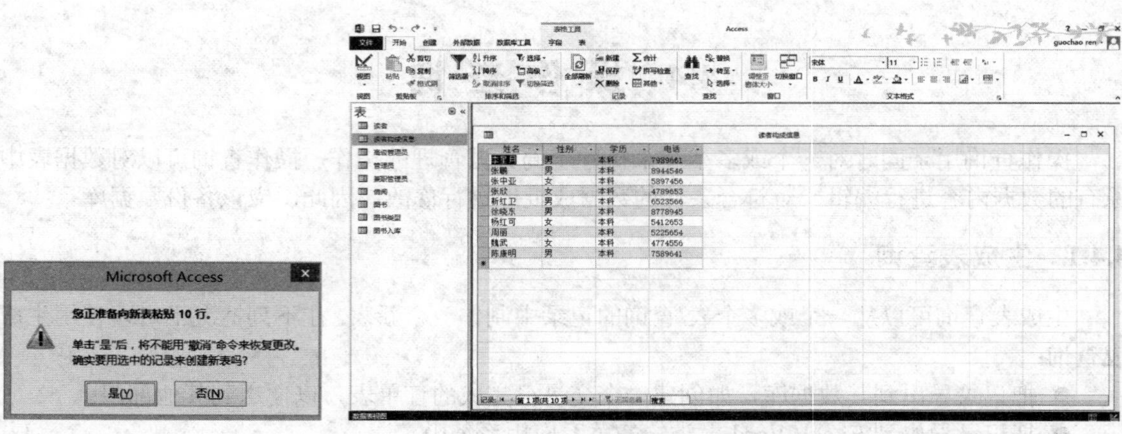

图 4-49　生成表对话框 3　　　　图 4-50　生成表对话框 4

4.4.2　删除查询

删除查询是所有查询操作中最危险的一个。查询所使用的字段只是用来作为查询的条件，而删除查询是将整个记录全部删除，而不只是删除查询所使用的字段。删除查询可以从单个表删除记录，也可以通过级联删除相关记录而从相关表中删除记录。

4.4.3　追加查询

当用户要把一个或多个表的记录添加到其他表时，就会用到追加查询。追加查询可以从另一个数据库表中读取数据记录，并向当前表内添加记录。由于两个表之间的字段定义可能不同，追加查询只能添加相互匹配的字段内容，而那些不对应的字段将被忽略。

【例 4-8】　将兼职管理员表中的记录追加到管理员表中，如图 4-51～图 4-54 所示。

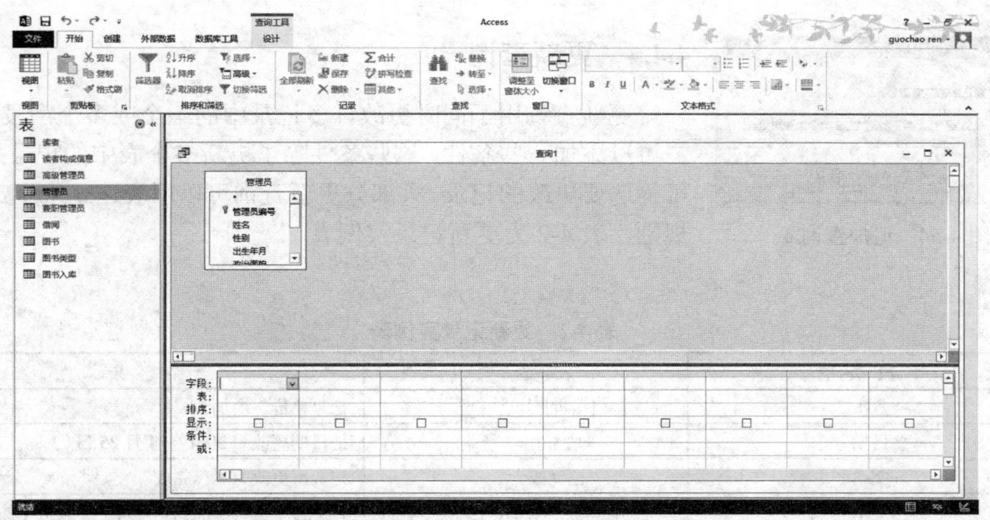

图 4-51 追加查询 1

选择要追加表的名字，如图 4-52 所示。

图 4-52 追加查询 2

使兼职管理员表中的记录追加到管理员表中，如图 4-53 所示，然后单击【是】即可，如图 4-54 所示。

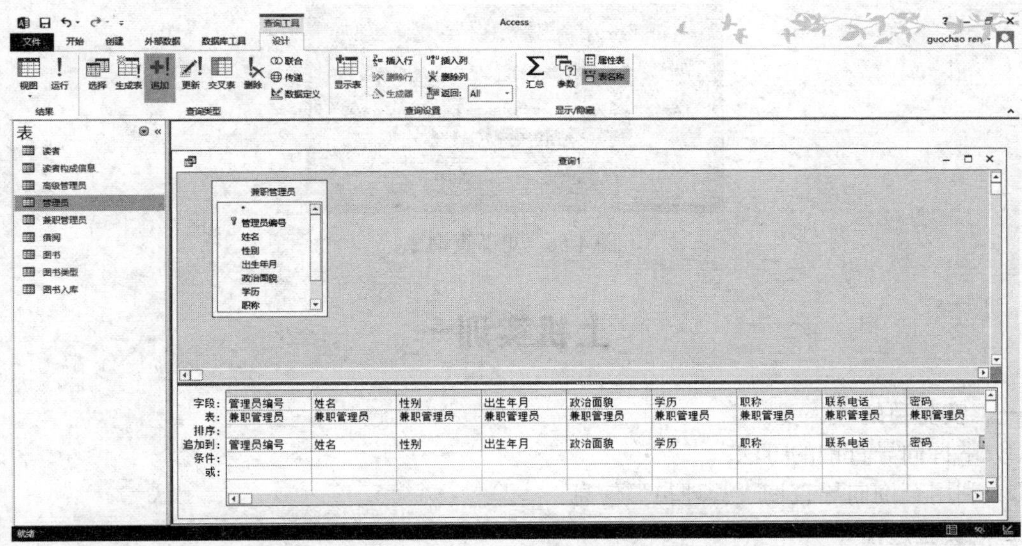

图 4-53 追加查询 3

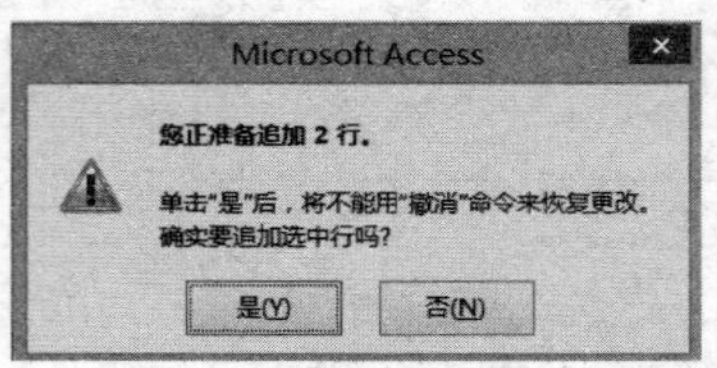

图 4-54　追加查询 4

4.4.4　更新查询

更新查询用于同时更改许多记录中的一个或多个字段值，用户可以添加一些条件，这些条件除了更新多个表中的记录外，还可筛选要更改的记录。大部分更新查询可以用表达式来规定更新规则。表 4-2 为更新记录实例表。

表 4-2　更新记录实例表

字段类型	表达式	结　果
货币	[单价]*1.05	把“单价”增加 5%
日期	#4/25/01#	把日期更改为 2001 年 4 月 25 日
文本	“已完成”	把数据更改为“已完成”
文本	“总”&[单价]	把字符“总”添加到“单价”字段数据的开头
是/否	Yes	把特定的“否”数据更改为“是”

【例 4-9】 将 1970 年 1 月 1 日以前出生，且职称为“中级”的管理员职称更新为“高级”。先打开设计视图，在“查询类型”中选择“更新”，将更新字段拖至查询设计网格，然后输入更新条件即可，如图 4-55 所示。

字段:	职称	出生年月
表:	管理员	管理员
更新到:	"高级"	
条件:	="中级"	#1974-08-01#
或:		

图 4-55　更新查询 1

如图 4-56 所示，在查询设计视图中单击“是”按钮，提示更新成功。

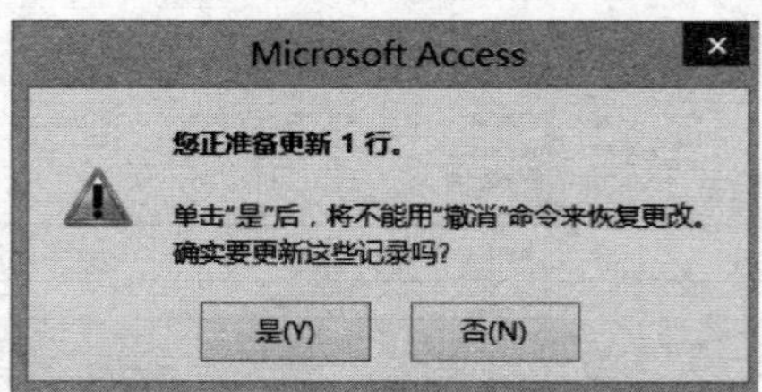

图 4-56　更新查询 2

上机实训一

一、实验目的

① 掌握向导查询的方法；

② 利用查询向导查询“管理员”信息。

二、实验过程

1．查询管理员姓名、性别、学历、职称等基本信息

（1）打开“图书管理”数据库，单击“创建”选项卡，再单击“查询”组中的“查询向导”按钮。打开“新建查询”对话框。

（2）在“新建查询”对话框中，单击“简单查询向导”选项，然后单击“确定”，打开“简单查询向导”的第一个对话框。

（3）在对话框中“表/查询”列表中选择“管理员”表，在“可用字段”列表框中分别双击“姓名”、“性别”、“学历”、“职称”等字段，将其添加到“选定的字段”列表框中。设置完成后，单击“下一步”按钮，打开 “简单查询向导”的第二个对话框。

（4） 输入查询标题“管理员基本信息查询”，选择“打开查询查看信息”，单击“完成”按钮。这时会以“数据表”的形式显示查询结果，并将该查询自动保存在数据库中。

2．查询管理员姓名、性别、经办的图书

（1）在“图书管理”数据库窗口中，单击“创建”选项卡，再单击“查询”组中的“查询向导”按钮，打开“新建查询”对话框。

（2）选择“简单查询向导”选项，然后单击“确定”按钮，打开“简单查询向导”对话框。

（3）在“表/查询”列表中选择“管理员”表，在“可用字段”列表框中双击“管理员编号”、“姓名”、“性别”字段；再在“表/查询”列表中选择“图书入库”表，双击“图书编号”、“经办人”、“册数”、“购买日期”等字段，这样就选择了两个表中的所需字段，然后单击“下一步”按钮。

（4）在弹出的对话框中选择“明细（显示每个记录的每个字段）”，单击 “下一步”按钮，打开“简单查询向导”的第二个对话框。

（5）后面的操作与“管理员基本信息查询”的操作相同，为该查询取名为“管理员经办图书查询”。

3．查询管理员姓名、所购图书总册数

（1）在“图书管理”数据库窗口中，单击“创建”选项卡，再单击“查询”组中的“查询向导”按钮，打开“新建查询”对话框。

（2）选择“简单查询向导”选项，然后单击“确定”按钮，打开 “简单查询向导”的第一个对话框，在对话框中的“表/查询”下拉列表中选择“表：管理员”，字段为“管理员编号”、“姓名”，选择“表：图书”，字段为“书名”，选择“表：图书入库” 表，字段为“册数”，单击“下一步”按钮。

（3）设置完成后，单击“下一步”按钮，打开 “简单查询向导”的第二个对话框。

（4）在弹出的对话框中，选择“汇总”选项，单击“汇总选项”按钮，打开“汇总选项”对话框。

（5）在“汇总选项”对话框中，选中“册数”的汇总复选框，然后单击“确定”按钮，返回 “简单查询向导”的第二个对话框。

（6）单击“下一步”按钮，打开“简单查询向导”最后一个对话框，输入查询标题“管理员经办图书汇总查询”，单击“完成”按钮。

上机实训二

一、实验目的

① 掌握利用设计视图查询；

② 利用设计视图查询“读者”信息。

二、实验过程

1．利用设计视图查询读者基本信息

（1）打开“图书管理”数据库，单击“创建”选项卡，再单击“查询”组中的“查询设计”按钮，打开“查询 1”视图，同时打开“显示表”对话框。

（2）在“显示表”对话框中，选中“读者”表，把“读者”表添加到设计网格上部的表区域内，关闭“显示表”对话框。

（3）在“读者”表中，双击“借书证号”，将“借书证号”字段添加到设计网络中。重复上述步骤，将“读者”表中的“姓名”、“性别”、“出生年月”、“学历”、“所在单位”、“是否会员”添加到设计网络中。

（4）单击快速访问工具栏上的“保存”按钮，打开“另存为”对话框，输入查询名称“读者基本信息查询”，单击“确定”按钮。

（5）单击“设计”选项卡上的“运行”按钮，或选择“开始”选项卡“视图”组的“数据表视图”，显示查询结果。

2．创建读者借阅查询

（1）打开“图书管理”数据库，单击“创建”选项卡，再单击“查询”组中的“查询设计”按钮，打开“查询 1”视图，同时打开“显示表”对话框。

（2）在“显示表”对话框中，分别将“读者”表、“图书”表、“借阅”表、“图书类型”表添加到设计网格上部的表区域内，关闭“显示表”对话框。

（3）在“读者”表中，双击“借书证号”，将“借书证号”字段添加到设计网络中。重复上述步骤，将“读者”表中“姓名”、“性别”，“图书”表的“图书编号”、“书名”，“借阅”表的“借书日期”、“应还时间”、“归还日期”字段都添加到设计网络中，将“图书类型”表的“图书类型”字段添加到设计网络中。

（4）在设计网络“应还时间”列的“排序”行的下拉列表中选择“升序”，“借书日期”列的“排序”行的下拉列表中选择“升序”，“归还日期”列的“排序”行的下拉列表中选择“升序”。

（5）单击快速访问工具栏上的“保存”按钮，打开“另存为”对话框，输入查询名称“读者借阅查询”，单击“确定”按钮。

（6）单击“设计”选项卡上的“运行”按钮，显示查询结果。

上机实训三

一、实验目的

① 学会创建技术查询统计的方法；

② 创建计算查询统计各类图书信息。

二、实验过程

（1）在“图书管理”数据库窗口中，单击“创建”选项卡，再单击“查询”组中的“查询设计”按钮，打开“查询 1”视图，同时打开“显示表”对话框。在“显示表”对话框中选择“图书”表、“图书类型”表，单击“确定”按钮，再关闭“显示表”对话框。

（2）在“设计网格”中，分别添加“图书类型”表的“图书类型编号”字段和“图书”表的“图书类型”字段。

（3）在“设计”选项卡上单击“汇总”按钮，Access 将在设计网格中显示“总计”行。

（4）在“图书类型”字段的“总计”行中选择“分组”；在“图书类型编号”字段的“总计”行中选择“计数”。本题中“图书类型”为分组字段，故在总计行设置为“分组”，其他字段用于计算，因此选择不同的计算函数。如果对所有记录进行统计，则可将“图书类别编号”列删除。

（5）右键单击“图书类型编号”单元格，选择“属性”，在“属性表”对话框的标题中输入“图书种数”。

（6）单击“保存”按钮，将查询保存为“各类图书统计查询”。

（7）单击“运行”按钮，则可显示查询结果。

上机实训四

一、实验目的

① 利用向导交叉查询；

② 利用向导创建馆藏图书交叉表查询。

二、实验过程

（1）打开“图书管理”数据库，单击“创建”选项卡，再单击“查询”组中的“查询向导”按钮，打开“新建查询”对话框，选择“交叉表查询向导”，单击“确定”按钮。

（2）在“交叉表查询向导”的第一个对话框中，选择交叉表查询所包含的字段来自于哪个表或查询。在“视图”中选择“查询”，在列表中选择“查询：读者借阅查询”，单击“下一步”按钮。

（3）在弹出的对话框中分别双击“可用字段”列表中的“借书证号”、“姓名”字段作为行标题。单击“下一步”按钮进入第三个对话框。

（4）在弹出的对话框中选择“图书类型”作为交叉表查询的列标题，单击“下一步”按钮。

（5）确定交叉表查询中行和列的交叉点计算的是什么值，在此“字段”表中选择“图书编号”，“函数”列表中选择“计数”，单击“下一步”按钮。

（6）在弹出的对话框中输入查询名称：读者借阅交叉表查询，单击“完成”按钮。

（7）这时结果将以“数据表”的形式显示交叉表查询。

上机实训五

一、实验目的

① 掌握操作查询更新的方法；

② 利用操作查询更新“管理员”信息。

二、实验过程

1．利用“追加查询”

将“兼职管理员”表中2006年9月1日前工作的数据追加到“管理员”表。

（1）在“图书管理”数据库中新建“兼职管理员”表，表结构与“管理员”表结构相同。

（2）打开“创建”选项卡下“查询”组的“查询设计”，打开查询设计视图，将“兼职管理员”表添加到设计视图中。

（3）将“兼职管理员”表中的全部字段拖到设计网格中。如果两个表中所有的字段都具有相同的名称，也可以只将星号(*)拖到查询设计网格中。

（4）若要预览查询将追加的记录，单击“设计”选项卡中的“视图”按钮；若要返回查询设计视图，可再次单击“视图”按钮，在设计视图中进行任何所需的修改。

（5）在查询设计视图中，单击“设计”选项卡上“查询类型”中的“追加”按钮，弹出“追加”对话框。在“表名称”框中，输入追加表的名称“管理员”，由于追加表位于当前打开的数据库中，则选中“当前数据库”，然后单击“确定”。如果表不在当前打开的数据库中，则单击“另一数据库”并输入存储该表的数据库的路径，或单击“浏览”定位到该数据库。

（6）这时，查询设计视图增加了“追加到”行，并且在“追加到”行中自动填写追加的字段名称。

（7）单击在查询设计视图中的“运行”按钮，弹出追加提示框。

（8）单击“是”按钮，则 Access 开始把满足条件的所有记录追加到“管理员”表中。

2．利用“删除查询”

删除“管理员”表中管理员编号以 2 开头的管理员信息。

（1）新建包含要删除记录的表的查询，本例“显示表”对话框中选择“管理员”表。

（2） 在查询设计视图中，单击“设计”选项卡上“查询类型”中的“删除”按钮，这时在查询设计网络中显示“删除”行。

（3）从“管理员”表的字段列表中将星号(*) 拖到查询设计网格内，“From”将显示在这些字段下的“删除”单元格中。

（4）确定删除记录的条件，将要为其设置条件的字段从主表拖到设计网格，Where 显示在这些字段下的“删除”单元格中。这里为“管理员编号”设置删除条件。

（5）对于已经拖到网格的字段，在其“条件”单元格中输入条件：Like "2*"。

（6）想要预览待删除的记录，单击“设计”选项卡中的 “视图”按钮；若要返回查询设计视图，可再次单击“视图”按钮，返回“删除查询”的数据表视图。

（7）单击工具栏上的“运行”按钮，则删除“管理员”表中满足“删除查询”条件的记录。

3．删除学历为“本科”读者的借阅信息

（1）新建一个查询，包含“读者”表和“借阅”表。

（2）在查询设计视图中，单击“设计”选项卡上“查询类型”中的“删除”按钮，这时在查询设计网络中显示“删除”行。

（3）在“借阅”表中，从字段列表将星号 (*) 拖到查询设计网格第一列中（此时为一对多关系中的“多”方），From 将显示在这些字段下的“删除”单元格中。

（4）查询设计网格的第二列字段设置为“学历”（在一对多关系中“一”的一端），Where 显示在这些字段下的“删除”单元格中。

（5）在条件行输入条件：="本科"。

（6）想要预览待删除的记录，单击“设计”选项卡中的 “视图”按钮；若要返回查询设计视图，可再次单击“视图”按钮，返回“删除查询”的数据表视图。

（7）单击工具栏上的“运行”按钮，从“多”端的表中删除记录。

4. 更新记录

将 1970 年 1 月 1 日以前出生且职称为“中级”的管理员职称更新为“高级”。

（1）创建一个新的查询，将“管理员”表添加到设计视图。

（2）在查询设计视图中，单击“设计”选项卡上“查询类型”中的“更新”按钮，这时查询设计视图网格中增加一个“更新到”行。

（3）从字段列表将要更新或指定条件的字段拖至查询设计网格中。本例中选择“职称”字段和“出生年月”字段。

（4）在要更新字段“职称”字段的“更新到”行中输入："高级"，在“条件”行中输入：="中级"；在“出生年月”字段的“条件”行中输入：#1970-1-1#。

（5）若要查看将要更新的记录列表，单击“设计”选项卡中的“视图”按钮；若要返回查询设计视图，可再次单击“视图”按钮，在设计视图中进行所需的更改。

（6）在查询设计视图中单击工具栏上的“运行”按钮，弹出更新提示框。

（7）单击“是”按钮，则 Access 开始按要求更新记录数据。

5．保存记录

从“管理员”表将职称为“高讲”的管理员记录保存到“高级管理员”表中。

（1）创建一个新的查询，将“管理员”表添加到设计视图。

（2）在查询设计视图中，单击“设计”选项卡上“查询类型”中的“生成表”按钮，弹出“生成表”对话框。

（3）在“生成表”对话框的“表名称”框中，输入所要创建或替换的表的名称，本例输入“高级管理员”。选择“当前数据库”选项，将新表“高级管理员”放入当前打开数据库中，然后单击“确定”按钮，关闭“生成表”对话框。

（4）从字段列表将要包含在新表中的字段拖动到查询设计网格，在“职称”字段的“条件”行里输入条件： ="高级"。

（5）若要查看将要生成的新表，单击“设计”选项卡中的“视图”按钮；若要返回查询设计视图，可再次单击“视图”按钮，这时可在设计视图中进行所需的更改。

（6）在查询设计视图中单击“运行”按钮，弹出生成新表的提示框。

（7）单击“是”按钮，则 Access 在“图书管理”数据库中生成新表“高级管理员”。打开新建的表“高级管理员”，可以看出表中仅包含职称为“高级管理员”的指定字段的记录。

习　　题

一、选择题

1．ACCESS 查询的数据源可以来自________。

A．表　　B．查询　　C．表和查询　　D．报表

2．Access 支持的查询类型有________。

A．选择查询、交叉表查询、参数查询、SQL 查询和操作查询

B．基本查询、选择查询、参数查询、SQL 查询和操作查询

C．多表查询、单表查询、交叉表查询、参数查询和操作查询

D．选择查询、统计查询、参数查询、SQL 查询和操作查询

3．创建 ACCESS 查询可以_________。

A．利用查询向导　　B．使用查询“设计”视图

C．使用 SQL 查询　　D．使用以上 3 种方法

4．以下关于查询的叙述正确的是________。

A．只能根据数据表创建查询

B．只能根据已建查询创建查询

C．可以根据数据表和已建查询创建查询

D．不能根据已建查询创建查询

5．向导创建交叉表查询的数据源是_________。

A．数据库文件　　B．表　　C．查询　　D．表或查询

6．使用向导创建交叉表查询的数据源必须来自多个表，可以先建立一个__________表，然后将其作为数据源。

A．表　　B．虚表　　C．查询　　D．动态集

7．下列对 Access 查询叙述错误的是__________。

A．查询的数据源来自于表或已有的查询

B．查询的结果可以作为其他数据库对象的数据源

C．Access 的查询可以分析数据、追加、更改、删除数据

D．查询不能生成新的数据表

8．以下关于选择查询叙述错误的是__________。

A．根据查询准则，从一个或多个表中获取数据并显示结果

B．可以对记录进行分组

C．可以对查询记录进行总计、计数和平均等计算

D．查询的结果是一组数据的“静态集”

9．在查询“设计视图”中__________。

A．只能添加数据库表　　B．可以添加数据库表，也可以添加查询

C．只能添加查询　　D．以上说法都不对

10．操作查询不包括__________。

A．更新查询　　B．追加查询　　C．参数查询　　D．删除查询

11．若上调产品价格，最方便的方法是使用以下________查询。

A．追加查询　　B．更新查询　　C．删除查询　　D．生成表查询

12．在查询设计器中不想显示选定的字段内容，则将该字段的__________项对号取消。

A．排序　　B．显示　　C．类型　　D．准则

13．交叉表查询是为了解决__________。

A．一对多关系中，对“多方”实现分组求和的问题

B．一对多关系中，对“一方”实现分组求和的问题

C．一对一关系中，对“一方”实现分组求和的问题

D．多对多关系中，对“多方”实现分组求和的问题

14．__________在执行时弹出对话框，提示用户输入必要的信息，再按照这些信息进行查询。

A．选择查询　　B．参数查询　　C．交叉表查询　　D．操作查询

15．可以在一种紧凑的、类似于电子表格的格式中，显示来源与其中某个字段的合计值、计算值、平均值等的查询方式是__________。

A．SQL 查询　　B．参数查询　　C．操作查询　　D．交叉表查询

16．适合将“计算机使用软件”课程不及格的学生从“学生”表中删除的是__________。

A．生成表查询　　B．更新查询　　C．删除查询　　D．追加查询

17．能够对一个或者多个表中的一组记录做全面更改的是__________。

A．生成表查询　　B．更新查询　　C．删除查询　　D．追加查询

18．________可以从一个或多个表中选取一组记录添加到一个或多个表中的尾部。

A．生成表查询　　B．更新查询　　C．删除查询　　D．追加查询

二、填空题

1．在 Access 中，操作查询分为__________、__________、___________、__________4 种。

2．Access 查询有两种数据源，分别为________和________。

3．在查询设计视图中，位于“条件”栏同一行的条件之间是________关系，位于不同行的条件之间是_________关系。

4．如果要求在执行查询时通过输入的学号查询学生信息，可以采用_________查询。

5．将管理员表中出生年份在 1980 年以前的读者职称改为“高级”，合适的查询为_________。

三、简答题

1．与表相比，查询有什么优点？

2．在 Access 中，查询可以完成哪些功能？

3．查询视图的方法有几种？各有什么作用？

4．如何在查询中提取多个表或查询中的数据？

5．简述在查询中进行计算的方法？

6．参数查询的特点是什么？

第 5 章　结构化查询语言 SQL

【学习要点】

- SQL 语言的基本概念、特点；
- SQL 语言的功能；
- SQL 语言的用法。

【学习目标】

通过本章的学习，了解 SQL 语言及其标准的发展、SQL 语言的特点及分类、视图相关语句，熟悉 SQL 语言中各种语句的语法，熟悉 SQL 数据定义语言（DDL）语句，掌握 SQL 语言中数据查询、数据操纵语言的详细语法，并能深刻理解、综合应用，以便为后续学习打下更加坚实的基础。

5.1　SQL 语言概述

SQL 是结构化查询语言（Structured Query Language）的缩写，是一种介于关系代数与关系演算之间的语言，是一种用来与关系数据库管理系统通信的标准计算机语言。其功能包括数据查询、数据操纵、数据定义和数据控制 4 个方面，是一个通用的、功能极强的关系数据库语言。目前已成为关系数据库的标准语言。

5.1.1　SQL 的发展

SQL 语言是 1974 年由 Boyce 和 Chamberlin 提出的，1975 年至 1979 年 IBM 公司 San Jose Research Laboratory 研制的关系数据库管理系统原型系统 System R 实现了这种语言。这种语言由于其功能丰富、语言简洁、使用方法灵活、方便易学，受到用户及计算机工业界的欢迎，被众多计算机公司和软件公司所采用。经各公司的不断修改、扩充和完善，SQL 语言最终发展成为关系数据库的标准语言。

1986 年由美国国家标准局(ANSI)公布 SQL86 标准，1987 年国际标准化组织(ISO) 也通过了这一标准，作为关系数据库的标准语言。此后 ANSI 经过不断完善和发展，1989 年 ISO 第二次公布了 SQL 标准(SQL89 标准)，目前新的 SQL 标准是 1992 年制定的 SQL92 国际标准，在 1993 年获得通过，简称 SQL2。在 SQL2 基础上，增加了许多新特征，产生了 SQL3 标准，表示第三代 SQL 语言，在 1999 年提出，名字改成 SQL:1999，是为了避免千年虫现象在数据库标准命名中出现。这一标准到目前还没有获得通过，但是好多数据库厂商在其新的数据库产品中都已经开始加入 SQL3 标准中的一些新内容，比如 SQL Server2005、Oracle10g 等。

自 SQL 标准成为国际标准语言以后，各个数据库厂家纷纷推出各自支持的 SQL 软件或与 SQL 的接口软件。大多数数据库均用 SQL 作为共同的数据存取语言和标准接口，使不同数据库系统之间的互操作有了共同的基础，但各厂家又在 SQL 标准的基础上进行扩充，形成了自己的语言。比如，微软公司推出的 SQL Server，扩充 SQL 标准后称为 Transact-SQL，简称 T-SQL。因此，有人把确立 SQL 为关系数据库语言标准及其后的发展称为是一场革命。

5.1.2 SQL 语言的特点

SQL 语言集数据查询(Data Query)、数据操纵(Data Manipulation)、数据定义(Data Definition)和数据控制(Data Control)功能于一体，语言风格统一，充分体现了关系数据语言的特点和优点。使用 SQL 语句就可以独立完成数据管理的核心操作。SQL 语言具有下列六个特点。

1．综合统一

SQL 语言包括数据定义语言 DDL（Data Definition Language）、数据操纵语言 DML（Data Manipulation Language）、数据控制语言 DCL（Data Control Language）可以独立完成数据库生命周期中的全部活动，包括定义关系模式、录入数据以建立数据库、查询、更新、维护、数据库重构、数据库安全性控制等一系列操作要求。

2．高度非过程化

非关系数据模型的数据操纵语言是面向过程的语言，用其完成某项请求，必须指定存取路径（如：早期的 FoxPro），而用 SQL 语言进行数据操作，用户只需提出“做什么”，而不必指明“怎么做”，因此用户无需了解存取路径、存取路径的选择，以及 SQL 语句的操作过程，由系统自动完成。这不但大大减轻了用户负担，而且有利于提高数据的独立性。所以 SQL 语言是高度非过程化的，即一条 SQL 语句可以完成过程语言多条语句的功能。

3．面向集合的操作方式

非关系数据模型采用的是面向记录的操作方式，任何一个操作其对象都是一条记录。SQL 语言采用集合操作方式，不仅查找结果可以是元组的集合，而且一次插入、删除、更新操作的对象也可以是元组的集合。

4．以同一种语法结构提供两种使用方式

SQL 语言既是自含式语言，又是嵌入式语言，且在两种不同的使用方式下，SQL 语言的语法结构基本上是一致的。作为自含式语言，它能够独立地用于联机交互的使用方式，用户可以在终端键盘上直接输入 SQL 命令对数据库进行操作。作为嵌入式语言，SQL 语句能够嵌入到高级语言（例如：PowerBuilder、VC、VB、Delphi、Java、C）程序中，供程序员设计程序时使用。

5．语言简捷，易学易用

SQL 语言功能极强，而且由于设计巧妙，语言十分简洁。

6．SQL 语言支持关系数据库三级模式结构

数据库三级模式指内模式对应于存储文件,模式对应于基本表，外模式对应于视图。基本表是本身独立存在的表，视图是从基本表或其他视图中导出的表，它本身不独立存储在数据库中，也就是说数据库中只存放视图的定义而不存放视图对应的数据，这些数据仍存放在导出视图的基本表中，因此视图是一个虚表。用户可以用 SQL 语言对视图和基本表进行查询。视图和基本表都是关系，而存储文件对用户是透明的，由实现系统决定。

5.1.3 SQL 的基本概念

1．SQL 语言支持关系数据库的三级模式

SQL 语言支持关系数据库三级模式结构，其中，外模式对应于视图和部分表，模式对应于表，内模式对应于存储文件，如图 5-1 所示。

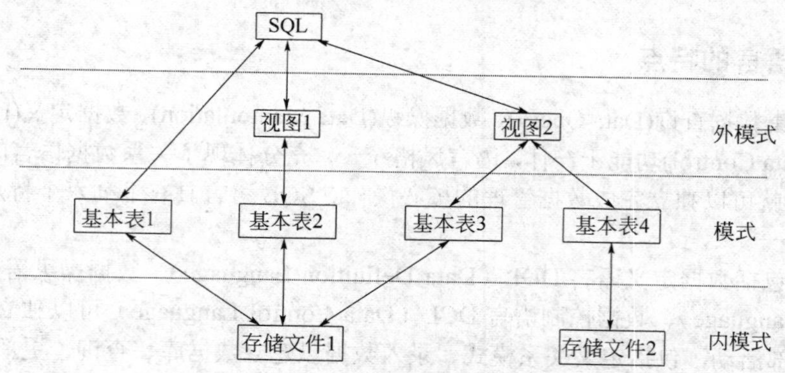

图 5-1　SQL 对关系数据库模式的支持

2．SQL 语言的基本概念

如图 5-1 所示，SQL 语言既可以对基本表进行操作，也可以对视图进行操作。基本表是本身独立存在的表，在 SQL 中一个关系就对应一个表。视图是从基本表或其他视图中导出的表，它本身不独立存储在数据库中，也就是说数据库中只存放视图的定义，而不存放视图对应的数据，这些数据仍存放在导出视图的基本表中，因此视图是一个虚表。视图和部分表的逻辑结构组成了外模式，基本表的逻辑结构组成了模式，存储文件的逻辑结构组成了内模式。存储文件的物理文件结构是任意的，用户可以用 SQL 语言对视图和表进行查询。

3．SQL 语言的功能

（1）　数据定义功能。该功能通过 DDL 语言来实现，可用来支持创建、删除、修改数据库对象（如数据库、表、索引、视图等）等。定义关系数据库的模式、外模式、内模式。常用 DDL 语句包含的动词有 CREATE、ALTER、 DROP 三个。

（2）数据操纵功能。该功能通过 DML 语言来实现，广义的 DML 包括数据查询和数据更新两种语句，数据查询指对数据库中的数据进行查询、统计、排序、分组、检索等操作。数据更新指对数据的插入、删除、修改等操作。狭义的 DML 指数据更新。

（3）数据控制功能。这个功能是指数据的安全性、完整性和事务控制功能。SQL 语言中主要通过 GRANT、REVOKE 等几个动词实现安全性的权限控制，称之为数据控制语言 DCL。

5.1.4　SQL 语言分类

可执行的 SQL 语句的种类数目之多是惊人的，但 SQL 语言设计非常巧妙，SQL 语言结构简洁、功能强大、简单易学，只用了 9 个核心动词就完成了数据定义、数据查询、数据操纵、数据控制的大部分功能。使用 SQL，可以执行任何功能：从一个简单的表查询、创建表和存储过程，到设定用户权限。表 5-1 是 SQL 功能所使用的 9 个核心动词。

表 5-1　SQL 功能所使用的核心动词

SQL 功能	所使用动词
数据定义	CREATE、ALTER、DROP
数据查询	SELECT
数据操纵	INSERT 、UPDATE 、DELETE
数据控制	GRANT 、REVOKE

① SELECT：从一个表、多个表或视图中检索列和行，具有数据查询、统计、分组、排序的功能，是 SQL 语言中最核心的动词，包含五个子句。

② CREATE：创建一个新的对象，包括数据库、表、索引、视图等。创建不同对象时，CREATE 动词后的关键字不同，分别用 DATABASE、TABLE、INDEX、VIEW 等实现。

③ DROP：删除对象，包括数据库、表、索引、视图等。删除不同对象时，DROP 动词后的关键字不同。对象的删除要确保该对象，以及相关内容确实无用，才能使用 DROP 删除，因为删除对象会把对象中的所有内容都删除掉。

④ ALTER：在一个对象建立之后，修改对象的结构设计，包括数据库、表、视图等。可以跟 ADD、DROP、ALTER 三个子句，但每个语句只能跟其中一个子句。

⑤ INSERT：向一个表或视图中插入行，可以一次插入一行，也可以一次插入多行。

⑥ UPDATE：修改表中已存在的某些列的值，可以修改所有行的某些列值，也可以修改一部分行的某些列值，主要由 UPDATE、SET、WHERE 子句构成。

⑦ DELETE：从一个表或视图中删除行，可以一次删除一部分行，也可以一次删除所有行。

⑧ GRANT：向数据库中的用户授予操作权限，可用实现数据库的安全性控制。

⑨ REVOKE：收回以前显式（使用 GRANT 语句授予）授予前数据库中用户的权限，但如果从其他角色或用户继承了相应的权限，则该用户还具有相应的权限。

5.1.5　SQL 语句用法示例

以一个“图书管理”数据库 Library 为例，说明 SQL 语句的各种用法。该数据库中包括以下几个表。

（1）“读者”表，由借书证号、姓名、性别、出生年月、学历、所在单位、照片、电话、Email、发证日期、是否为会员、密码等属性组成。可记为：读者（借书证号、姓名、性别、出生年月、学历、所在单位、照片、电话、Email、发证日期、是否为会员、密码），其中借书编号为主码。

（2）“高级管理员”表，由管理员编号、姓名、性别、出生年月、政治面貌、学历、职称、联系电话、密码等属性组成。可记为：高级管理员（管理员编号、姓名、性别、出生年月、政治面貌、学历、职称、联系电话、密码），其中管理员编号为主码。

（3）“管理员”表，由管理员编号、姓名、性别、出生年月、政治面貌、学历、职称、联系电话、密码、级别等属性组成。可记为：高级管理员（管理员编号、姓名、性别、出生年月、政治面貌、学历、职称、联系电话、密码、级别），其中管理员编号为主码。

（4）“兼职管理员”表，由管理员编号、姓名、性别、出生年月、政治面貌、学历、职称、联系电话、密码、级别等属性组成。可记为：高级管理员（管理员编号、姓名、性别、出生年月、政治面貌、学历、职称、联系电话、密码、级别），其中管理员编号为主码。

（5）“借阅”表由借书证号、图书编号、借书日期、应还时间、归还日期等属性组成。可记为：借阅（借书证号、图书编号、借书日期、应还时间、归还日期），其中借书证号、图书编号为主码。

（6）“图书”表，由图书编号、ISBN、书名、作者、出版社、出版年月、图书类型等属性组成。可记为：图书（图书编号、ISBN、书名、作者、出版社、出版年月、图书类型），其中图书编号为主码。

（7）“图书类型”表，由图书类型编号、图书类型等属性组成。可记为：图书类型（图书类型编号、图书类型），其中图书类型编号为主码。

（8）“图书入库”表，由图书编号、管理员编号、经办人、册数、购买日期等属性组成。可记为：图书入库（图书编号、管理员编号、经办人、册数、购买日期），其中，图书编号、管理员编号为主码。

以上表的示例数据如表 5-2～表 5-9 所示，空白处代表为空（NULL）。

表 5-2　读者数据表

读者

借书证号	姓名	性别	出生年	学历	所在单	照片	电话	Email	发证日期	是否会员	密码
2009102300	李星月	男	70-10-01	本科	市节水办	Image	7989661	lixingxue@126.com	2009-10-23	☑	123
2009102300	张鹏	男	80-04-01	本科	市节水办	Image	8944546	zhangpeng@163.com	2009-10-23	☐	123
2009102400	孙亚南	女	66-04-01	大专	市卫生局	Image	5325363	sunyanan@126.com	2009-10-24	☑	123
2009102500	孙玉	女	73-08-01	中专	市教育局	Image	6563654	sunyu@126.com	2009-10-25	☐	123
2009102500	任卫兵	男	77-09-01	大专	市卫生局	Image	4789546	renweibing@163.coı	2009-10-25	☐	123
2009102500	张中亚	女	65-04-01	本科	市节水办	Image	5897456	zhangzhongya@163.·	2009-10-25	☑	123
2009102500	刘释典	男	68-07-01	硕士研究	市教育局	Image	6548752	liushidian@126.coı	2009-10-25	☐	123
2009102500	赵帅	男	88-05-01	中专	市文化局	Image	7458865	zhaoshuai@163.com	2009-10-25	☐	123
2009102600	李涛	男	86-03-01	大专	市文化局	Image	6536896	litao@126.com	2009-10-26	☐	123
2009102600	张欣	女	72-04-01	本科	市劳动局	Image	4789653	zhangxin@126.com	2009-10-26	☑	123
2009102600	靳红卫	男	74-01-01	本科	市劳动局	Image	6523566	jinhongwei@163.coı	2009-10-26	☐	123
2009102600	王晓路	女	84-07-01	硕士研究	市经贸委	Image	4555647	wangxiaolu@126.coı	2009-10-26	☐	123
2009102600	徐晓东	男	69-11-01	本科	市经贸委	Image	8778945	xuxiaodong@126.coı	2009-10-26	☐	123
2009102600	杨红可	女	71-04-01	本科	市歌舞团	Image	5412653	yanghongke@126.coı	2009-10-26	☐	123
2009102600	孙美玲	女	72-05-01	大专	市歌舞团	Image	2541236	sunmeiling@163.coı	2009-10-26	☐	123
2009102700	杨先学	男	77-05-01	中专	市歌舞团	Image	4789565	yangxianxue@163.c·	2009-10-27	☑	123
2009102700	邓鹏飞	男	63-05-01	中专	自来水公	Image	4745586	dengpengfei@126.c·	2009-10-27	☐	123
2009102700	周丽	女	67-01-01	本科	自来水公	Image	5225654	zhouli@126.com	2009-10-27	☑	123
2009102700	魏武	女	80-01-01	本科	市劳动局	Image	4774556	weiwu@126.com	2009-10-27	☐	123
2009102700	陈康明	男	81-09-01	本科	市教育局	Image	7589641	chenkangming@126.·	2009-10-27	☑	123

表 5-3　高级管理员数据表

高级管理员

管理员编号	姓名	性别	出生年月	政治面貌	学历	职称	联系电话	密码
101	刘岩松	男	1969-07-01	党员	本科	高级	4565258	123
103	杨岐山	男	1981-04-01		本科	高级	7848585	123
106	陆小芬	女	1966-06-01		本科	高级	5748214	123

表 5-4　管理员数据表

管理员

管理员纟	姓名	性	出生年月	政治面	学历	职称	联系电话	密码	级别
1	陆小芬	女	1966-06-01		本科	高级	5748214	123	3
101	刘岩松	男	1969-07-01	党员	本科	高级	4565258	123	2
102	王芳	女	1974-08-01		本科	中级	7894556	123	1
103	杨岐山	男	1981-04-01		本科	高级	7848585	123	2
105	翟黎明	男	1983-01-01	党员	硕士	中级	7485717	123	3
107	李鸣其	女	1980-03-01		本科	中级	4574583	123	3
2	刘瑞	女	1982-07-01	党员	本科	中级	7896955	123	3
201	王友新	男	1981-05-06	党员	本科		6565252	123	0
202	张文	女	1980-04-02		专科		5895966	123	0

表 5-5　兼职管理员数据表

兼职管理员

管理员纟	姓名	性	出生年	政治面	学历	职称	联系电话	密码	单击以添加
201	王友新	男	.-05-06	党员	本科		6565252	123	
202	张文	女	)-04-02		专科		5895966	123	

表 5-6　借阅数据表

借阅

借书证号	图书编号	借书日期	应还时间	归还日期	单击以添加
20091023000	01201009100	2010-01-01	2010-04-01	2010-02-25	
20091023000	01201009100	2010-01-01	2010-04-01		
20091025000	02201009100	2010-01-07	2010-04-07	2010-03-04	
20091025000	03200910090	2010-01-07	2010-04-07		
20091025000	05200910090	2010-01-07	2010-04-07	2010-03-04	
20091025000	03200910090	2010-01-04	2010-04-04		
20091025000	04201009100	2010-01-03	2010-04-03	2010-03-02	
20091025000	04201009100	2010-01-03	2010-04-03	2010-03-04	
20091025000	05200910090	2010-01-03	2010-04-03		
20091026000	01201003110	2010-01-08	2010-04-08		
20091026000	01201009100	2010-01-08	2010-04-08		
20091026000	01201009100	2010-01-08	2010-04-08	2010-03-04	
20091026000	01201009100	2010-01-08	2010-04-08	2010-03-04	
20091026000	01201009100	2010-01-09	2010-04-09		
20091026000	02201009100	2010-01-09	2010-04-09		
20091026000	04201009100	2010-01-09	2010-04-09		
20091026000	05200910090	2010-01-09	2010-04-09	2010-03-04	
20091027000	01201009100	2010-01-09	2010-04-09		
20091027000	01201009100	2010-01-09	2010-04-09		
20091027000	04201009100	2010-01-09	2010-04-09		
20091027000	02201009100	2010-01-09	2010-04-09		
20091027000	04201009100	2010-01-09	2010-04-09	2010-03-04	
20091027000	01201009100	2010-01-10	2010-04-10		

记录: 第 1 项(共 28 项　无筛选器　搜索

表 5-7　图书数据表

图书

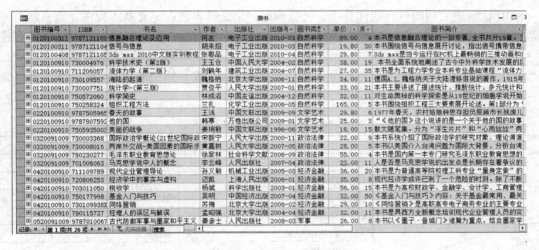

图书编号	ISBN	书名	作者	出版社	出版年	图书类型	单价	库	图书简介
0120100311	9787121103	信息融合理论及应用	何友	电子工业出版	2010-03	自然科学	89.00	4	本书是信息融合理论的一部专著，全书共分19章。
0120100311	9787121104	信号与信息	胡来招	电子工业出版	2010-03	自然科学	19.80	30	本书围绕信号与信息展开讨论，指出信号携带信息
0120100408	9787121105	3ds max 2010中文版实训教程	张聪品	电子工业出版	2010-04	自然科学	29.80	7	3ds max是当今运行在PC机上最畅销的三维动画和
0120100910	730004976	科学技术史（第2版）	王玉仓	中国人民大学	2004-02	自然科学	38.00	19	本书全面系统地阐述了古今中外科学技术发展的
0120100910	711206057	流体力学（第二版）	刘鹤年	建筑工业出版	2004-07	自然科学	27.00	35	本书是为工程力学专业本科专业基础课程“流体力
0120100910	730109557	海陆的起源	魏格纳	北京大学出版	2006-11	自然科学	34.00	11	德国A. L. 魏格纳关于大陆漂移假说的著作，1915年
0120100910	730007751	统计学-(第三版)	贾俊平	人民大学出版	2007-01	自然科学	33.00	21	本书主要讲述了描述统计、推断统计、多元统计和
0120100910	750572060	科学简史	林成滔	中国友谊出版	2004-12	自然科学	32.00	11	对生命奥秘的科学探索是从19世纪的细胞学说开始
0120100910	750258324	组织工程方法	兰扎	化学工业出版	2006-05	自然科学	165.00	5	本书围绕组织工程三大要素展开论述。第1部分为
0220100910	9787505965	春天的故事	王浅	中国文联出版	2009-09	文学艺术	29.80	6	1977年春天，农村姑娘钟思存担负照顾市长残废儿
0220100910	9787807592	他的国	韩寒	万卷出版公司	2009-01	文学艺术	25.00	3	“《他的国》这小说讲的是一个关于他的国的故事
0220100910	7505935003	美丽的战争	姜琍敏	中国文联出版	1996-06	文学艺术	18.00	15	散文随笔集。分为“浮生片片”和“心雨丝丝”两
0320091009	730003368	国际政治学概论(21世纪国际政	宋新宁	人民大学出版	2000-11	政治法律	22.00	9	本书系统介绍了国际政治学的研究对象、理论渊源
0320091009	730008016	两岸外交战-美国因素的国际涉	黄嘉树	人民大学出版	2007-05	政治法律	28.00	5	本书以美国介入台湾问题为国际大背景，分析台湾
0320091009	780230277	毛泽东职业教育思想论	徐家林	社会科学文献	2006-09	政治法律	55.00	4	本书是国内第一本专门研究毛泽东职业教育思想的
0320091009	701006063	马克思学说中人的概念	李云峰	人民出版社	2007-04	政治法律	23.00	11	人是否是马克思学说的出发点是长期存在着争议的
0420100910	711109789	现代企业管理导论	孙义敏	机械工业出版	2005-03	经济金融	36.00	20	本书是为普通高等院校理工科专业“量身定做”的
0420100910	720806253	经济学中的事实与虚构	迈凯	上海人民出版	2006-01	经济金融	35.00	8	现代经济学或许已到了一个危险的时刻。除了不断
0420100910	703011050	税收学	杨斌	科学出版社	2003-01	经济金融	56.00	15	本书是为高校财政学、金融学、会计学、工商管理
0420100910	750177998	基金入门与技巧	吴明	中国经济出版	2007-04	经济金融	32.00	50	《基金入门与技巧》内容：关于基金最常用、最关
0420100910	730109938X	网络营销	苏梅	北京大学出版	2006-02	经济金融	29.00	10	《网络营销》是高职高专电子商务专业的主要专业
0420100910	780115727	经理人的误区与解误	孟昭强	北京大学出版	2004-04	经济金融	32.00	11	本书是具西方全新概念培训现代企业管理人员的实
0520091009	9787010067	古代防御军事与墨家和平主义	秦彦士	人民出版社	2008-03	军事	26.00	8	本书以《墨子·备城门》诸篇为重点，结合墨家学

记录: 第 1 项(共 26 项　无筛选器　搜索

表 5-8　图书类型数据表

图书类型

图书类型编号	图书类型	单击以添加
1	自然科学	
2	文学艺术	
3	政治法律	
4	经济金融	
5	军事	
0		

表 5-9　图书入库数据表

图书入库

图书编号	管理员编号	经办人	册数	购买日期	单击以添加
01201003110	101	刘瑞	5	2010-03-11	
01201003110	102	翟黎明	30	2010-03-11	
01201004080	102	陆小芬	7	2010-01-08	
01201009100	103	翟黎明	20	2010-09-10	
01201009100	103	刘瑞	35	2010-09-10	
01201009100	102	陆小芬	15	2010-09-10	
01201009100	102	翟黎明	22	2010-09-10	
01201009100	101	陆小芬	12	2010-09-10	
01201009100	102	刘瑞	5	2010-09-10	
02201009100	103	刘瑞	6	2010-09-10	
02201009100	102	陆小芬	5	2010-09-10	
02201009100	103	陆小芬	15	2010-09-10	
03200910090	102	刘瑞	9	2009-10-09	
03200910090	103	刘瑞	5	2009-10-09	
03200910090	101	刘瑞	6	2009-10-09	
03200910090	102	翟黎明	11	2009-10-09	
04201009100	102	陆小芬	20	2010-09-10	
04201009100	103	翟黎明	10	2010-09-10	
04201009100	103	陆小芬	15	2010-09-10	
04201009100	101	翟黎明	50	2010-09-10	
04201009100	101	陆小芬	10	2010-09-10	
04201009100	102	刘瑞	12	2010-09-10	
05200910090	101	翟黎明	9	2009-10-09	

记录: 第 1 项(共 26 项　无筛选器　搜索

5.2　数据定义语言

SQL 数据定义功能包括四部分：定义数据库、定义基本表、定义基本视图、定义索引。其中数据库、基本表的定义可以包括创建、修改和删除三个方面；视图和索引的定义包括创建和删除两个方面。通过 CREATE 、ALTER、DROP 三个核心动词，可以完成数据定义功能。具体数据定义动词和相关语句如表 5-10 所示。本节主要讨论表和索引的定义，定义视图的相关内容也类似，不再赘述。

表 5-10　数据定义动词和相关语句

动词	语　句	功　能
CREATE	CREATE DATABASE	创建数据库
	CREATE TABLE	创建表
	CREATE VIEW	创建视图
	CREATE INDEX	创建索引
ALTER	ALTER DATABASE	修改数据库
	ALTER TABLE	修改表的结构设计
DROP	DROP DATABASE	删除数据库
	DROP TABLE	删除表
	DROP VIEW	删除视图
	DROP INDEX	删除索引

5.2.1　定义基本表

1．创建基本表

SQL 语言使用 CREATE TABLE 语句创建基本表，其一般格式如下：

```
CREATE TABLE <表名>(<列名><数据类型> [列级完整性约束条件]
                  [，<列名><数据类型> [列级完整性约束条件]...]
                  [,<表级完整性约束条件>]);
```

对一般语法格式中出现的一些符号说明如下：

<>　表示里面的内容在该语句中是必选的，真正书写语句时必须去掉；

[]　表示里面的内容是可以选择的，真正书写语句时必须去掉；

|　表示前后内容地位是相同的，一般在一个语句中只能选择其中之一；

{}　表示里面的内容是一个整体，真正书写语句时必须去掉；

()　表示语法中里面内容是个整体，真正书写语句时必须带上；

,　表示语法中前后部分是并列的关系，真正书写语句时必须带上；

;　表示语句的结束，真正书写语句一般情况下可以省略，有些时候必须带上；

…　表示省略，省略内容跟该符号前面内容格式一致，真正书写语句时必须去掉。

这些符号与本书出现的其他语法格式中的含义相同，也跟 Access 帮助和 SQL Server2000 联机说明书出现的语法格式中符号含义相同，所有语句中的标点都是半角状态符号。

基本列和表级完整性约束见表 5-11。语法说明如下：

<表名>　所要定义的基本表的名字，一般自己命名。

<列名>　表由一个或多个属性(列)组成。建表时通常需要定义列信息及每列所使用的数据类型，列名在表内必须为唯一的，一个表至少包含一个列。

<数据类型>　定义表的各个列（属性）时需指明其数据类型和长度，不同的数据库管理系统支持的数据类型不完全相同，应根据实际使用的 DBMS 来确定。不同数据库管理系统支持的数据类型比较，如表 5-12 所示。

<列级完整性约束条件>　只应用到一个列的完整性约束条件

<表级完整性约束条件>　应用到多个列的完整性约束条件。

表 5-11　基本列和表级完整性约束

约 束 类 型	功 能 描 述	Access 是否支持	SQL Server 是否支持
NOT NULL(*)	防止空值进入该列	√	√
UNIQ UE(**)	防止重复值进入该列	√	√
PRIMARY EY(***)	进入该列的所有值是唯一的，且不为 NULL	√	√
FOREIGN EY(***)	定义外码，限制外码要么取空，要么取相应主码值	√	√
DEFUALUT(**)	默认约束，将该列常用的值定义为缺省值，减少数据输入	语句不支持，表设计视图支持	√
CHECK(**)	检查约束，通过约束条件表达式设置列值应满足的条件	语句不支持，表设计视图支持	√

注：* 表示列级约束。

** 表示列级约束或表级约束，分别取决于它是否应用于一个或多个列。

*** 表示当定义为单一属性码（主码或外码）时是列约束，当定义为组合码时是表约束。

表 5-12　部分数据类型比较

Microsoft SQL Server		Access	
数据类型名称	说　明	数据类型名称	说　明
Bit	1 位，值为 0 或 1	Bit	1 位，值为 0 或 1
Int/Smallint	4 字节整数/2 字节整数	SMALLINT，INT	范围较小的整数类型
Tinyint	字节类型 0～255 之间整数	BYTE	字节型 0～255 之间整数
Bigint	长整型	LONG	长整型
NUMERIC(P, S)/DECIMAL(P, S)	小数类型，P 为精度，S 为小数位	NUMERIC(P, S)/NUMBER(P, S)/DECIMAL(P, S)	小数类型，P 为精度，S 为小数位
REAL	实数类型，精度更高	REAL	实数类型，精度更高
RLOAT	浮点数类型	FLOAT, DOUBLE	浮点数类型，双精度
Char(n)/Varchar(n)	固定长度/可变长字符类型，n 为 1～8000B	CHAR/TEXT	固定长度字符串
Money/Smallmoney	8 字节/4 字节，存放货币类型，值为 - 263～263–1	Money/Currency	存放货币类型
Datetime/Smalldatetime	8 字节/4 字节，日期时间型，精确度为 1/300s	DATETIME/DATE/TIME	日期时间类型
Uniqueidentifier	16 字节，存放唯一标识（CUID）	Counter/ID ENTITY	自动编号数据类型
Binary(n)/Varbinary(n)	固定长度/可变长度二进制数据	Binary(n)	字节数据类型
Image/Text	二进制数据，大小为 0～2 GB	OLEOBJECT	OLE 对象类型
用户自定义类型	基于基本类型自己定义	hyperlink	超级链接类型

【例 5-1】建立“读者”表，由借书证号、姓名、性别、出生年月、学历、所在单位、照片、电话、Email、发证日期、是否为会员、密码等属性组成，其中借书编号为主码。

每个属性根据所指的内容分别采用相应字符或数值数据类型，其语句如下：

```
CREATE TABLE 读者 1
  (
        借书证号 char(12) PRIMARY KEY,
        姓名     char(10),
        性别     char(2),
        出生年月 datetime,
        学历     char(10),
        所在单位 char(40),
        照片     image);
```

注：该语句在 Access 和 SQL Server 中都可以正常运行。

Access 2013 中执行该语句的步骤如下。

（1）打开 Access 应用程序，新建一个 Access 数据库，或者直接双击打开已经存在的 Access 数据库文件（必须保证计算机上安装有 Access 应用程序）；如图 5-2 所示，打开一个图书管理数据库。

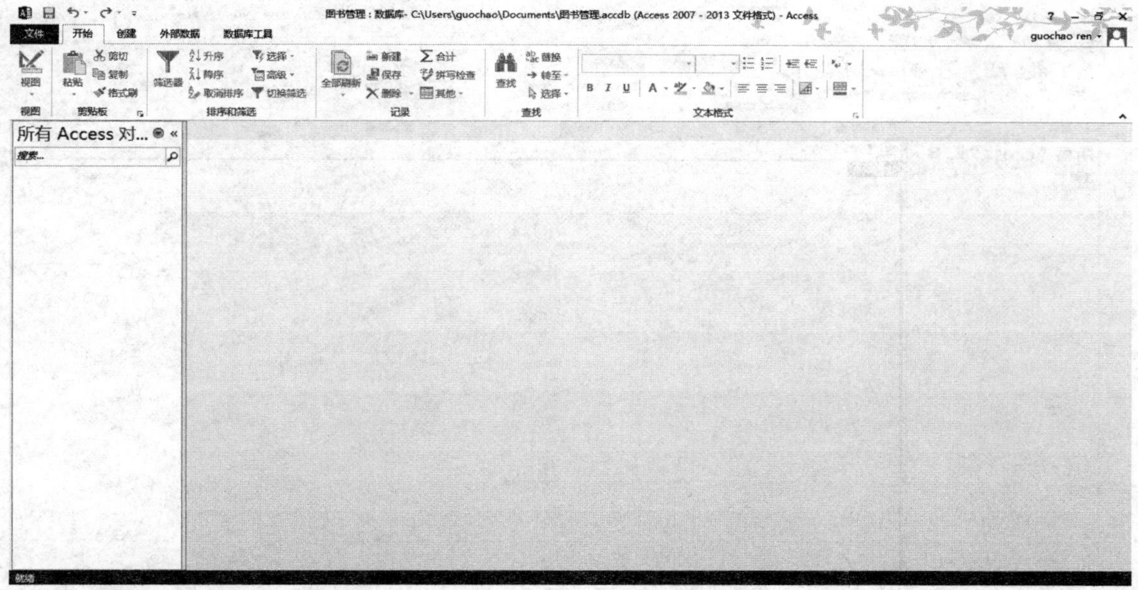

图 5-2　图书管理数据库窗口

（2）单击“创建”选项卡上“查询”组中的“查询设计”，会弹出一个“显示表”的对话框，单击“关闭”将其关闭。显示表窗口如图 5-3 所示。

（3）这时会有一个名为“查询*”的窗口，但是还不能输入SQL 语句。

（4）单击左上角的“SQL 视图”，这时就可在查询窗中输入SQL 语句了，如图 5-4 所示。

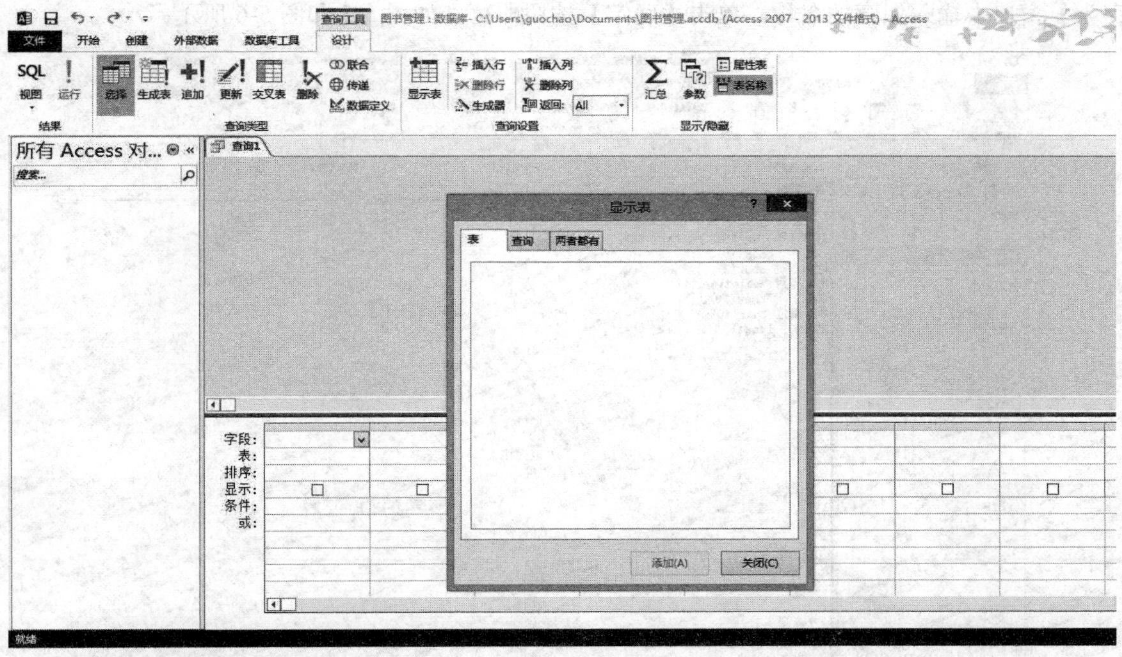

图 5-3　显示表窗口

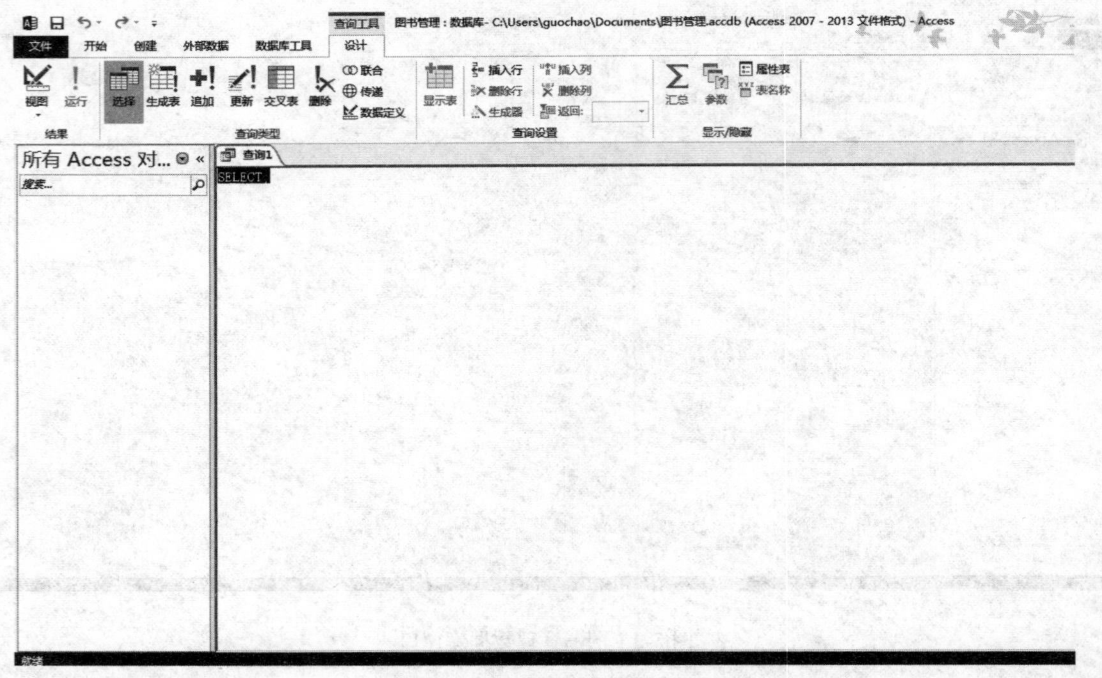

图 5-4　选择查询 SQL 视图窗口

（5）在窗口中输入【例 5-1】的 SQL 语句，单击左上角的红色感叹号即可执行 SQL 语句。如果语句有错误，会弹出错误提示窗口；如果没有错误，光标会回到该语句的最前方，表示执行成功。如果想把该语句保存下来，直接单击快速访问工具栏上的【保存】按钮，在弹出的【另存为】窗口中输入保存的名称，单击【确定】按钮即可。如图 5-5 和图 5-6 所示。

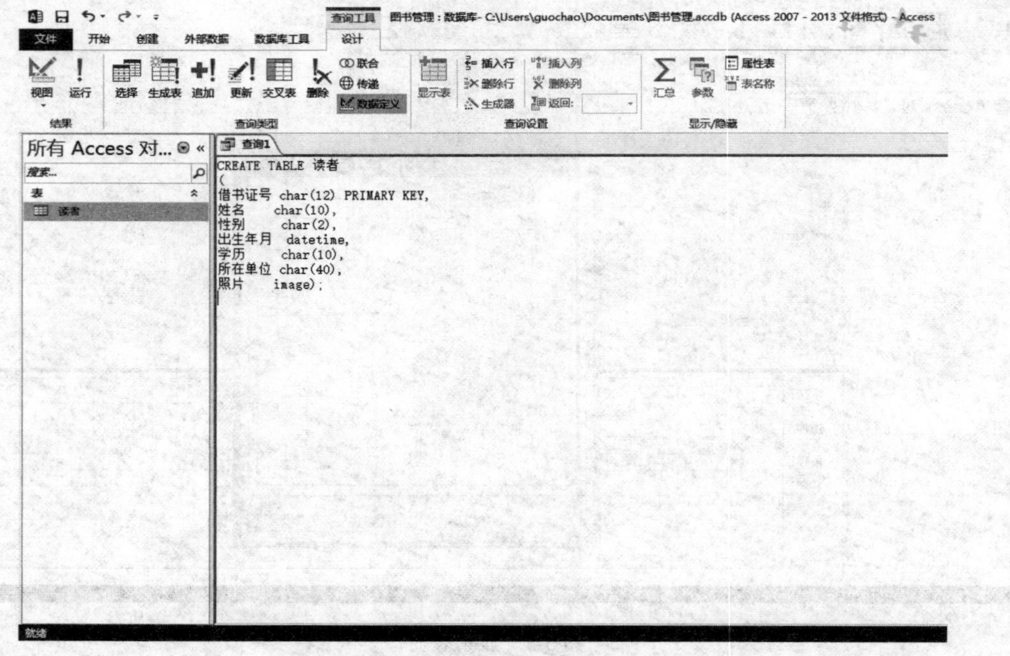

图 5-5　运行结果窗口

（6）如果想修改表的字段或者属性，右击数据库中表对象，在打开的设计视图窗口选择设计视图。在【字段名称】栏和【数据类型】栏可以修改列名和更改数据类型，在【字段属性】区可以修改字段属性。如图 5-7 和图 5-8 所示。

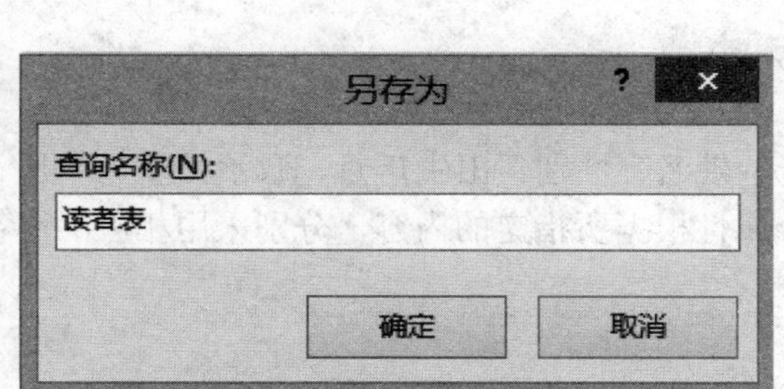

图 5-6　保存语句窗口

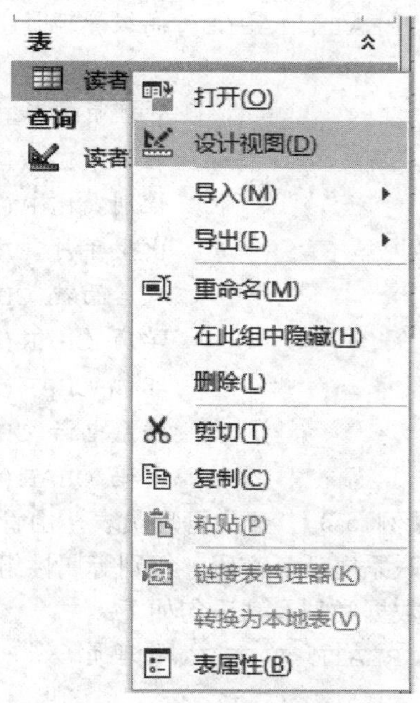

图 5-7　选择设计视图

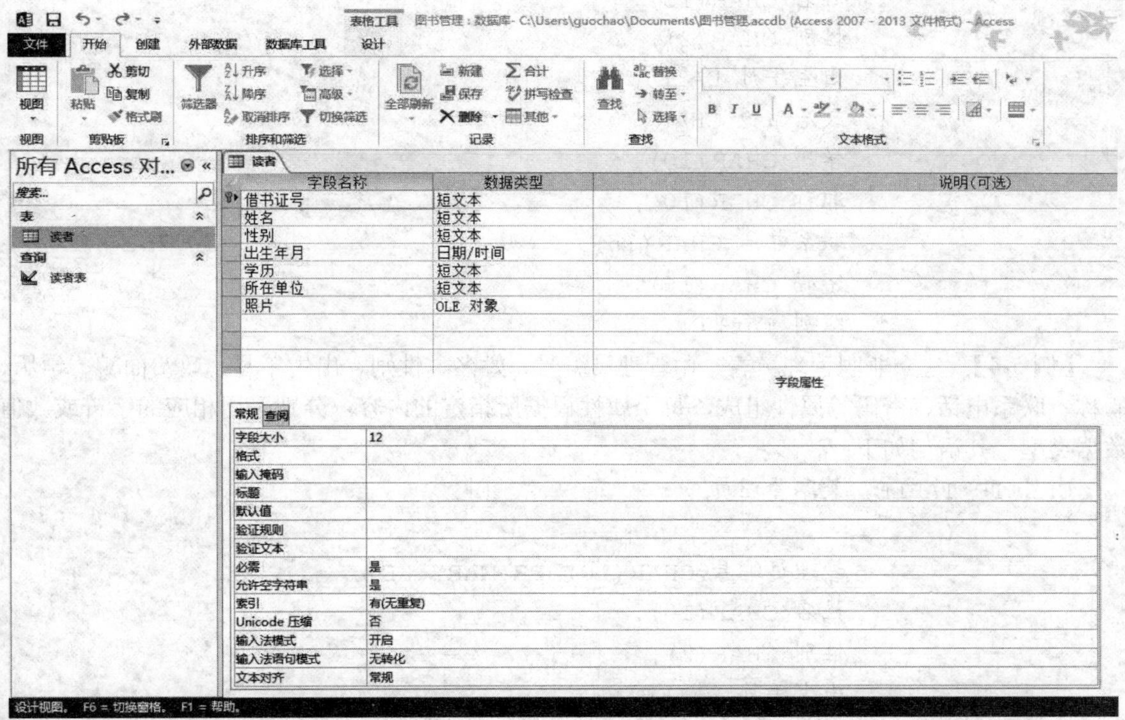

图 5-8　表设计视图窗口

【例 5-2】 建立高级管理员表，由管理员编号、姓名、性别、出生年月、政治面貌、学历、职称、联系电话、密码等属性组成，每个属性根据所指定的内容，分别采用相应的字符或数值数据类型。其语句如下：

```
CREATE TABLE 高级管理员
        (
                管理员编号 CHAR(10),
                姓名 CHAR(10),
                性别 CHAR(2),
                出生年月 DATETIME,
                政治面貌 CHAR(10),
                学历 CHAR(10),
                职称 CHAR(10),
                联系电话 CHAR(15),
                密码 CHAR(16));
```

【例 5-3】 建立管理员表，由管理员编号、姓名、性别、出生年月、政治面貌、学历、职称、联系电话、密码、级别等属性组成，每个属性根据所指定的内容，分别采用相应的字符或数值数据类型。其语句如下：

```
CREATE TABLE 管理员
        (
                管理员编号 CHAR(10),
                姓名 CHAR(10),
                性别 CHAR(2),
                出生年月 DATETIME,
                政治面貌 CHAR(10),
                学历 CHAR(10),
                职称 CHAR(10),
                联系电话 CHAR(15),
                密码 CHAR(16),
                级别 int);
```

【例 5-4】 建立兼职管理员表，由管理员编号、姓名、性别、出生年月、政治面貌、学历、职称、联系电话、密码等属性组成，每个属性根据所指定的内容，分别采用相应的字符或数值数据类型。其语句如下：

```
CREATE TABLE 兼职管理员
        (
                管理员编号 CHAR(10) PRIMARY KEY,
                姓名 CHAR(10),
                性别 CHAR(2),
                出生年月 DATETIME,
                政治面貌 CHAR(10),
```

```
        学历 CHAR(10),
        职称 CHAR(10),
        联系电话 CHAR(15),
        密码 CHAR(16));
```

【例 5-5】 建立借阅表，由借书证号、图书编号、借书日期、应还时间、归还日期等属性组成，每个属性根据所指定的内容，分别采用相应的字符或数值数据类型。其语句如下：

```
CREATE TABLE 借阅
    (
        借书证号 CHAR(12),
        图书编号 CHAR(14),
        借书日期 DATETIME,
        应还时间 DATETIME,
        归还日期 DATETIME,
        PRIMARY KEY(借书证号,图书编号)
        );
```

【例 5-6】 建立图书表，由图书编号、ISBN、书名、作者、出版社、出版年月、图书类型等属性组成，每个属性根据所指定的内容，分别采用相应的字符或数值数据类型。其语句如下：

```
CREATE TABLE 图书
    (
        图书编号 CHAR(14) PRIMARY KEY,
        ISBN CHAR(13),
        书名 CHAR(50),
        作者 CHAR(10),
        出版社 CHAR(50),
        出版年月 CHAR(7),
        图书类型 INT);
```

【例 5-7】 建立图书类型表，由图书类型编号、图书类型等属性组成，每个属性根据所指定的内容，分别采用相应的字符或数值数据类型。其语句如下：

```
CREATE TABLE 图书类型
    (
        图书类型编号 INT PRIMARY KEY,
        图书类型 CHAR(8));
```

【例 5-8】 建立图书入库表，由图书编号、管理员编号、经办人、册数、购买日期等属性组成，每个属性根据所指定的内容，分别采用相应的字符或数值数据类型。其语句如下：

```
CREATE TABLE 图书入库
    (
        图书编号 CHAR(14),
        管理员编号 CHAR(10),
        经办人 CHAR(10),
        册数 INT,
```

```
购买日期 DATETIME,
PRIMARY KEY(图书编号,管理员编号));
```

2．修改基本表

在建立或导入一个数据表之后，用户可能需要修改表的设计。这时就可以使用 ALTER TABLE 语句。但是注意，改变现存表的结构，可能会导致用户丢失一些数据。比如，改变一个域的数据类型，将导致数据丢失或舍入错误，这取决于用户现在使用的数据类型。改变数据表也可能会破坏用户应用程序中涉及所改变域的部分，所以用户在修改现有表的结构之前一定要格外小心。

用户使用 ALTER TABLE 语句，可以增加、删除、改变列或域，也可以增加或删除一个约束，还可以为某个域设定缺省值，但是一次只能修改一个域。

ALTER TABLE 语句基本格式为：

```
ALTER TABLE <表名>
[{ADD {COLUMN <新列名><数据类型>[列级完整性约束]}}|{CONSTRAINT <约束名>
<约束类型>}}
|{DROP{CONSTRAINT <完整性约束名>} |{COLUMN <列名>}}
|[ALTER COLUMN <列名> <数据类型>];
```

<表名>：指定需要修改的基本表，必须存在。

ADD 子句：用于增加新列，同时指明增加新列的数据类型和完整性约束条件，也可以直接增加约束。

DROP 子句：用于删除指定的完整性约束条件或者列。

ALTER 子句：用于修改原有的列定义。

注：这三个子句在每个 ALTER TABLE 语句中只能出现一个。

【例 5-9】向读者表增加“联系方式”列，其数据类型为短文本。其语句如下：

```
ALTER TABLE 读者  ADD COLUMN 联系方式 CHAR(15)
```

不论基本表中原来是否已有数据，新增加的列一律为空值。如果原来表中已有数据，添加的新列不能设置“NOT NULL”。

【例 5-10】将性别列的数据类型改为 bit。其语句如下：

```
ALTER TABLE 读者  ALTER COLUMN 性别 bit;
```

【例 5-11】删除读者表刚添加的联系方式字段。其语句如下：

```
ALTER TABLE 读者  DROP COLUMN 联系方式;
```

DROP 子句可以删除列也可以删除约束，如果删除列，则该列中所有数据都将被清空，所以一定要慎重，在确保这个列的数据没有用的时候才能删除。

3．删除基本表

当某个基本表不需要时，可使用 DROP TABLE 语句进行删除，一般格式为：

```
DROP TABLE <表名>
```

【例 5-12】删除读者表，语句如下：

```
DROP TABLE 读者
```

基本表一旦删除，表中的数据和在此表上建立的索引都将自动被删除，视图仍将保留但无法使用，所以删除表时一定要小心，确认表确实无用了再删除。

5.2.2 完整性约束的实现

关系数据库的完整性主要包括实体完整性、参照完整性和用户定义的完整性三种类型，表 5-11 列出了 SQL 语句中实现的完整性约束。

建表的同时通常还可以定义与该表有关的完整性约束条件，这些完整性约束条件被存入系统的数据字典中，当用户操作表中数据时，由 DBMS 自动检查该操作是否违背这些完整性约束条件。如果完整性约束条件涉及该表的多个属性列，则必须定义在表级上，称表级约束；如果完整性约束条件只涉及表中一个列，则称列级约束。一般约束既可以定义在列级，也可以定义在表级。完整性约束条件既可以由 RDBMS 内部自动命名，也可以由用户明确给出约束的名称。建议建立约束时指定名称，以方便以后引用。

另外，在表建立后，也可以添加相应的约束，如果表中已有数据，添加约束时，要保证表中数据不能违背新添加的约束，否则添加约束将失败。在 CREATE TABLE 和 ALTER TABLE 语法中，都涉及约束条件的表示，下面举例说明在 SQL 语句中如何实现完整性约束。

【例 5-13】 在【例 5-1】所建的读者表中，姓名属性的列级完整性约束条件，限制该列数据值不能为空（NULL），并且其值具有唯一性。该完整性约束是由 RDBMS 内部定义，性别属性的完整性约束，由用户自己定义约束表达式，并将该约束命名为 Csex。

该题目描述的约束，实际上可以在建立表的过程中直接实现，具体语句如下：

```
CREATE TABLE 读者
      (
            借书证号 char(12) PRIMARY KEY,
            姓名    char(10) NOT NULL UNIQUE,
            性别     char(2),
            出生年月  datetime,
            学历     char(10),
            所在单位 char(40),
            照片    image,
            CONSTRAINT Csex  CHECK( 性别  IN ( ‘男’ ,’ 女’ ));
```

注意：该语句在 Access 中执行，需要去掉 Check 约束，如果要实现该约束，需要在表的设计视图中对应列的字段属性中设置。

如果读者表已经建立，则可以通过 ALTER TABLE 语句实现该题目描述的约束。具体语句如下：

```
ALTER TABLE 读者
     ALTER COLUMN 姓名 Char(10) NOT NULL UNIQUE;
```

注意：该语句在 Access 中正常执行，在 SQL Server 中执行时，需要把 UNIQUE 约束放在另外一个 ALTER TABLE …ADD 语句中实现（添加约束）。

```
ALTER TABLE 读者
     ADD CONSTRAINT Csex  CHECK( 性别 in (‘男’, ‘女’));
```

注意：该语句在 SQL Server 中可正常执行，若在 Access 中执行不了，可以通过打开表的设计视图来设置 Ssex 列的 CHECK 约束。

这两个语句不能合到一个语句中，因为一个 ALTER TABLE 语句，只能跟 ALTER、ADD、

DROP 三个子句中的一个。

【例 5-14】 在【例 5-1】建立的读者表中，借书证号属性为主键（Primary Key），该完整性约束由用户自己定义约束名为 PK_brow。实现语句如下：

```
ALTER TABLE 读者
     ADD CONSTRAINT PK_brow PRIMARY KEY(借书证号);
```

【例 5-15】 在【例 5-8】建立的图书入库表上，图书编号、管理员编号联合做主键。图书编号和管理员编号单独做外键。如果建立表的过程中图书表图书编号列已经建成主键，管理员编号表的管理员编号列已经建成主键，则可以通过下列语句，直接在建表时实现题目要求。

```
CREATE TABLE 图书入库
        (
              图书编号 CHAR(14)FOREIGN KEY REFERENCES 图书(图书编号),
              管理员编号 CHAR(10)FOREIGNKEYREFERENCES 管理员(管理员编号),
              经办人 CHAR(10),
              册数 INT,
              购买日期 DATETIME,
              PRIMARY KEY(图书编号,管理员编号));
```

该语句在 SQL Server 中可以正常执行，在 Access 中执行时需要把 FOREIGN KEY 关键字去掉，否则执行不了。

【例 5-16】 删除学生表中对学生性别的约束定义 Csex。其语句如下：

```
ALTER TABLE 读者
DROP CONSTRAINT Csex
```

如果主键和外键约束都是在建表过程中实现的，则打开关系窗口，会得到如图 5-9 所示的【关系】窗口。

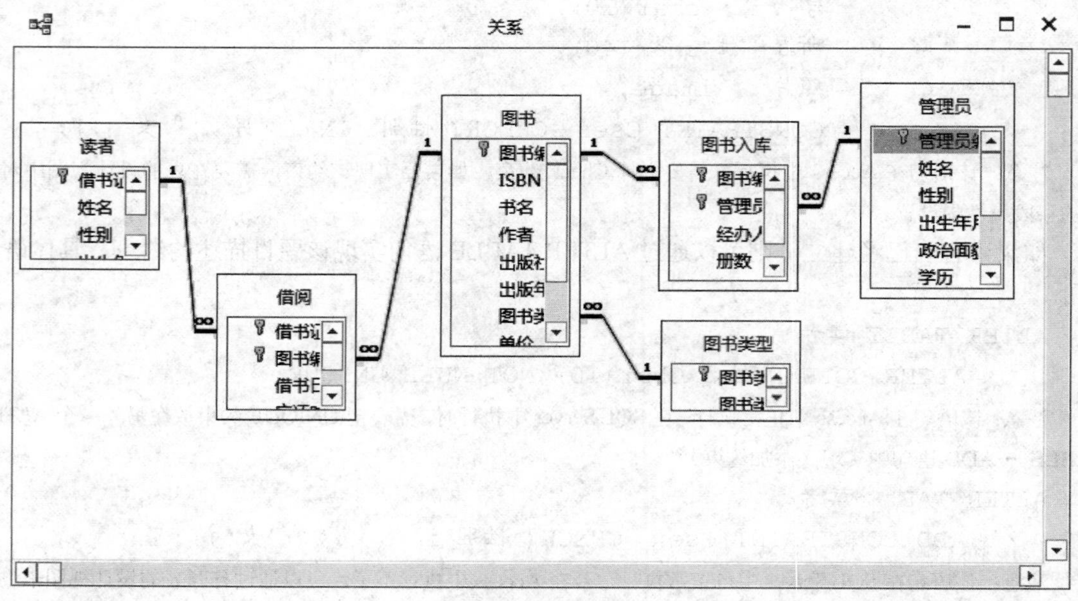

图 5-9　完整的关系图窗口

5.2.3　索引的定义与维护

1．索引的作用

假设想找到本书中的某一个句子，可以一页一页地逐页搜索，但这会花很多时间；而通过使用本书的索引（目录），可以很快地找到要搜索的主题。我们可以认为表的索引就是表中数据的目录。索引是建立在表上的，不能单独存在，如果删除表，则表上的索引将随之消失。

在进行数据查询时，如果不使用索引，就需要将数据文件分块，逐个读到内存中进行查找的比较操作。如果使用索引，可先将索引文件读入内存，根据索引项找到元组的地址，然后再根据地址将元组数据读入内存。由于索引文件中只含有索引项和元组地址，文件很小，而且索引项经过排序，可以很快读入内存并找到相应元组地址，会极大地提高查询的速度。对一个较大的表来说，通常要花费几个小时来完成查询通过加索引，只要几分钟就可以完成。

（1）使用索引可保证数据的唯一性。在索引的定义中包括了数据唯一性的内容，在对相关的索引项进行数据输入或数据更改时，系统都要进行检查，以确保数据的唯一性。

（2）使用索引可加快连接速度。在两个关系进行连接操作时，系统需要在连接关系中对每一个被连接字段做查询操作。如果每个连接文件的连接字段上建有索引，可以大大加快连接速度。如果要实现学生和选课的连接操作，可在选课表的学号字段（外码）上建立索引，数据连接速度就会非常快。

2．索引的类型

索引分为聚簇索引和非聚簇索引两种。

在聚簇索引中，索引树的叶级页包含实际的数据；记录的索引顺序与物理顺序相同。非常类似于目录表，目录表的顺序与实际页码顺序一致。

在非聚簇索引中，叶级页指向表中的记录，记录的物理顺序与逻辑顺序没有必然关系。非簇聚索引更像是书的标准索引表，但索引表的顺序与实际的页码顺序是不同的。一本书也许有多个索引，例如同时有主题索引和作者索引。同样，一个表也可以同时有多个非聚簇索引。

3．索引的建立原则

（1）索引的建立与维护由 DBA 和 DBMS 完成。索引由 DBA 和 DBO（表的属主）负责建立与删除，其他用户不得随意建立与删除；维护工作由 DBMS 自动完成。

（2）大表应当建索引，小表不必建索引，不宜建较多索引。索引要占用文件目录和存储空间。当基本表数据增删修改时，索引文件都要随之变化，以与基本表保持一致。

（3）根据查询要求建立索引。对于一些查询频度高、实时性高的数据一定要建立索引。

（4）主键列默认自动建立聚簇索引。

（5）外键或在表连接操作中经常用到的列应建立索引，这样可以加快连接查询速度。

（6）常被搜索键值范围内的列应建立索引，比如条件“sage between 18 and 20”，建议在 sage 列建立索引。

（7）常以排序形式访问的列，在 order by 字句后出现的列，建索引可以预排序。

（8）常在聚集操作中处于同一组的列，group by 字句后的列一般建索引。

（9）很少在查询中被引用的列不要建立索引。

（10）包含较少的唯一值的列不要建立索引。

4．索引的建立

使用 CREATE INDEX 语句建立索引，一般格式为：

```
CREATE[UNIQUE][CLUSTERED|NONCLUSTERED]INDEX <索引名>
      ON <表名> (<列名 1>[<次序>][,<列名 2>[<次序>]]…);
```

（1）表名：是指定要建立索引的基本表的名字，一个表可以建立多个索引。

（2）索引：可以建立在该表的一列或多列上，在单一列上建立的索引叫单一索引，多个列上建立的索引叫组合索引；各列之间用逗号分隔，每个列名后面还可以用<次序>指定索引值的排序次序，包括 ASC(升序)和 DESC(降序)两种，缺省值为 ASC。

（3）UNIQUE：表示此索引的每一个索引值只能对应唯一的数据记录，输入数据时如果出现重复值会弹出错误消息，跟 UNIQUE 约束一致。

（4）CLUSTERED：表示要建立的索引是聚簇索引，NONCLUSTERED 表示建立的索引是非聚簇索引。Access 中不支持聚簇和非聚簇，语法中不能包含这两个关键字。

【例 5-17】 为图书管理数据库中的读者、管理员、图书入库 3 个表建立索引。其中读者表按借书证号建立唯一索引，管理员表按管理员编号升序建立唯一索引，图书入库表按图书编号升序和管理员编号降序建立唯一索引。其语句如下：

```
CREATE UNIQUE INDEX Reasno ON 读者 (借书证号);
CREATE UNIQUE INDEX Admcno ON 管理员(管理员编号);
CREATE UNIQUE INDEX Libno ON 图书入库(图书编号 ASC,管理员编号 DESC) ;
```

上面三个创建索引的语句，在 Access 中都可以正常执行，执行后想看到我们建立的索引，可以按下列步骤查看（以第一个语句建立的索引查看为例）。

（1）切换到 Access【数据库】窗口，右击【读者】表对象，打开表的设计视图，如图 5-10 所示。

（2）单击【设计】选项卡中的【索引】按钮，弹出如图 5-11 所示的【索引】窗口，可以在该窗口查看、修改和删除索引信息。如果表已建立有 UNIQUE 约束或者主键，在该窗口中也可以找到，因为主键和 UNIQUE 约束自动创建索引。

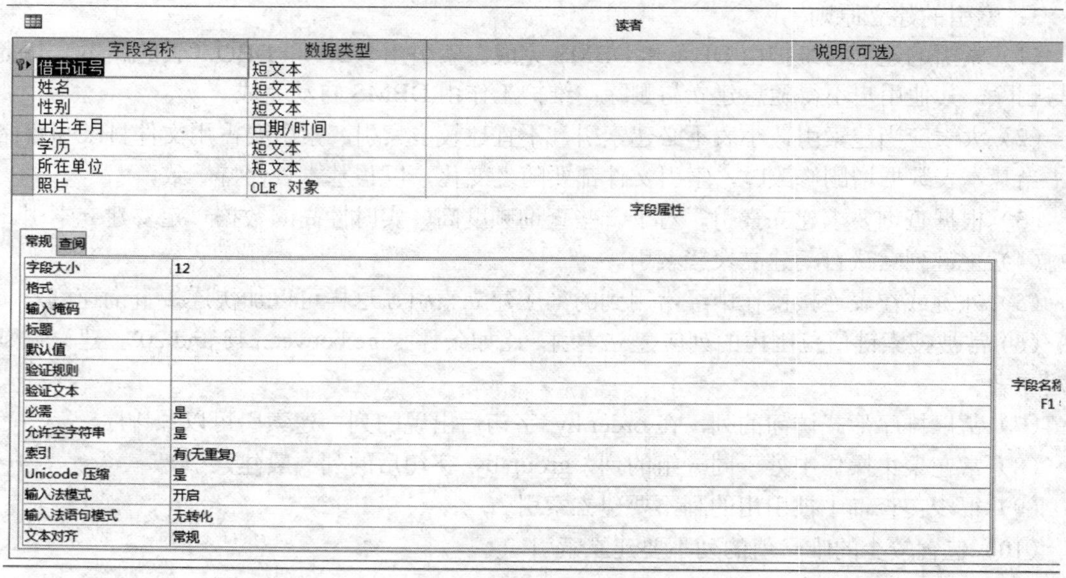

读者

字段名称	数据类型	说明(可选)
借书证号	短文本	
姓名	短文本	
性别	短文本	
出生年月	日期/时间	
学历	短文本	
所在单位	短文本	
照片	OLE 对象	

字段属性

常规 查阅

字段大小	12
格式	
输入掩码	
标题	
默认值	
验证规则	
验证文本	
必需	是
允许空字符串	是
索引	有(无重复)
Unicode 压缩	是
输入法模式	开启
输入法语句模式	无转化
文本对齐	常规

字段名称 F1

图 5-10 表设计视图窗口

5．索引的删除

建立索引以后就由系统来选择和维护，用户无权干预，但是，有些索引的维护反而加重了系统的负担，就不得不删除掉这些不必要的索引。可以使用 DROP INDEX 语句删除，一般格式为：

```
DROP INDEX <索引名称> ON <表名>
```

注意：该语法中的 ON<表名>在 Access 中执行时必须带上，在 SQL Server 则中不需要。

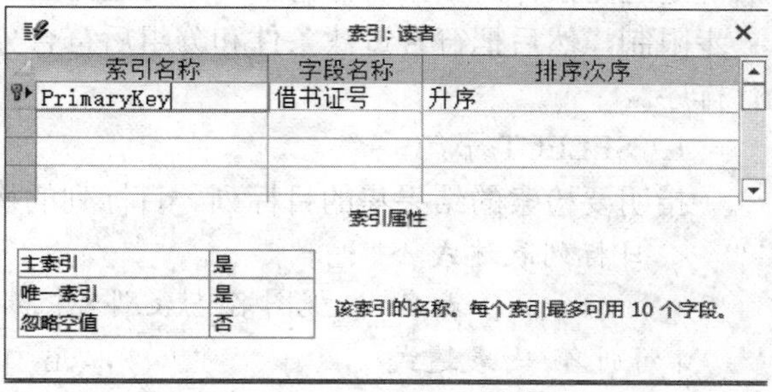

索引名称	字段名称	排序次序
PrimaryKey	借书证号	升序

索引属性

主索引	是
唯一索引	是
忽略空值	否

该索引的名称。每个索引最多可用 10 个字段。

图 5-11　索引窗口

【例 5-18】 删除读者表的索引 Reasno，语句如下：

```
DROP INDEX Reasno ON 读者
```

如果上述语句在 SQL Server 中运行，需要把"ON 读者"删掉。删除索引时，系统会同时从数据字典中删除有关该索引的描述。

5.3 数据查询语句

数据库是为更方便、有效地管理信息而建立的，人们希望数据库可以随时提供所需要的数据信息，因此对用户来说，数据查询是数据库最重要的功能。可以说查询是每个项目的核心操作，也是数据库的核心操作。数据查询功能是指根据用户的需要，以一种可读的方式从数据库中提取数据。SQL 语言提供了 SELECT 动词进行数据的查询，该语句具有灵活的使用方式和丰富的功能。可以实现数据的查询、统计、分组、汇总和排序等多种功能。本章将讲述数据查询的实现方法，即 SELECT 语句的使用。

5.3.1 SELECT 语句的一般语法

SELECT 语句的语法格式如下：

```
SELECT [ALL|DISTINCT]<目标列表达式>[,<目标列表达式>]…
FROM <表名或视图名>[,<表名或视图名>]…
[WHERE <行条件表达式>]
[GROUP BY <列名 1>,[列名 2][,…][HAVING 组条件表达式] ]
[ORDER BY <列名 1> [ASC | DESC][,…]];
```

在 SELECT 语句中共有 5 个子句，其中 SELECT 和 FROM 语句为必选子句，而 WHERE 、GROUP BY、ORDER BY 语句为任选子句。整个 SELECT 语句的含义是，根据 WHERE 子句的行条件表达式，从 FROM 子句指定的表或视图中查找满足条件的元组，如果有 GROUP BY 子句，则将结果按 GROUP BY 后的分组字段（GROUP BY 后跟的字段）分组，分组字段中列值相等的元组为一个组，每个组产生结果表中一条记录，通常会在每组中用作集函数。如果有 HAVING 短语，则只有满足指定条件的组才能输出。再按 SELECT 子句中的目标列表达式，选出元组中的属性值形成结果表。最后，如果有 ORDER BY 子句，结果表再按排序字段（OREDER BY 后的字段）及指定的排列次序排序。

这 5 个子句，书写的时候一定要按语法中的先后顺序，另外，为了美观和不容易出错，尽量每个子句占一行。在机器内部执行时的顺序是②③④①⑤，即先确定从哪个数据源查找，然后确定过滤条件。如果有分组子句，对过滤后的记录分组；如果分组有限制条件，则对分组进一步限制，然后把符合过滤条件和分组后符合分组条件记录的对应列查询出来，最后对结果进行排序。

1．SELECT 子句

指明要检索的结果集的目标列。目标列的构成如下所示：

< 目标列表达式 > ::=

{ * | { 表名 | 视图名| 表别名}.*| { 列名 | 表达式 } [[AS] 列别名]

|列别名 = 表达式 } [,… n]

表达式包含由运算符、列、常量构成的运算式和常量两种类型。如果使用了两个基本表（或视图）中相同名字的列名，要在列名前面加表名限定，即使用“<表名>.<列名>”。如果目标列前面有 DISTINCT 关键字，则表示去掉重复值。

2．FROM 子句

指明数据源，即从哪(几)个表（视图）中进行数据检索。表（视图）间用逗号“,”进行分隔。

3．WHERE 子句(行条件子句)

过滤 FROM 子句中给出的数据源中的数据，通过条件表达式限制查询必须满足的条件。DBMS 在处理语句时，以行为单位，逐个考查每个行是否满足条件，将不满足条件的行过滤掉。WHERE 条件的特点就是一次作用一行记录，表中每行记录都要过滤一遍，所以在条件中不能出现集合函数（分组函数）。

4．GROUP BY 子句（分组子句）

对满足 WHERE 子句的行，指明按照 GROUP BY 子句中所指定的某个（几个）列的值，对整个结果集进行分组。GROUP BY 子句使得同组的元组集中在一起，也使数据能够分组进行统计，将来每个分组对应结果集中的一个值。所以该子句影响 SELECT 子句后的目标列表达式，要求目标列表达式只能是集合函数或分组字段，或者两者的组合。HAVING 短语（分组条件子句）依赖于 GROUP BY 子句，其作用是对分组进行过滤，没有 GROUP BY 不可能有 HAVING，有 HAVING 一定要有 GROUP BY，且 HAVING 后的条件表达式必须是集合函数构成的条件表达式，不能是一般的条件，表达式的作用范围是每个分组，并且一个分组只作用一次，一个分组一个分组地起作用。

5．ORDER BY（排序子句）

对查询返回的结果集进行排序，查询结果集可按多个排序列进行排序，每个排序列后面可以跟一个排列次序。最终排序结果跟排序列先后顺序有关，如果有两个排序列，则先按第一个排序，只有第一个排序列值相等的记录，才考虑用第二个排序列排序。ORDER BY 子句仅对所检索数据显示有影响，并不改变表中行的内部顺序，不能出现在自查询中。

5.3.2 简单查询

简单查询是指仅涉及一个数据库表或者视图的查询，也称单表查询，是一种最简单的查询操作。比如选择一个表中某些列值、选择一个表中的特定行等。

1．选择表中若干列

选择表中若干列，实际上对应于关系运算中的投影运算，主要包含下面几种情况。

（1）查询指定列　在很多情况下，表中包含的列很多，而某些用户只对表中的一部分属性列感兴趣，这时可以通过在 SELECT 子句的<目标列表达式>中，有选择地列出用户感兴趣的列。

【例 5-19】 查询全体读者的借书证号与姓名。其语句如下：

```
SELECT SELECT 借书证号,姓名
FROM 读者;
```

【例 5-20】 查询全部图书的图书编号和书名。其语句如下：

```
SELECT 图书编号,书名
FROM 图书;
```

（2）查询全部列　将表中的所有属性列都选出来，有两种方法：一种是在 SELECT 关键字后面列出所有列名，第二种方法可以简单地用*代替所有的列，列的显示顺序与其在基表中的顺序相同。

【例 5-21】 查询全体读者的详细记录。其语句如下：

```
SELECT *
FROM 读者;
```

该语句无条件地把表的全部信息都查询出来，所以也称全表查询，是最简单的一类查询，尤其是*的使用，不需要知道表里面到底有哪些列，直接用*代替所有的列。

（3）查询经过计算的列

【例 5-22】 查询所有读者的姓名和年龄。其语句如下：

```
SELECT 姓名,year(now()-year(出生年月)
FROM 读者;
```

实际上，SELECT 后的目标列表达式，不仅可以是算术表达式，还可以是常量、函数等。比如，查询当前系统日期时间，Access 中用 NOW()函数，SQL Server 中用 GETDATE()函数，使用 YEAR()函数获取年份，可以直接跟在 SELECT 子句后面实现查询。

（4）对列起别名　上面的例子中如果 SELECT 后面跟表达式、常量或者函数，结果显示时可能是无列名或者是表达式，不能标示该列的含义，因此，可以对这些表达式起别名，比如，对 year(now())-year(出生年月)可以起别名，具体格式是：

```
SELECT 姓名,year(now()-year(出生年月) as 年龄
FROM 读者;
```

别名的作用是给表达式起个能表示其含义的名字，用户可以通过指定别名来改变查询结果的列标题，对于含算术表达式、常量、函数的目标列表达式使用别名尤为有用。当然对一般的列也可以起别名，比如，把英文列名起个中文别名等，这样更符合一般用户的习惯。

（5）引用字面值（常量值）　如果在查询表中数据时，目标列表达式中出现了常量值，则结果集中有几条记录，该常量值就出现几次，也称之为字面值。如果想说明 year(now())-year(出生年月) 的含义，可以在其前面再加一个常量字符串“年龄”，即：

```
SELECT 姓名,'年龄',year(now())-year(出生年月)
FROM 读者;
```

该列作用实际上相当于对 year(now())-year(出生年月)的说明，每个读者姓名后面都会出现该字面值。

2．选择表中若干元组

通过目标列表达式的不同形式，可以从一个表中查询用户感兴趣的所有元组的部分或全部列。如果表中元组很多，而用户只对部分元组感兴趣，这时可以通过条件限制和 DISTINCT 关键字限制，让用户选择查询感兴趣元组的全部或部分列。

（1）用于消除重复行的 DISTINCT 谓词

【例 5-23】 选择图书入库中的管理员编号。其语句如下：

```
SELECT 管理员编号
    FROM 图书入库
```

如果有学生选修多门课程，该结果将会出现许多重复行，可以使用 DISTINCT 语句去掉重复行，例如：

```
SELECT DISTINCT 管理员编号
FROM 图书入库
```

DISTINCT 后面可以跟多个列，表示多个列组合起来去掉重复，而不是只对 DISTINCT 后第一个列去掉重复行。

（2）条件限制　在查询语句中可以通过 WHERE 条件（行条件）实现限制，也可以通过 HAVING 条件（组条件）实现限制，本部分先讨论 WHERE 条件。通过 WHERE 条件可以查询满足指定条件的元组。WHERE 子句常用的查询条件与谓词如表 5-13 所示。

表 5-13　WHERE 子句常用的查询条件与谓词

查 询 条 件	谓　词
比较	=，>，<，>=，<=，!=，<>，!>，! <,NOT +比较运算符条件
确定范围	BETWEEN...AND，NOT BETWEEN...AND
确定集合	IN，NOT IN
是否为空值	IS NULL,IS NOT NULL（而不是 NOT IS NULL）
字符匹配	LIKE，NOT LIKE
逻辑谓词	AND，OR，NOT

① 比较运算符的使用。比较运算符用于测试两个数据是否相等、不等、小于或大于某个值。用于在选择元组时做比较，还可以用逻辑运算符 NOT，对比较运算符构成的条件进行限制，表示条件求非。

【例 5-24】 查找图书册数超过 20 的图书编号和册数。其语句如下：

```
SELECT 图书编号,册数
FROM 图书入库
WHERE 册数>20;
```

【例 5-25】 查找读者中学历为本科的读者姓名。其语句如下：

```
SELECT 姓名
FROM 读者
WHERE 学历='本科';
```

② 确定范围。如果想根据某个范围的值来作为条件选择行，可以使用 BETWEEN…AND，NOT BETWEEN…AND。BETWEEN 和 AND 后指定范围的上限和下限，在 Access 中上限和下限放哪个后面都可以，但在 SQL Server 中，BETWEEN 后只能是范围的下限（即小的值），

AND 后只能是范围的上限（即大的值）。这个范围可以是数字范围，也可以是日期时间范围，甚至可以是字符范围。如果是字符范围，是按照 26 个英文字母顺序；如果是汉字构成的范围，则按照汉语拼音中字符的顺序确定范围。

【例 5-26】 查询读者中年龄在 30 至 40 之间的读者姓名和出生年月。其语句如下：

```
SELECT 姓名,出生年月
FROM 读者
WHERE (year(now())-year(出生年月))  BETWEEN  30 AND  40;
```

该题目还可以这样表示：

```
SELECT 姓名,出生年月
FROM 读者
WHERE (year(now())-year(出生年月))  >=30 AND (year(now())-year(出生
年月))<=40;
```

这说明 BETWEEN …AND 谓词确定的范围是包含上下限的。

【例 5-27】 查询读者中年龄不在 30 和 40 之间的读者姓名和出生年月。其语句如下：

```
SELECT 姓名,出生年月
FROM 读者
WHERE (year(now())-year(出生年月)) NOT BETWEEN  30 AND  40;
```

【例 5-28】 查询姓名处于“李星月”和“孙玉”之间的读者姓名、借书证号。其语句如下：

```
SELECT 姓名,借书证号
FROM 读者
WHERE 姓名 between "李星月" and "孙玉"
```

③ 确定集合。如果想根据指定列表中值的集合来作为条件选择行，可以使用 IN 和 NOT IN 运算符。

【例 5-29】 查询学历为本科和大专的读者信息。其语句如下：

```
SELECT *
FROM 读者
WHERE 学历 IN ("本科","大专");
```

【例 5-30】 查询学历不为本科和大专的读者信息。其语句如下：

```
SELECT *
FROM 读者
WHERE 学历 NOT IN ("本科","大专");
```

④ 判断是否为空。限制条件中用 IS NULL 和 IS NOT NULL 判断指定的列中是否存在空（NULL）。

【例 5-31】 查找没有显示归还日期的借阅信息。

需要注意的是，没有借阅信息跟信息为 0 是不一样的。另外，空值是不能跟任何其他值进行比较的，所以，成绩为空不能表示成借阅信息=NULL，而必须用 IS NULL，所以该题目对应的语句为：

```
SELECT  *
FROM 借阅
WHERE 归还日期 IS NULL;
```

【例 5-32】 查找有显示归还日期的借阅信息。其语句如下：

```
SELECT  *
FROM 借阅
WHERE 归还日期 IS  NOT NULL;
```

这里用 IS NOT NULL 判断不为空，而不是 NOT IS NULL，跟 IN 和 BETWEEN 不同。

⑤ 字符匹配。一般的查询都是基于一列或 n 列的精确值。SQL 为字符型数据提供了一个字符匹配机制，即 LIKE 和 NOT LIKE 谓词。通过该机制可以实现模糊查询。

LIKE 谓词用于匹配字符串的格式为：[NOT] LIKE“匹配串”

含义是查找指定的属性列值与“匹配串”相匹配的元组。“匹配串”可以是完整的字符串（可以用=代替 LIKE）,也可以含有通配符。不同的 DBMS 中提供的通配符不太一样。SQL Server 和 Access 中的通配符如表 5-14 所示。

表 5-14 SQL Server 和 Access 中的通配符

通配符	作　用	Access 支持否	SQL Server 支持否	示　例
%	匹配零个或更多字符的任意字符串		√	Sname LIKE ‘张%’　查询姓张的学生
_	匹配单个字符		√	Sname LIKE ‘张_’姓张且名字两个字
[]	指定范围或集合中的任何单个字符	√	√	Sdept LIKE ‘[a-f]S’以 a-f 任意字母开头，以 S 结尾的系别。[abcdef]
[^]	不属于指定范围或集合的任何单字符	√	√	Sdept LIKE ‘[^a-f]S’不以 a-f 任意字母开头，但以 S 结尾的系别。[^abcdef]
*	匹配零个或更多字符的任意字符串	√		Sname LIKE ‘张*’查询姓张的学生
?	匹配单个字符	√		Sname LIKE ‘张?’姓张且名字两个字
#	匹配单个数字	√		Sage LIKE ‘1#’年龄在 10 到 19 岁之间的学生

【例 5-33】 查所有姓李的读者的借书证号和姓名。其语句如下：

```
SELECT  借书证号,姓名
FROM 读者
WHERE 姓名 LIKE  '李*';(Access 中可以实现, SQL Server 中实现用%代替*)
```

【例 5-34】 查姓“李”且全名为 3 个汉字的读者的姓名。其语句如下：

```
SELECT  姓名
FROM 读者
WHERE 姓名 LIKE  '李??' (Access 中可以实现, SQL Server 中实现用_代替?)
```

注意：在有些排序规则下，由于一个汉字占两个字符位置，所以匹配字符串“李”后面需要跟 4 个_。

【例 5-35】 查名字中第二字为“红”字的读者的借书证号和姓名。其语句如下：

```
SELECT  借书证号,姓名
FROM 读者
WHERE 姓名 LIKE  '?红*';
```

【例 5-36】查询以 a～f 间任意字符开头，且包含 s 的 Email，以及该读者的姓名和借书证号。其语句如下：

```
SELECT Email,姓名,借书证号
FROM 读者
WHERE Email  LIKE   '[a-f]*k*';
```

【例 5-37】查询不以 a～m 间任意字符开头的 Email，以及该读者的姓名和借书证号。其语句如下：

```
SELECT Email,姓名,借书证号
FROM 读者
WHERE Email  LIKE   '[^a-m]*';
```

⑥ 逻辑运算符的使用。可以利用逻辑运算符（AND、OR、NOT），在 WHERE 子句中建立复合条件。复合条件是指含有两个或两个以上条件表达式的条件。AND 表示连接的条件必须都为真时，整个条件才为真，OR 表示连接的条件只要有一个为真，整个条件就为真，NOT 用于取反。

【例 5-38】 查找所有性别为女，且学历为本科的读者信息。其语句如下：

```
SELECT *
FROM 读者
WHERE 性别='女' AND  学历='本科';
```

【例 5-39】 查找所有性别为女，或学历为本科的读者信息。其语句如下：

```
SELECT *
FROM 读者
WHERE 性别='女' OR 学历='本科';
```

IN 谓词实际上是多个 OR 运算符的缩写，所以【例 5-26】的 where 条件可以表示成：

```
WHERE 学历= ‘本科’ OR 学历= ‘大专’;
```

【例 5-40】查找管理员表中学历为硕士或者职称为高级的管理员编号和姓名。其语句如下：

```
SELECT 管理员编号,姓名
FROM 管理员
WHERE 学历='硕士' OR  职称='高级';
```

这些条件谓词是查询的基础，所以必须熟练掌握，有些谓词在特定的环境下使用，与其他谓词能实现相同的效果，在开始时建议大家做题时，尽量考虑用多种方法来实现。

⑦ 算术运算符及表达式的使用。算术运算符在 SQL 中表达数学运算操作。SQL 的数学运算符只有 4 种：+（加号）、-（减号）、*（乘号）、/（除号）。SQL 语言能用表中的数值或字符列来进行简单的运算。运算结果产生的新列不能成为该表的永久字段，仅仅是为了显示用。

SQL 中由算术运算符、常量、列名、函数等构成的式子叫算术表达式，表达式可以出现在 SELECT 子句、WHERE 条件、HAVING 短语中，也可以出现在 ORDER BY 子句中。

【例 5-41】 查询全体管理员级别上调 1 个级别之后的管理员编号、姓名和级别。其语句如下：

```
SELECT 管理员编号,姓名,级别+1
```

```
FROM 管理员;
```

（3）对查询结果排序　可以用 ORDER BY 子句指定一个或多个属性列（排序字段），按照升序(ASC)或降序(DESC)重新排列查询结果，其中升序 ASC 为缺省值。

【例 5-42】 查询学历为本科的管理员编号、姓名和级别，并按级别降序排列。其语句如下：

```
SELECT 管理员编号,姓名,级别
FROM 管理员
WHERE 学历='本科'
 ORDER BY 级别 DESC;
```

（4）分组函数的使用　为了进一步方便用户，增强检索功能，ACCESS 提供了许多分组函数，也叫聚集函数或者集合函数，主要包括如表 5-15 所示的几个。

表 5-15　常用的分组函数

函　数　名	说　明
COUNT(DISTINCT\[ALL]*)	返回查询范围内的行数，包含空值
COUNT[DISTINCT\ALL]<列名>	返回该列为非空值的行数
AVG[DISTINCT\ALL]<列名>	返回该列值的平均值
SUM[DISTINCT\ALL]<列名>	返回该列或表达式的值的总和
MAX[DISTINCT\ALL]<列名>	返回该列的最大值
MIN[DISTINCT\ALL]<列名>	返回该列的最小值

注意分组函数中的关键字 DISTINCT 和 ALL。关键字 ALL 用来检验表中的所有行，ALL 为缺省设置，DISTINCT 的含义是在计算前去掉重复值，但在 Access 中不支持该用法，SQL Server 中可以正常执行。

这几个集函数中，AVG 和 SUM 必须作用于数字类型的列，其他的几个可以作用于任何数据类型的列。除了 COUNT(*)外，所有其他集函数都忽略空值。

【例 5-43】 查询读者总人数。其语句如下：

```
SELECT COUNT(*)
FROM 读者;
```

COUNT(*)不忽略空值，也就是统计时把空记录也统计在里面。

【例 5-44】 查询借了图书的读者人数。其语句如下：

```
SELECT COUNT(DISTINCT 借书证号)
FROM 借阅;
```

该语句在 Access 中无法正常执行，在 SQL Server 中可以正常执行。另外，COUNT(列名)忽略列中的空值。

【例 5-45】 查询图书表中的最高单价。其语句如下：

```
SELECT MAX(单价)
FROM 图书
```

（5）对查询结果分组　GROUP BY 子句可以将查询结果表的各行，按一列或多列取值相等的原则进行分组。对查询结果分组的目的是为了细化集函数的作用对象。如果未对查询结果分组，集函数将作用于整个查询结果，即整个查询结果只有一个函数值，否则，集函数将作用于每一个组，即每一组都有一个函数值。

【例 5-46】 查询读者表中男生和女生的人数。其语句如下：

```
SELECT 性别,COUNT(性别)
FROM 读者
GROUP BY 性别;
```

该 SELECT 语句对读者表按性别的取值进行分组，所有具有相同性别值的元组为一组，然后对每一组作用集函数 COUNT，以求得该组的学生人数。

【例 5-47】 求读者表中每一种学历的人数。其语句如下：

```
SELECT 学历,COUNT(学历)
FROM 读者
GROUP BY 学历;
```

需要注意的是，GROUP BY 和 SELECT 两个子句是相互影响的，如果确定有 GROUP BY 子句，其后面跟的字段是分组字段，并且能确定分组字段，则 SELECT 子句的选择列表只能是分组字段或者集函数，或者是两者的组合，而不能跟其他的字段；如果可以确定要求的结果中（SELECT 子句）包含某列，且需要分组，则分组字段中一定包含该列。一般情况下，题目环境出现“每个、每门”等字眼时一般要进行分组，而分组字段的确定一般可以根据题目要查询的结果来确定，即 SELECT 子句后的列表。

如果分组后还要求按一定的条件对这些组进行筛选，最终只输出满足指定条件的组，则可以使用 HAVING 短语指定筛选条件。

【例 5-48】 查询学历表中每一种学历人数大于 4 的学历。其语句如下：

```
SELECT 学历,COUNT(学历)
FROM 读者
GROUP BY 学历
HAVING COUNT(*)>4;
```

查询学历表中每一种学历人数大于 4 的学历，首先需要对基本表中数据按学历分组，然后求其中每一种学历的人数，为此需要用 GROUP BY 子句按学历进行分组，再用集函数 COUNT 对每一组计数。如果某一组的元组数目大于 4，则表示该学历的读者超过 4 个，应将他的学历选出来。HAVING 短语指定选择组的条件，只有满足条件(即元组个数>4)的组才会被选出来。

【例 5-49】 查询借书数量超过 3 本的读者的借书证号。其语句如下：

```
SELECT 借书证号,COUNT(图书编号)
FROM 借阅
GROUP BY 借书证号
HAVING COUNT(*)>3;
```

HAVING 短语必须依赖于 GROUP BY 子句，也就是说，存在 GROUP BY 子句时才可能出现 HAVING 短语；反过来说，如果能确定某一条件必须跟在 HAVING 后面，则一定要有 GROUP BY 子句。

对于 WHERE 子句和 HAVING 短语，它们后面都跟条件，WHERE 子句与 HAVING 短语的条件，主要区别在于作用对象不同、作用的范围不同、作用的原理不同、条件的构成不同。WHERE 子句作用于基本表或视图，作用范围是整个表或视图，作用时是逐条记录过滤的，所以又叫行条件，条件的构成中不能包含集函数； HAVING 短语作用于分组，只能作用于每个分组，且其作用时是一个分组作用一次，所以又称组条件，该条件只能是包含集函数的条件。

5.3.3 连接查询

在前面的讲解中，只涉及对一个表的查询，在实际的工作中，需要在两个或更多的表中进行数据的查询。若一个查询中涉及两个以上表，则称之为连接查询，或多表查询。连接查询实际上是关系数据库中最主要的查询，主要包含交叉连接查询（非限制连接查询）、等值连接查询、非等值连接查询、自身连接查询、外连接查询和复合条件连接查询。连接查询与单表查询的根本区别是，前者涉及多个表或者视图，而表出现在 FROM 后面，所以连接查询影响的主要子句是 FROM。如果表与表之间有连接条件，则一般在 WHERE 子句中表示。

1．等值连接

当一个查询涉及数据库的多个表时，一般要按照一定的条件把这些表连接在一起，以便能够共同给用户提供需要的信息。用来连接两个表的条件称为连接条件或连接谓词，一般格式为：

```
[<表名 1>. ]<列名 1><比较运算符>[<表名 2>. ]<列名 2>
```

比较运算符主要有=、>、<、>=、<=、!=。此外，连接谓词还可以使用如下形式：

```
[<表名 1>. ]<列名 1> BETWEEN [<表名 2>. ]<列名 2> AND [<表名 2>. ]<列名 3>
```

当连接运算符为“=”时，称为等值连接。使用其他运算符称为非等值连接。连接谓词中出现的列称为连接字段。连接条件中的各连接字段类型必须是可比的，但不必是相同的（名字不一定相同）。

【例 5-50】 查询每个读者的借阅信息。

读者信息存放在读者表中，借阅信息存放在借阅表中，所以本查询实际上同时涉及读者和借阅两个表中的数据。这两个表之间的联系是通过两个表都具有的属性借书证号实现的。要查询读者及其借阅信息，就必须将这两个表中借书证号相同的元组连接起来。这是一个等值连接。完成本查询的 SQL 语句为：

```
SELECT 读者.借书证号,姓名,借阅.*
FROM 读者,借阅
WHERE 读者.借书证号=借阅.借书证号
```

进行多表连接查询时，SELECT 子句与 WHERE 子句中的属性名前都加上表名前缀，这是为了避免混淆。如果属性名在参加连接的各表中是唯一的，则可以省略表名前缀。

2．非等值连接

连接查询中使用非“=”运算符构成连接条件的称为非等值连接查询。如果把“=”换成“>”，则“<”构成的连接查询就是非等值连接查询。

3．交叉连接

交叉连接（非限制连接）是不带连接谓词（连接条件）的连接。两个表的交叉连接即是两表中元组的交叉乘积，也即其中一表中的每一元组都要与另一表中的每一元组作拼接，因此结果表往往很大，且会产生一些没有意义的元组，但是这种连接在产生测试数据等方面有时是非常有用的。

【例 5-51】 假设每个读者都借阅了图书表中的所有图书，现在要查询每个读者的借书证号和图书表中的图书编号。其语句如下：

```
SELECT 借书证号,图书编号
FROM 读者,图书
```

4. 自身连接

连接操作不仅可以在两个表之间进行，也可以是一个表与其自己进行连接，这种连接称为表的自身连接。

（1）别名的使用　进行多表连接查询时，为了避免列名混淆，SELECT 子句与 WHERE 子句中的属性名前都加上表名前缀。这样限制列名不仅费时，而且容易出错，特别是在当连接的表具有较长名称时更是如此。为了简化任务，可以用表别名代替表名。表别名写在 FROM 子句的表名后面。一旦给表赋予了别名，该别名的使用就必须贯穿整个 SELECT 命令，而不能再使用原来的名字来引用表。尤其是在自身连接时，为了能区分连接的表，必须给表起不同的别名。

【例 5-52】 示例【例 5-50】可用别名改写成如下语句：

```
SELECT A.借书证号,姓名,B.*
FROM 读者 A,借阅 B
WHERE A.借书证号=B.借书证号;
```

（2）自身连接　在自身连接中，可以给一个表赋予不同的别名，这样就可以将一个表看作两个不同的表，与等值连接一样处理。

5. 外连接

在通常的连接操作中，只有满足连接条件的元组才能作为结果输出。如果我们查找所有读者的借书情况，没有借书读者的记录就不会出现在查询结果当中。但是有时我们想以读者表为主体列出每个读者的基本情况及其借书情况，若某个读者没有借书，则只输出其基本情况信息，其选课信息为空值(NULL)即可，这时就需要 使用外连接(Outer Join)。外连接包括左外连接、右外连接和全外连接三种，对应的运算符通常为 LEFT OUTER JOIN、RIGHT [OUTER] JOIN、FULL [OUTER] JOIN。如果使用 LEFT JOIN 则表示左边的表是主表，将来该表中记录全部显示，即使右边表中没有相关记录。

【例 5-53】用外连接表示的语句如下：

```
SELECT 读者.借书证号,姓名,借阅.*
FROM 读者 LEFT JOIN 借阅
ON 读者.借书证号=借阅.借书证号;
```

该外连接就好像是为右边的表(即借阅表)增加一个“万能”的行，这个行全部由空值组成，它可以和另一个表(即主表读者)中所有不能与借阅表其他行连接的元组进行连接。由于这个“万能”行的各列全部是空值，因此在连接结果中，读者表中在借阅表中不存在匹配记录的行，对应来自借阅表的属性值全部是空值。如图 5-12 所示。

读者. 借书证号	姓名	借阅. 借书i	图书编号	借书日期	应还时间	归还日期
200910230001	李星月					
200910230002	张鹏	20091023000	01201009100	2010-01-01	2010-04-01	2010-02-25
200910230002	张鹏	20091023000	01201009100	2010-01-01	2010-04-01	
200910240001	孙亚南					
200910250001	孙玉					
200910250002	任卫兵					
200910250003	张中亚					
200910250004	刘释典	20091025000	02201009100	2010-01-07	2010-04-07	2010-03-04
200910250004	刘释典	20091025000	05200910090	2010-01-07	2010-04-07	2010-03-04
200910250004	刘释典	20091025000	03200910090	2010-01-07	2010-04-07	
200910250005	赵帅	20091025000	04201009100	2010-01-03	2010-04-03	2010-03-02
200910250005	赵帅	20091025000	04201009100	2010-01-03	2010-04-03	2010-03-04
200910250005	赵帅	20091025000	05200910090	2010-01-03	2010-04-03	
200910250005	赵帅	20091025000	03200910090	2010-01-04	2010-04-04	
200910260001	李涛					
200910260002	张欣					
200910260003	靳红卫	20091026000	01201009100	2010-01-08	2010-04-08	
200910260003	靳红卫	20091026000	01201009100	2010-01-08	2010-04-08	2010-03-04
200910260003	靳红卫	20091026000	01201003110	2010-01-08	2010-04-08	
200910260004	王晓路					
200910260005	徐晓东	20091026000	01201009100	2010-01-08	2010-04-08	2010-03-04
200910260005	徐晓东	20091026000	01201009100	2010-01-09	2010-04-09	
200910260005	徐晓东	20091026000	04201009100	2010-01-09	2010-04-09	
200910260005	徐晓东	20091026000	02201009100	2010-01-09	2010-04-09	
200910260005	徐晓东	20091026000	05200910090	2010-01-09	2010-04-09	2010-03-04
200910260006	杨红可					
200910260007	孙美玲					

记录: 第 1 项(共 38 项 无筛选器 搜索

图 5-12 外连接结果图

6. 复合条件连接

上面的连接查询中，WHERE 子句只有一个连接条件，用于连接两个表的谓词。在 WHERE 子句中使用多个条件的连接查询，称为复合条件连接查询。

【例 5-54】 查询借阅了图书编号为 120100910003 图书的本科学历读者情况。

本查询涉及读者和借阅两个表，两个表通过借书证号进行连接，然后再加上限制条件图书编号='0120100910003'和学历='本科'，即可得到满足要求的元组。SQL 语句如下：

```
SELECT 读者.*
FROM 读者,借阅
WHERE 读者.借书证号=借阅.借书证号  AND  图书编号='0120100910003'
AND 学历='本科';
```

上面的连接查询涉及的都是两个表间的连接，实际上很多情况下需要对三个或三个以上的表进行连接查询。三个以上表的连接实际上也是两两进行连接的。

【例 5-55】 查询借了图书的读者借书证号、姓名、图书编号、书名和应还时间。

该题目查询的结果借书证号、书名和应还时间涉及读者、图书和借阅三个表，所以需要对三个表进行连接查询。这三个表中借阅表是桥梁，另外两个表都跟借阅有关系，所以可以将读者表和借阅表先连接，再跟图书表连接，也可以图书表和借阅表先连接，再跟读者表连接。SQL 语句如下：

```
SELECT 读者.借书证号,姓名,图书.图书编号,书名,应还时间
```

```
FROM 读者,借阅,图书
WHERE 读者.借书证号=借阅.借书证号  AND 借阅.图书编号=图书.图书编号
```

7. 字符串连接查询

字符串连接实际上是直接把字符类型的列用字符串连接运算符“+”连接起来构成的查询。

【例 5-56】查询每个读者借书证号、姓名并把结果显示到一个列中。其语句如下：

```
SELECT 借书证号+姓名
FROM 读者;
```

连接查询是对多个表通过连接条件限制构成的查询，所以连接条件非常关键，如果查询语句中少了某个连接条件，结果集的个数可能会相差很大，所以，涉及多个表时，一定要注意连接条件的使用和表示。

5.3.4　子查询

在 SQL 语言中，一个 SELECT-FROM-WHERE 语句称为一个查询块。将一个查询块嵌套在另一个查询块的 WHERE 子句，或者 HAVING 短语条件中的查询，称为子查询或嵌套查询，它允许用户根据另一个查询的结果检索数据。其中，外层的查询块叫做外部查询（或叫父查询），而内层的查询块叫做内部查询（或叫子查询）。

子查询的求解方法是由里向外处理，即每个子查询在其上一级查询处理前求解，子查询的结果用于建立其父查询的查询条件。

【例 5-57】 查询图书单价大于所有图书平均价格的图书信息。

该题目可以首先找到所有图书的平均价钱，然后找到单价比该平均价钱大的图书读者信息即可。所以，可以分步来完成此查询。

（1）确定所有图书的平均价钱。其语句如下：

```
SELECT AVG(单价)
FROM 图书;
```

结果为: 42.63。

（2）查询图书单价比该平均价格 42.63 大的图书读者信息。其语句如下：

```
SELECT *
FROM 图书
WHERE 单价>42.63;
```

分两步完成这个查询比较麻烦，实际上根据子查的定义，可以把第一步查询块嵌入到第二步查询块的 WHERE 子句中，替换 42.63，构造第二步查询的条件。其子查询 SQL 语句如下：

```
SELECT 图书编号,书名,单价
FROM 图书
WHERE 单价>SELECT AVG(单价)
FROM 图书;
```

需要注意的是，子查询构成父查询的条件时，一定要用小括号括起来。

【例 5-58】 查询和“李星月”学历一样的读者信息。

本题目可以首先找到“李星月”的学历，然后找到学历跟“李星月”相同的读者信息即可。根据上面例子的分析过程，可以用子查询实现，其语句如下：

```
SELECT *
FROM 读者
```

```
WHERE 学历=(SELECT 学历  FROM 读者 WHERE 姓名='李星月');
```

5.4 数据更新

一个数据库能否保持信息的正确性、及时性，很大程度上依赖于数据库更新功能的强弱与及时性。数据库的更新包括插入、删除、修改（也称为更新）三种操作。本节将分别讲述如何使用这些操作，以便有效地更新数据库。

5.4.1 插入数据

在 Access 和 SQL Server 中，可以在打开表的数据表视图和 Enterprise Manager 中，查看数据库表的数据时添加数据，但这种方式不能应付数据的大量插入，需要使用 INSERT 语句来解决这个问题。SQL 的数据插入语句 INSERT 通常有两种形式：一种是一次插入一个元组；另一种是插入子查询结果，后者可以一次插入多个元组。

1．插入单个元组

插入单个元组的 INSERT 语句的格式为：

```
INSERT INTO<表名>[(<属性列 1>[，<属性列 2>…])]
VALUES(<常量 1>[，<常量 2>]…);
```

其功能是将新元组插入指定表中。其中新记录属性列 1 的值为常量 1，属性列 2 的值为常量 2，……如果某些属性列在 INTO 子句中没有出现，则新记录在这些列上将取空值（NULL）。但必须注意的是，在表定义时说明了 NOT NULL 的属性列不能取空值，否则插入记录失败。如果 INTO 子句中没有指明任何列名，则新插入的记录必须在每个属性列上均有值，且指定的常量值顺序必需跟表中出现列的顺序保持一致，否则可能出错。

【例 5-59】将一本新书记录(图书编号：0520091009006；ISBN：780171300；书名：ACCESS 2013 实用教程；作者：张华；出版社：人民邮电出版社；出版年月：2008-11；图书类型：自然科学；单价：32.00；库存：10；图书简介：本书以案例形式对 ACCESS 的内容展开讲解)插入图书表。其语句如下：

```
INSERT INTO 图书
VALUES('0520091009023','780171300','ACCESS 2013 实用教程','张华','人民邮电出版社','2008-11','自然科学',32.00,10,'本书以案例形式对ACCESS的内容展开讲解');
```

2．通过子查询向表中插入多条数据

子查询不仅可以嵌套在 SELECT 语句中，用以构造父查询的条件，也可以嵌套在 INSERT 语句中，用以生成要插入的数据。插入子查询的 INSERT 语句语法如下：

```
INSERT INTO<表名>[(<属性列 1>[，<属性列 2>…])]
SELECT  [<属性列 1>[，<属性列 2>…]
FROM <表名>
[WHERE 子句]
[GROUP BY 子句]
[ORDER BY 子句];
```

其功能是把从子查询中得到的多条数据一次性插入表中，实现数据批量插入的功能。

【例 5-60】 对每一种学历，求读者人数，并把结果存入数据库。

对于这道题，首先要在数据库中建立有两个属性列的一个新表，其中一列存放学历名，另一列存放相应学历的人数。其语句如下：

```
CREATE TABLE 学历人数
  (学历  CHAR(15),
  人数  SMALLINT);
```

然后对数据库中的读者表按学历分组求个数，再把学历名和个数存入新表中。其语句如下：

```
INSERT INTO 学历人数(学历, 人数)
SELECT 学历, COUNT(学历)
FROM 读者
GROUP BY 学历;
```

5.4.2　修改数据

修改操作又称为更新操作，其语句的一般格式为：

```
UPDATE<表名>
SET <列名 1>=<表达式 1>[, <列名 2>=<表达式 2>]…
[WHERE<条件>];
```

其功能是修改指定表中满足 WHERE 子句条件的元组，其中 SET 子句用于指定修改方法，即用<表达式>的值取代相应的属性列值。如果省略 WHERE 子句，则表示要修改表中的所有元组。该语句在实现批量数据修改时非常有效。

1．修改某一个元组的值

【例 5-61】 将借书证号为 200910260001 的学历改为本科。其语句如下：

```
UPDATE 读者
SET 学历='本科'
WHERE 借书证号='200910260001';
```

2．修改多个元组的值

【例 5-62】 现在要将所有管理员的级别加 1。其语句如下：

```
UPDATE 管理员
SET 级别=级别+1;
```

3．带子查询的修改语句

因为 UPDATE 有 WHERE 子句，而 WHERE 子句后面可以跟子查询，所以子查询也可以嵌套在 UPDATE 语句中，用以构造执行修改操作的条件。

【例 5-63】 将学历为本科的读者借书的归还日期增加 5 天。其语句如下：

```
UPDATE 借阅
SET  归还日期=归还日期+5
WHERE 借书证号 IN(
SELECT 借书证号
FROM 读者
WHERE 学历='本科'
);
```

使用 UPDATE 语句时，关键一点就是要设定好用于进行判断的 WHERE 条件表达式。UPDATE 语句一次只能操作一个表，这会带来一些问题。例如，借书证号为 200910230002 的学生，因一些原因将借书证号改为 201010230002，由于读者表和借阅表都有关于 200910230002 的信息，因此两个表都需要修改。这种修改只能通过两条 UPDATE 语句进行，在执行了第一条 UPDATE 语句之后（要想能成功执行，需要把原表中主键、外键约束去掉），数据库中的数据已处于不一致状态，因为这时实际上已没有借书证号为 200910230002 的读者了，但借阅表中仍然记录着关于 200910230002 读者的借阅信息，即数据的参照完整性受到破坏。只有执行了第二条 UPDATE 语句之后，数据才重新处于一致状态。如果执行完一条语句之后，机器突然出现故障，无法再继续执行第二条 UPDATE 语句，则数据库中的数据将永远处于不一致状态。因此，必须保证这两条 UPDATE 语句，要么都做，要么都不做。为解决这一问题，数据库系统通常都引入了事务机制。另外，如果表间建立了关系，也可以通过级联更新实现。

在 Access 中设置级联更新的步骤如下。

（1）在图 5-13 中，双击读者表和借阅表间的连线，出现如图 5-13 所示的【编辑关系】窗口。

（2）在该窗口中选中【级联更新相关字段】复选框，单击【确定】按钮，即建立了读者表和借阅表之间的级联更新功能，这样，在对读者表中主键借书证号列值更新时，借阅表中借书证号列值将自动更新。

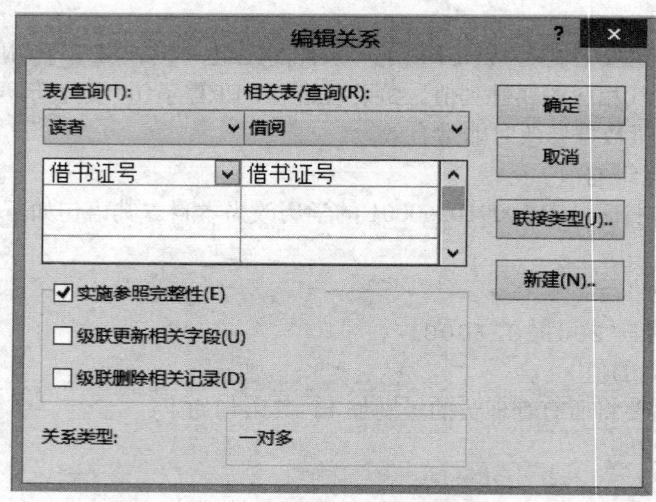

图 5-13 【编辑关系】窗口

5.4.3 删除数据

如果表中有多余数据，我们可以在打开表的时候手工删除数据，也可以用 SQL 语句删除数据。删除语句的一般格式为：

```
DELETE
FROM<表名>
[WHERE <条件>]
```

DELETE 语句的功能是从指定表当中删除满足 WHERE 子句条件的所有元组。如果省略 WHERE 子句，表示删除表中全部元组，但表的定义仍存在。也就是说，删除的是表中的数据，而不是表的定义。

1．删除某一个元组的值

【例 5-64】 删除借书证号为 200910230002 读者记录。其语句如下：

```
DELETE
FROM Student
WHERE 借书证号= '200910230002';
```

DELETE 操作也是一次只能操作一个表，因此同样会遇到 UPDATE 操作中提到的数据不一致问题。比如 08020 学生被删除后，有关他的选课信息也应同时删除，而这必须用一条独立的 DELETE 语句完成。在 Access 和 SQL Server 中，提供了级联删除的方法，通过建立外码的形式，设置级联删除，在删除一个表中数据的时候，相关表的信息被同时删除，或设置当有级联数据时不允许删除数据。具体设置参照图 5-13，选中【级联删除相关记录】复选框，即可实现级联删除功能。

2．利用子查询删除数据

子查询同样也可以嵌套在 DELETE 语句中，用以构造执行删除操作的条件。

【例 5-65】 删除姓名为李星月的读者的借阅信息。其语句如下：

```
DELETE
FROM 借阅
WHERE 借书证号 IN(
SELECT 借书证号
FROM 读者  WHERE 姓名='李星月');
```

习　题

一、选择题

1．SQL 的含义是________。

A．结构化查询语言　　B．数据定义语言

C．数据库查询语言　　D．数据库操纵与控制语言

2．SQL 的功能包括________。

A．查找、编辑、控制、操纵　　B．数据定义、查询、操纵、控制

C．窗体、视图、查询、页　　D．控制、查询、删除、增加

3．在 SQL 语言中，定义一个表的命令是________。

A．DROP TABLE　　B．ALTER TABLE

C．CREATE TABLE　　D．DEFINE TABLE

4．创建“学生（ID、姓名、出生日期）”表（ID 为关键字段）的正确 SQL 语句是________。

A．CREAT TABLE 学生([ID]integer;姓名]text;[出生日期]date,CONSTRAINT[indexl] PRIMARY KEY([ID])

B．CREAT TABLE 学生([ID]integer, [姓名]text, [出生日期]date,CONSTRAINT[indexl] PRIMARY KEY([ID])

C．CREAT TABLE 学生([ID]integer;[姓名 text],[出生日期, date],CONSTRAINT[indexl] PRIMARY KEY([ID])

D．CREAT TABLE 学生([ID]integer;姓名]text;[出生日期,date],CONSTRAINT[indexl] PRIMARY KEY(ID)

5．在 SQL 语言中，修改一个表结构的命令是________。

A．DROP TABLE　　B．ALTER TABLE

C．CREATE TABLE　　D．MODIFY TABLE

6．以下数据定义语句中能在已有表中添加新字段的是________。

A．CREATE TABLE　　B．ALTER TABLE

C．DROP　　D．CREATE INDEX

7．在 SQL 语言中，删除一个表的命令是_________。

A．DROP TABLE　　B．ALTER TABLE

C．CREATE TABLE　　D．DELETE TABLE

8．如果在创建表中建立字段“性别”，并要求用汉字表示，其数据类型应当是_________。

A.文本　　B．数字　　C．是/否　　D．备注

9．将表中的字段定义为______，其作用使字段中的每一个记录都必须是唯一的，以便于索引。

A．索引　　B．主键　　C．必填字段　　D．有效性规则

10．定义字段的默认值是指_________。

A．不得使字段为空

B．不允许字段的值超出某个范围

C．在未输入数值之前,系统自动提供数值

D．系统自动把小写字母转换为大写字母

11．在 SQL 查询中使用 WHERE 子句指出的是_______。

A．查询目标　　B．查询结果　　C．查询视图　　D．查询条件

12．若要查询成绩为 60～80 分之间(包括 60 分,不包括 80 分)的学生的信息，成绩字段的查询准则应设置为_________。

A．>60 or <80　　B．>=60 And <80　　C．>60 and <80　　D．IN(60,80)

13．若要使用 SQL 语句在学生表中查找所有姓“李”的同学的信息，可以在 WHERE 子句输入________。

A．姓名 like "李"　　B．姓名 like "李*"

C．姓名= "李"　　D．姓名= "李*"

14．在 SQL 语句中，如果检索要去掉重复组的所有元组，则应在 SELECT 中使用________。

A．All　　B．UNION　　C．LIKE　　D．DISTINCT

15．在 SQL 的 SELECT 语句中，用于实现分组运算的是________。

A．WHERE　　B．FROM　　C．ORDER BY　　D．GROUP BY

16．有 SQL 语句：SELECT * FROM 教师 WHERE 性别="女" AND YEAR(工作时间)<2000,该查询要查找的是_______。

A．性别为“女”并且 2000 年以前参加工作的记录

B．性别为“女”并且 2000 年以后参加工作的记录

C．性别为“女”或者 2000 年以前参加工作的记录

D．性别为“女”或者 1980 年以后参加工作的记录

17．用 SQL 语言描述“在教师表中查找男教师的全部信息”,以下描述正确的是________。

A．SELECT FROM 教师表 IF(性别="男")

B．SELECT 性别 FROM 教师表 IF(性别="男")

C．SELECT * FROM 教师表 WHERE (性别="男")

D．SELECT * FROM 性别 WHERE (性别="男")

18．下列 SELECT 语句语法正确的是___________。

A．SELECT*FROM'教师表'WHERE='男'

B．SELECT*FROM'教师表'WHERE 性别=男

C．SELECT*FROM 教师表 WHERE=男

D．SELECT*FROM 教师表 WFERE 性别='男'

19．假设某数据表中有一个姓名字段，查找姓名不是张三的记录的准则是________。

A．Not"张三*"　　B．Not"张三"　　C．Like"张三"　　D．"张三"

20．假设某数据库表中有一个工作时间字段，查找 15 天前参加工作的记录的准则是__________。

A．=Date( )-15　　B．<DATE(　)-15　　C．>Date( )-15　　D．<=Date( )-15

21．假设某数据库表中有一个工作时间字段，查找 20 天之内参加工作的记录的准则是_________。

A．Between Date( )Or Date( )-20　　B．Date( )-20

C．Between Date( )And Date( )-20　　D．<DATE( )-20

22．合法的表达式是_________。

A．教师编号 between100000And200000

B．[性别]="男"or[性别]="女"

C．[基本工资]>=1000[基本工资]<=10000

D．[性别]Like"男"=[性别]="女"

23．有 SQL 语句：SELECT * FROM 教师 WHERE NOT(工资>3000 OR 工资<2000)，与此语句等价的 SQL 语句是___________。

A．SELECT * FROM 教师 WHERE 工资 BETWEEN 2000 AND 3000

B．SELECT*FROM 教师 WHERE 工资 >2000 AND 工资<3000

C．SELECT*FROM 教师 WHERE 工资>2000 OR 工资<3000

D．SELECT*FROM 教师 WHERE 工资<=2000 AND 工资>=3000

24．修改数据库记录的 SQL 命令是__________。

A．UPDATE　　B．ALTER　　C．CREATE　　D．SELECT

25．删除数据记录的 SQL 命令是__________。

A．DELETE　　B．DROP　　C．ALTER　　D．SELECT

二、填空题

1．SQL 按其功能可分为三大部分：数据定义语言、数据操纵语言和___________语言。

2．创建一个表“stu”，用______命令。

3．在建立好数据库的表后，有时需要对表的结构进行修改，用__________语句可以对表的结构及其约束进行修改。

4．在 SELECT 命令中，____________子句可根据字段类别汇总函数处理查询结果。

5．将查询结果以某字段或运算值数据排序条件的子句是__________。

6．在 SQL 语句中，分组用于______子句，排序用于________子句。

7．查询“学生表”中男生年龄大于 20 的学生信息，SQL 语句为______________________。

8．查询借书数量超过 6 本的读者的借书证号，SQL 语句为__________________________。

9．在汇总函数中，求总和的函数名称是______，求平均值的函数名称是______，求最小值的函数名称是______，求最大值的函数名称是________。

10．在汇总函数中，传回非 NULL 值的字段数目的函数名称是_________。

11．在 WHERE 子句中限制条件，判断列值是否满足指定的空间，使用________AND 子句。

12．在 WHERE 子句中，使用________作为匹配模式。

三、简答题

1．SQL 的英文全称和中文翻译各是什么？

2．简述 SQL 语言的主要特点及功能。

3．试说明索引的概念以及为什么要使用索引。

4．简述子查询的步骤。

5．简述 SELECT 语句的语法格式。

第6章　窗体设计及高级应用

【学习要点】

➢ Access 2013 中窗体的构成与作用；
➢ 利用向导创建窗体；
➢ 在设计视图中如何设计窗体；
➢ 窗体中控件对象的使用；
➢ 窗体及控件的属性设置与事件的设计方法。

【学习目标】

窗体作为人机交互的一个重要接口，是 Access 2013 数据库中功能最强的对象之一，数据的使用与维护大多数是通过窗体来完成的。本章主要介绍窗体的基本知识，包括窗体的基本概念、使用向导创建窗体、使用设计器创建窗体、弹出式窗体，以及控件工具箱的使用等内容。

6.1　窗体基础知识

窗体是 Access 2013 数据库中的一个非常重要的对象，同时也是最复杂和灵活的对象。通过窗体用户可以方便地输入数据、编辑数据、显示统计和查询数据，它是人机交互的窗口。窗体的设计最能展示设计者的能力与个性，好的窗体结构能使用户方便地进行数据库操作。此外，利用窗体可以将整个应用程序组织起来，控制程序流程，形成一个完整的应用系统。

在 Access 2013 中，窗体具有可视化的设计风格，由于使用了数据库引擎机制，可将数据表捆绑于窗体。

6.1.1　窗体的概念与作用

窗体是在可视化程序设计中经常提及的概念，实际上窗体就是程序运行时的 Windows 窗口，在应用系统设计时称为窗体。

窗体的作用是提供给用户进行操作，是用户与 Access 2013 应用程序之间的主要操作接口，开发数据库应用系统，就必须制作窗体。

对用户而言，窗体是操作应用系统的界面，根据菜单或按钮提示，用户可以进行业务流程操作。不论数据处理系统的业务性质如何不同，必定都有一个主窗体，提供系统的各种功能，用户通过选择不同操作，可以进入下一步操作的界面，完成操作后返回主窗体。窗体的主要特点与作用如下。

1．显示与编辑数据

该功能是窗体最普遍的应用，可以通过窗体录入、修改、删除数据表中的数据。例如，图 6-1 所示为“图书”窗体。

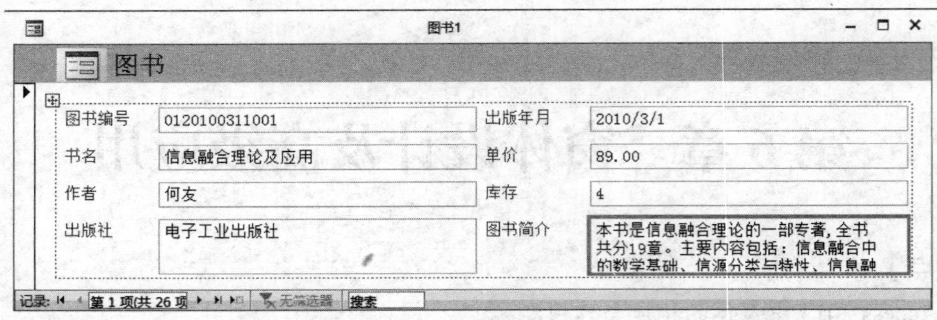

图 6-1 “图书”窗体

2．显示提示信息

用于显示提示、说明、错误、警告等信息，帮助用户进行操作。

6.1.2 窗体构成

窗体通常由窗体页眉、窗体页脚、页面页眉、页面页脚和主体 5 部分组成，每一部分称为窗体的“节”，除主体节外，其他节可通过设置确定有无，但所有窗体必有主体节，其结构如图 6-2 所示。

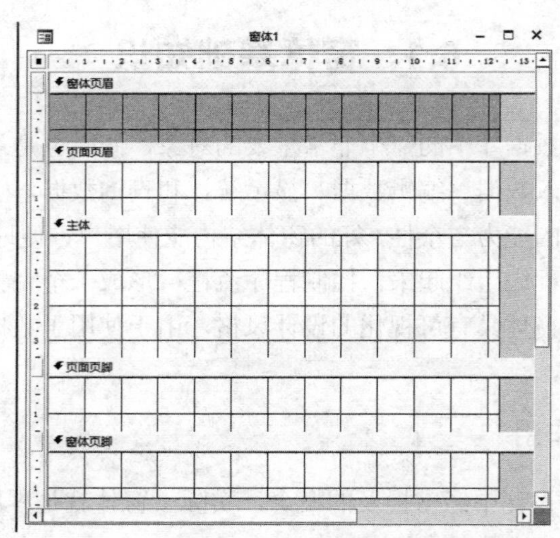

图 6-2 窗体的结构

① 窗体页眉：位于窗体的顶部位置，一般用于显示窗体标题、窗体使用说明或放置窗体任务按钮等。

② 页面页眉：只显示在应用于打印的窗体上，用于设置窗体在打印时的页头信息，例如，标题、图像、列标题以及用户要在每一打印页上方显示的其他内容。

③ 主体：是窗体的主要部分，绝大多数的控件及信息都出现在主体节中，通常用来显示记录数据，是数据库系统数据处理的主要工作界面。

④ 页面页脚：用于设置窗体在打印时的页脚信息，例如，日期、页码等用户要在每一打印页下方显示的内容。由于窗体设计主要应用于系统与用户的交互接口，通常在窗体设计时很少考虑页面页眉和页面页脚的设计。

⑤ 窗体页脚：功能与窗体页眉基本相同，位于窗体底部，一般用于显示对记录的操作说明、设置命令按钮。

需要说明的是：窗体在结构上由以上五部分组成，在设计时主要使用标签、文本框、组合框、列表框、命令按钮、复选框、切换与选项按钮、选项卡、图像等控件对象，以设计出面向不同应用与功能的窗体。

6.1.3　窗体类型

Access 2013 窗体有多种分类方法，根据窗体的功能和布局方式，可把窗体分为不同的类型。

1．按功能划分

（1）数据操作窗体：主要对表或查询中的数据进行查看、显示、输入、编辑等操作，如图 6-3 所示。

（2）控制窗体：主要用来控制、操作应用程序的流程，如打开其他窗体或数据表等，通过选项卡、选项按钮、命令按钮等控件实现，如图 6-4 所示。

图 6-3　数据操作窗体

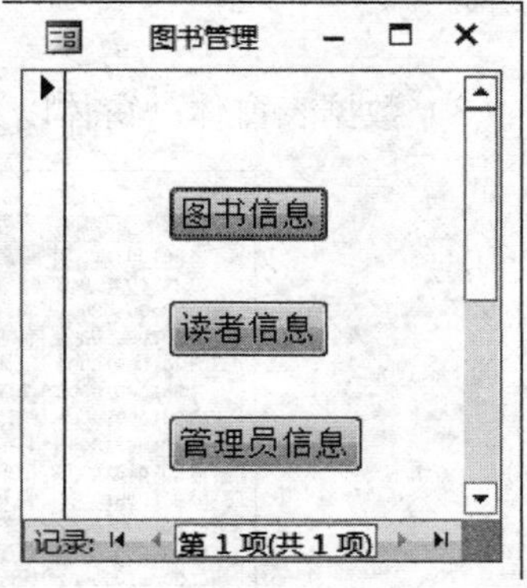

图 6-4　控制窗体

（3）自定义窗体：由用户定义的各种信息交互式窗体，用来接收用户的输入、显示系统运行结果等。它可以是系统自动生成，也可以是用户定义的，如图 6-5 所示。

2．按布局划分

（1）纵栏式窗体：在窗体中只显示一条记录，每个字段分两列，第一列显示字段名，第二列显示字段值，如图 6-6 所示。

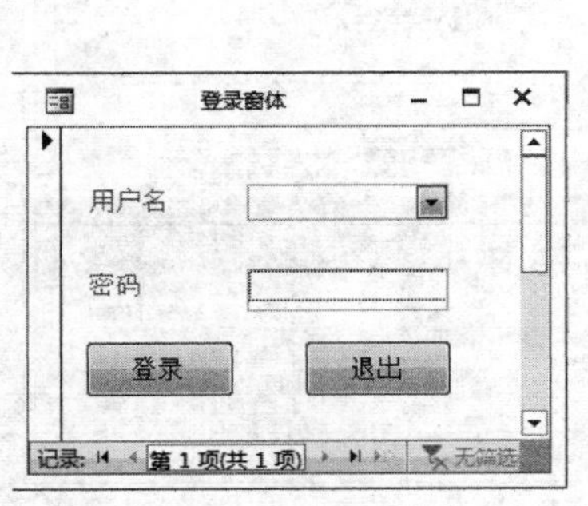

图 6-5　自定义窗体

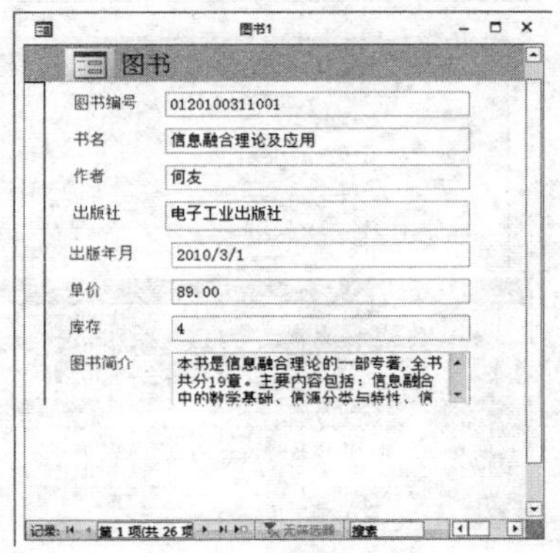

图 6-6　纵栏式窗体

（2）表格式窗体：窗体以表格形式显示多条记录，一条记录占一行，字段标题显示在顶部，如图 6-7 所示。

图书信息

图书编号	书名	作者	出版社	单价
0120100311001	信息融合理论及应用	何友	电子工业出版社	89.00
0120100311002	信号与信息	胡来招	电子工业出版社	19.80
0120100408001	3ds max 2010中文版实训教程	张聪品	电子工业出版社	29.80
0120100910001	科学技术史（第2版）	王玉仓	中国人民大学出版社	38.00
0120100910002	流体力学（第二版）	刘鹤年	建筑工业出版社	27.00
0120100910003	海陆的起源	魏格纳	北京大学出版社	34.00
0120100910004	统计学-(第三版)	贾俊平	人民大学出版社	33.00
0120100910005	科学简史	林成滔	中国友谊出版公司	32.00
0120100910006	组织工程方法	兰扎	化学工业出版社	165.00
0220100910001	春天的故事	王浅	中国文联出版公司	29.80
0220100910002	他的国	韩寒	万卷出版公司	25.00
0220100910003	美丽的战争	姜琍敏	中国文联出版公司	18.00

记录: 第 1 项(共 26 项 无筛选器 搜索

图 6-7　表格式窗体

（3）数据表窗体：窗体以数据表形式显示多条记录，一条记录占一行，如图 6-8 所示。

图书

图书编号	书名	作者	出版社	单价
0120100311001	信息融合理论及应用	何友	电子工业出版社	89.00
0120100311002	信号与信息	胡来招	电子工业出版社	19.80
0120100408001	3ds max 2010中文版实训教程	张聪品	电子工业出版社	29.80
0120100910001	科学技术史（第2版）	王玉仓	中国人民大学出版社	38.00
0120100910002	流体力学（第二版）	刘鹤年	建筑工业出版社	27.00
0120100910003	海陆的起源	魏格纳	北京大学出版社	34.00
0120100910004	统计学-(第三版)	贾俊平	人民大学出版社	33.00
0120100910005	科学简史	林成滔	中国友谊出版公司	32.00
0120100910006	组织工程方法	兰扎	化学工业出版社	165.00
0220100910001	春天的故事	王浅	中国文联出版公司	29.80
0220100910002	他的国	韩寒	万卷出版公司	25.00
0220100910003	美丽的战争	姜琍敏	中国文联出版公司	18.00
0320091009001	国际政治学概论(21世纪国际	宋新宁	人民大学出版社	22.00
0320091009002	两岸外交战-美国因素的国际	黄嘉树	人民大学出版社	28.00
0320091009003	毛泽东职业教育思想论	徐家林	社会科学文献出版社	55.00
0320091009004	马克思学说中人的概念	李云峰	人民出版社	23.00
0420100910001	现代企业管理导论	孙义敏	机械工业出版社	36.00
0420100910002	经济学中的事实与虚构	迈凯	上海人民出版社	35.00
0420100910003	税收学	杨斌	科学出版社	56.00
0420100910004	基金入门与技巧	吴明	中国经济出版社	32.00

记录: 第 1 项(共 26 项 无筛选器 搜索

图 6-8　数据表窗体

（4）分割窗体：同时提供数据的窗体视图和数据表视图，并保持同步，如图 6-9 所示。

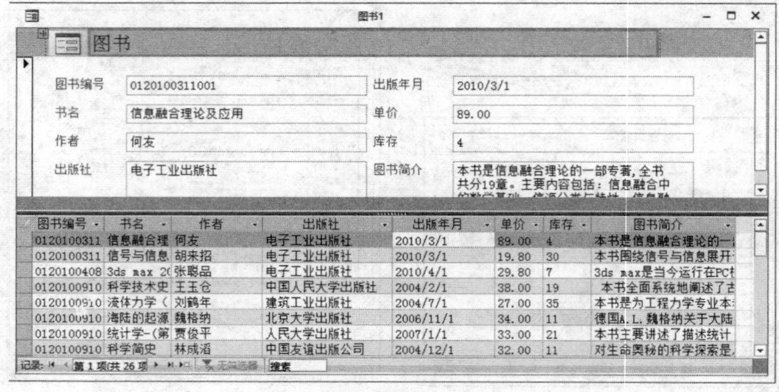
图书1

图书

图书编号	0120100311001	出版年月	2010/3/1
书名	信息融合理论及应用	单价	89.00
作者	何友	库存	4
出版社	电子工业出版社	图书简介	本书是信息融合理论的一部专著，全书共分19章。主要内容包括：信息融合中

图书编号	书名	作者	出版社	出版年月	单价	库存	图书简介
0120100311	信息融合理	何友	电子工业出版社	2010/3/1	89.00	4	本书是信息融合理论的一
0120100311	信号与信息	胡来招	电子工业出版社	2010/3/1	19.80	30	本书围绕信号与信息展开
0120100408	3ds max 2(	张聪品	电子工业出版社	2010/4/1	29.80	7	3ds max是当今运行在PC
0120100910	科学技术史	王玉仓	中国人民大学出版社	2004/2/1	38.00	19	本书全面系统地阐述了古
0120100910	流体力学（	刘鹤年	建筑工业出版社	2004/7/1	27.00	35	本书是为工程力学专业本
0120100910	海陆的起源	魏格纳	北京大学出版社	2006/11/1	34.00	11	德国A.L.魏格纳关于大陆
0120100910	统计学-(第	贾俊平	人民大学出版社	2007/1/1	33.00	21	本书主要讲述了描述统计
0120100910	科学简史	林成滔	中国友谊出版公司	2004/12/1	32.00	11	对生命奥秘的科学探索是

记录: 第 1 项(共 26 项 无筛选器 搜索

图 6-9　分割窗体

（5）图表窗体：Access 2013 提供了多种图表，包括折线图、柱形图、饼图、圆环图、面积图、三维条型图等，可以单独使用图表窗体，也可以将它嵌入到其他窗体中作为子窗体。

（6）主/子窗体：窗体中的窗体称为子窗体，包含子窗体的窗体称为主窗体。通常用于显示多个表或查询的数据；这些表或查询中的数据具有一对多的关系。主窗体显示为纵栏式的窗体，子窗体可以显示为数据表窗体，也可以显示为表格式窗体。子窗体中可以创建二级子窗体。

6.1.4　窗体视图

窗体视图是窗体在具有不同功能和应用范围下呈现的外观表现形式。表和查询有两种视图：设计视图和数据表视图；窗体有 3 种视图：设计视图、窗体视图和数据表视图。

设计视图是创建窗体或修改窗体的窗口，任何类型的窗体均可以通过设计视图来完成创建。在窗体的设计视图中，可直观地显示窗体的最终运行格式，设计者可利用控件工具箱向窗体添加各种控件，通过设置控件属性、事件代码处理，完成窗体功能设计；通过格式工具栏中的工具，完成控件布局等窗体格式设计。在设计视图中创建的窗体，可在窗体视图和数据表视图中进行结果查看。

窗体视图就是窗体运行时的显示格式，用于查看在设计视图中所建立窗体的运行结果。在窗体设计过程中，需要在两种视图之间不断进行切换，以完善窗体设计。

数据表视图是以行和列的格式显示表、查询或窗体数据的窗口。在数据表视图中，可以编辑、添加、修改、查找或删除数据。

6.2　创建窗体

在 Access 2013 中，窗体创建大致有 3 种方法，分别为自动创建窗体、利用窗体向导创建窗体和使用设计视图创建窗体。自动创建创建和利用窗体向导创建窗体，是在系统的引导下完成的；使用设计视图创建窗体，则需要根据用户的需求自行进行设计。

6.2.1　自动创建窗体

1．使用“窗体”按钮创建窗体

【例 6-1】 使用“图书管理”数据库中“图书”表，创建“图书”窗体。

操作步骤如下。

（1）打开“图书管理”数据库，在左侧“导航窗格中”选定“图书”表。

（2）单击“创建”选项卡下“窗体”组中的“窗体”按钮，即可创建“图书”窗体，如图 6-10 所示。

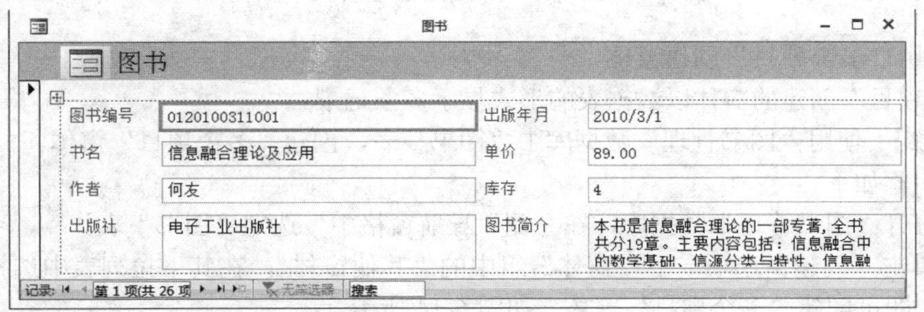

图 6-10　“图书”窗体

（3）单击“保存”按钮，在弹出的“另存为”对话框中，输入窗体的名称“图书”，单击“确定”按钮即可保存窗体。

创建窗体时，在“布局视图”中有“窗体布局工具”选项卡，在“设计视图”中有“窗体设计工具”选项卡，这两个选项卡的功能基本相同，分别包含“设计”、“排列”、“格式”3 个子选项卡。

下面以“窗体布局工具”选项卡为例介绍其相关功能。

（1）“设计”子选项卡　“设计”子选项卡主要用于窗体的设计，如主题设计、添加控件、添加页眉页脚、设置窗体属性等，如图 6-11 所示。

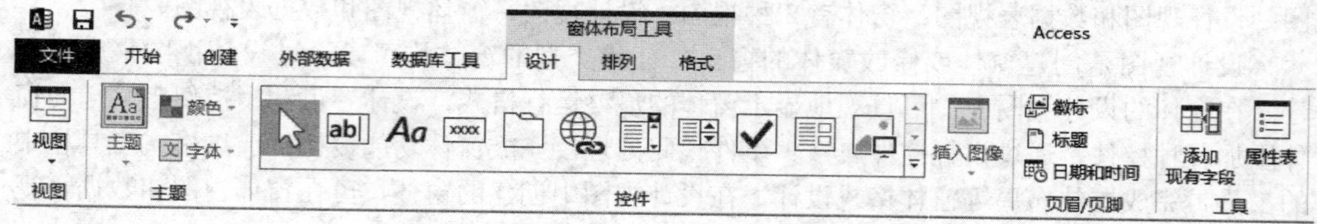

图 6-11　“设计”子选项卡

（2）“排列”子选项卡　“排列”子选项卡主要用于窗体的布局，如表的布局、合并/拆分、移动等，如图 6-12 所示。

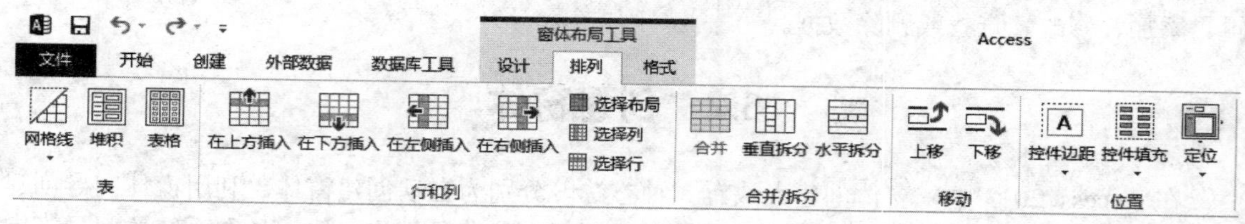

图 6-12　“排列”子选项卡

（3）“格式”子选项卡　“格式”子选项卡主要用于设置窗体中对象的格式，如窗体中对象的字体、颜色、数字格式、背景等。如图 6-13 所示。

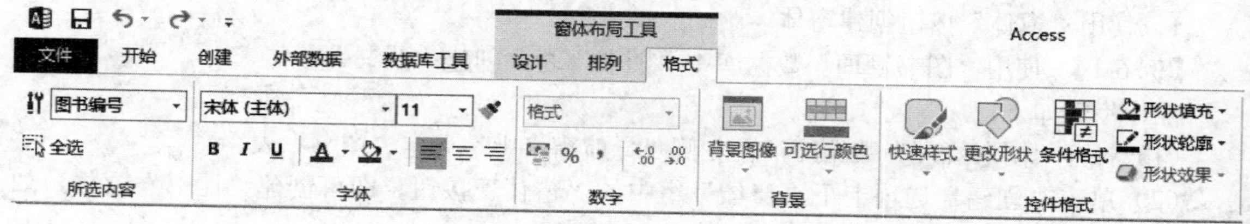

图 6-13　“格式”子选项卡

2．使用“多个项目”创建窗体

“多个项目”创建的窗体以数据表的形式显示多条记录。

【例 6-2】　使用“图书管理”数据库中“图书”表，创建“多个项目”窗体。

操作步骤如下。

（1）打开“图书管理”数据库，在左侧“导航窗格中”选定“图书”表。

（2）单击“创建”选项卡下“窗体”组中的“其他窗体”，在其下拉列表中选择“多个项目”按钮，即可创建“多个项目”窗体，如图 6-14 所示。

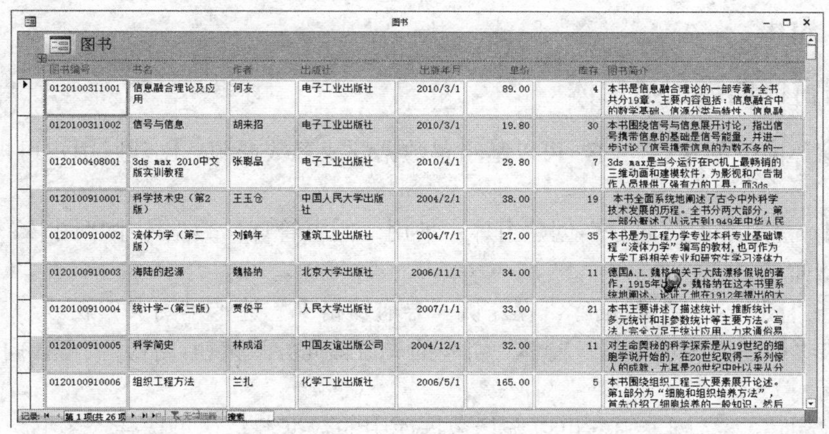

图 6-14 “多个项目”窗体

（3）单击“保存”按钮，在弹出的“另存为”对话框中，输入窗体的名称，单击“确定”按钮即可保存窗体。

3．使用“分割窗体”创建窗体

“分割窗体”创建的窗体分为上下两部分，上半部分以单个记录形式显示数据，用于编辑查看；下半部分以表格形式显示数据，可以浏览查看所有数据。

【例 6-3】 使用“图书管理”数据库中“图书”表，创建“分割窗体”。

操作步骤如下。

（1）打开“图书管理”数据库，在左侧“导航窗格中”选定“图书”表。

（2）单击“创建”选项卡下“窗体”组中的“其他窗体”，在其下拉列表中选择“分割窗体”按钮，即可创建“分割窗体”，如图 6-15 所示。

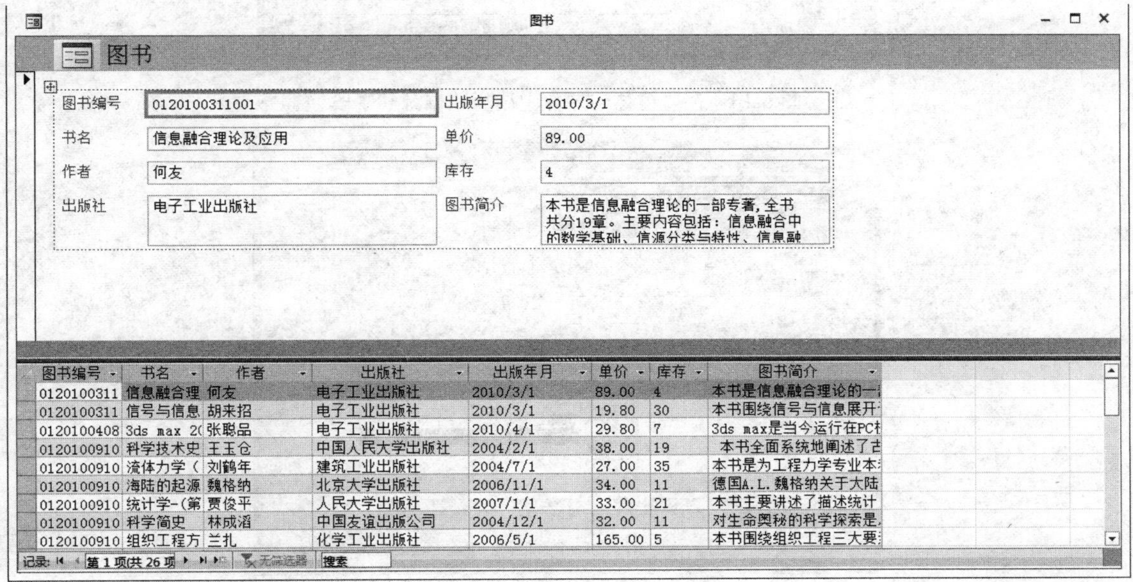

图 6-15　分割窗体

（3）单击“保存”按钮，在弹出的“另存为”对话框中，输入窗体的名称，单击“确定”

按钮即可保存窗体。

6.2.2 使用窗体向导创建窗体

在使用窗体向导创建窗体时，可以基于单数据源或多数据源。创建时用户可根据需要选择表中的字段。

【例 6-4】 使用“窗体向导”创建窗体：使用“图书管理”数据库中“图书”表。

操作步骤如下。

（1）打开“图书管理”数据库，在左侧“导航窗格中”选定“图书”表。

（2）单击“创建”选项卡下“窗体”组中的“窗体向导”按钮，打开“窗体向导”对话框，如图 6-16 所示。

在“表/查询”下拉列表中，可以选择数据库中的数据源，这里选择“图书”表。“可用字段”里列出了所选“图书”表的所有可用字段。

（3）使用 > >> < << 按钮，选择所需字段，如图 6-17 所示。

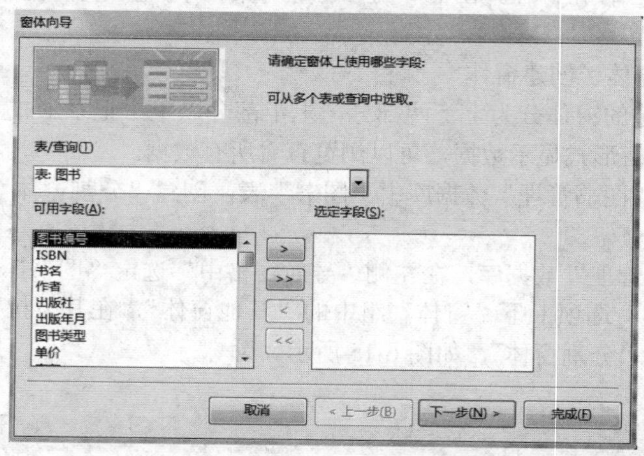

图 6-16 在“窗体向导”中选择数据源和字段

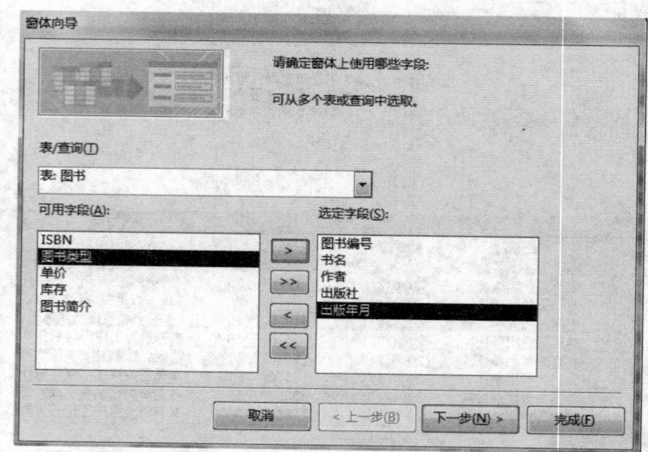

图 6-17 选择字段

（4）单击“下一步”按钮，在此对话框中选择窗体使用的布局，这里选择第一个“纵栏表”，如图 6-18 所示。

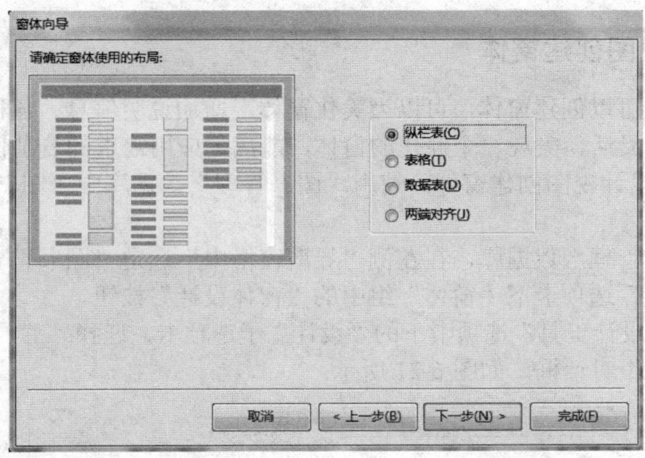

图 6-18　选择窗体使用的布局

（5）单击“下一步”按钮，在此对话框中为窗体输入指定标题。窗体创建完成后，如果需要打开窗体查看或输入数据，请选择“打开窗体查看或输入信息”；如果要修改窗体设计，请选择“修改窗体设计”。这里选择“打开窗体查看或输入信息”，如图 6-19 所示。

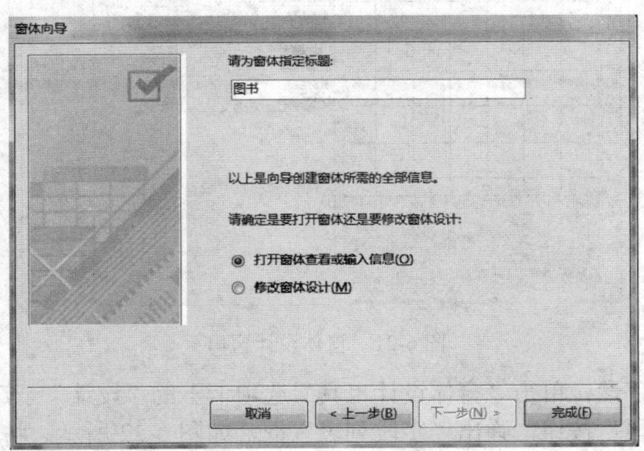

图 6-19　为窗体指定标题

（6）单击“完成”按钮，创建的窗体如图 6-20 所示。

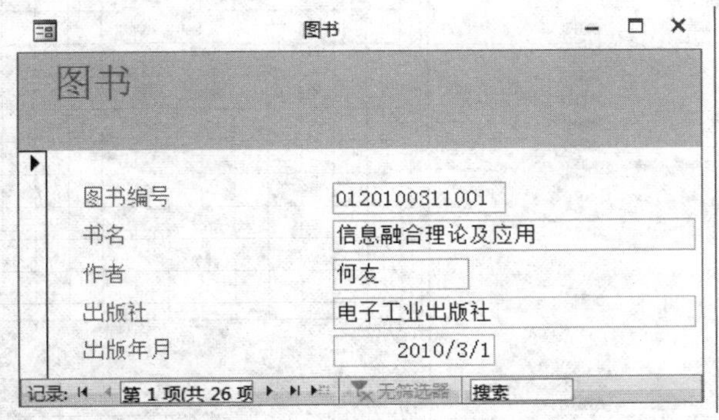

图 6-20　用“窗体向导”创建的窗体

6.2.3 使用设计视图创建窗体

使用设计视图也可以创建窗体，可以为美化窗体，增加说明信息、各种按钮等。所以使用设计视图可以创建出灵活、美观、个性化的窗体，能满足应用需求的复杂性和多样性。

【例 6-5】 使用设计视图创建窗体：使用“图书管理”数据库中“图书”表。

操作步骤如下。

（1）打开“图书管理”数据库，在左侧“导航窗格中”选定“图书”表。

（2）单击“创建”选项卡下“窗体”组中的“窗体设计”按钮。

（3）单击“窗体设计工具”选项卡下的“设计”子选项卡，选择“工具”组中的“属性表”按钮，打开“属性表”对话框，如图 6-21 所示。

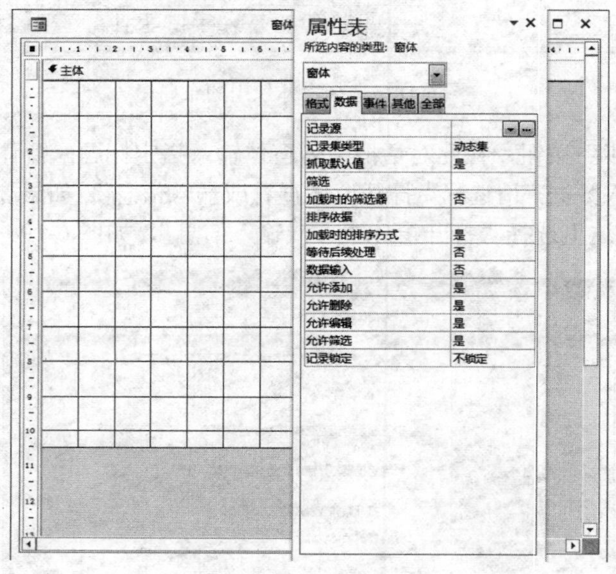

图 6-21 窗体设计窗口

（4）在窗体添加字段，单击“窗体设计工具”选项卡下的“设计”子选项卡，选择“工具”组中的“添加现有字段”按钮，弹出“字段列表”框，如图 6-22 所示。将“字段列表”框中的字段拖入窗体，如图 6-23 所示。

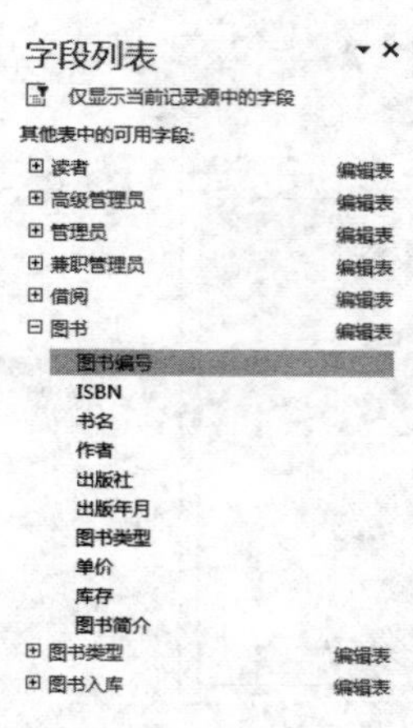

图 6-22 字段列表框

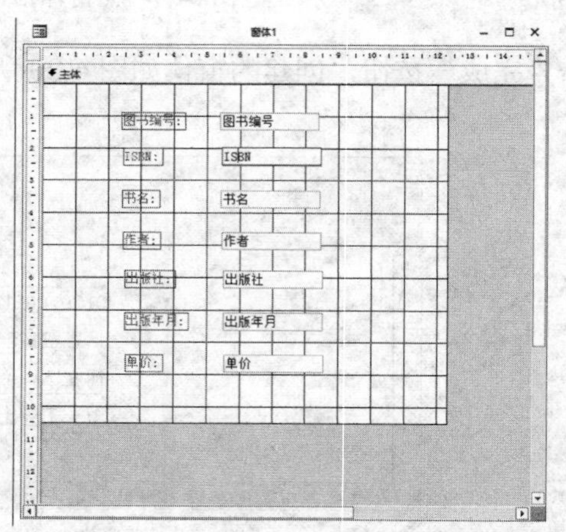

图 6-23 向窗体中添加字段

（5）切换到窗体视图查看窗体的设计效果，若需修改，可切换到窗体设计视图。

（6）单击“保存”按钮，在弹出的“另存为”对话框中，输入窗体的名称，单击“确定”按钮即可保存窗体，如图 6-24 所示。

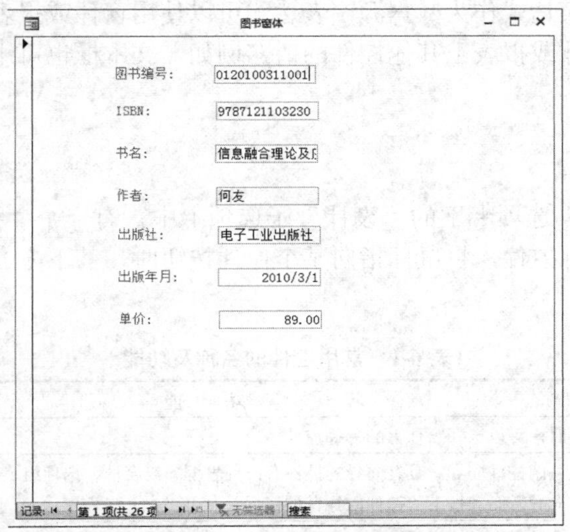

图 6-24　用“设计视图”创建的窗体

6.3　窗体常用控件及应用

利用上节介绍的“自动创建窗体”、“窗体向导”和“设计视图创建窗体”等向导工具，可以创建多种窗体，但这只能满足一般的显示与功能要求。由于应用程序的复杂性和功能要求的多样性，使用向导所创建的窗体，在实际应用中并不能很好地满足要求，而且有一些类型的窗体用向导无法创建。

控件是放置在窗体中的图形对象，自定义窗体中的所有内容都是通过控件来实现的，主要用于输入数据、显示数据和控制程序执行。

在窗体的设计视图中，利用工具箱可以向窗体添加各种控件；利用属性窗口可以设置控件的属性、定义窗体及控件的各种事件过程、修改窗体的外观。窗体设计的核心即是控件对象设计。

打开窗体的设计视图后，在功能区会出现“窗体设计工具”选项卡，在“窗体设计工具”选项卡下有“设计”、“排列”、“格式”三个子选项卡。其中“设计”子选项卡主要用于窗体的设计，包括视图、主题、控件、页眉页脚、工具 5 个选项组。控件组中包含了窗体设计所需的全部控件。使用控件，必须先将控件添加到窗体中，然后通过属性设置，将控件和数据表、字段进行绑定。

6.3.1　控件类型

控件是窗体或报表上用于装饰窗体，显示数据或执行操作的对象。在窗体中添加的每一个对象都是控件。根据应用的类型，控件可划分为结合型、非结合型与计算型。

（1）结合型控件也称绑定控件，有数据源，主要用来显示、输入及更新数据表中的字段，例如文本框、组合框、列表框等控件，可作为结合型控件使用。

（2）非结合型控件也称未绑定控件，没有数据源，主要用来显示提示信息、线条、矩形及图像，例如标签、线条、矩形及图像等控件。

（3）计算型控件以表达式作为数据源，表达式可以使用窗体或报表所引用的表或查询中的字段数据，也可以是窗体或报表上其他控件的值，例如，文本框也可用来作为计算控件使用，用于显示“合计”值等。

6.3.2 常用控件

在“窗体设计工具”选项卡下的“设计”子选项卡中，有一个“控件”组。“控件”组中有创建窗体时所需的各种控件，将鼠标指向某个控件按钮时，其下方会显示该控件的名称。控件如表 6-1 所示。

表 6-1 常用控件的名称及功能

控 件 名 称	功 能
选择对象	此按钮按下时，可以选择窗体上的各种控件
控件向导	用于打开或关闭控件向导。具有向导的控件有：列表框、组合框、选项组、命令按钮、图表、子窗体。要使用这些控件的向导，必须按下“控件向导”按钮
标签	用来显示说明性文本的控件，如窗体上的标题或指示文字。在创建其他控件时，Access 2013 将自动为其添加附加标签
文本框	用来显示、输入或编辑窗体的基础记录源数据，显示计算结果，或者接受输入的数据
选项组	与复选框、选项按钮或切换按钮搭配使用，用于显示一组可选值，只选择其中一个选项。如用选项按钮指定性别为男或女
切换按钮	此按钮可用于：作为结合到“是/否”字段的独立控件，或作为接收用户在自定义对话框中输入数据的非结合控件，或者作为选项组的一部分；切换按钮只有两种可选状态
选项按钮	选项按钮只能在多种可选状态中选择一种，其他同“切换按钮”
复选框	与“选项按钮”作用相同
组合框	该控件结合了文本框和列表框的特性，即在组合框中直接输入文字，或在列表中选择输入项，然后将所做选择添加到所基于的字段中
列表框	显示可滚动的数值选项列表。从列表中选择时将改变所基于的字段值
命令按钮	用来完成各种操作，一般与宏或代码连接，单击时执行相应的宏或代码
图像	用来在窗体中显示静态图片。静态图片不是 OLE 对象，一旦添加到窗体中就无法对其进行编辑
未绑定对象	用来在窗体中显示 OLE 对象，不过此对象与窗体所基于的表或查询无任何联系，其内容并不随着当前记录的改变而改变
绑定对象	用来在窗体中显示 OLE 对象，如“人事管理”数据库中人员的照片可保存在一个单独的字段中，利用该控件显示人员照片，当改变当前记录时，该对象随之更新
分页符	通过插入分页符控件，在打印窗体上开始一个新页
选项卡控件	用来创建多页的选项卡对话框。选项卡控件上可以添加其他类型的控件
子窗体/报表	用来显示来自多表的数据
直线	用来向窗体中添加直线，通过添加直线可突出显示某部分内容
矩形	用于将相关的一组控件或其他对象组织到一起以突出显示
其他控件	用于向窗体中添加 AetiveX 控件

6.3.3 向窗体中添加控件

控件是窗体设计的主要对象，其功能主要用于显示数据和执行操作。

在以上几节中主要介绍了窗体常用控件，本节将继续通过“图书”窗体，说明窗体及控件的使用及功能按钮的设计方法。

1．命令按钮

命令按钮是用于接受用户操作指令、控制程序流程的主要控件之一，用户可以通过它指示 Access 2013 进行特定的操作。命令按钮响应用户的特定动作，这个动作触发一个事件操作，该事件操作可以是一段程序或对应一些宏，用于完成特定的任务。

使用向导可方便地创建数据编辑、处理等常用功能的命令按钮，用户不必自写处理代码，但处理功能较弱。

【例 6-6】 通过向导创建“图书”窗体的命令按钮。

主要操作步骤如下。

（1）打开“图书”窗体的“设计视图”。

（2）在“窗体设计工具”选项卡下“设计”子选项卡中，单击“工具”组中的“属性表”按钮，打开窗体“属性表”对话框，单击“格式”选项卡，在“导航按钮”列表框中选择“否”，从而隐藏系统默认的窗体记录浏览按钮，如图 6-25 所示。

图 6-25　窗体“属性表”对话框

（3）单击“控件”组中的“命令按钮”控件，在窗体需要放置命令按钮的位置单击一下，打开“命令按钮向导”第一步。在对话框的“类别”列表框中，选择“记录导航”，然后在对应的“操作”列表框中选择“转至下一项记录”，如图 6-26 所示。

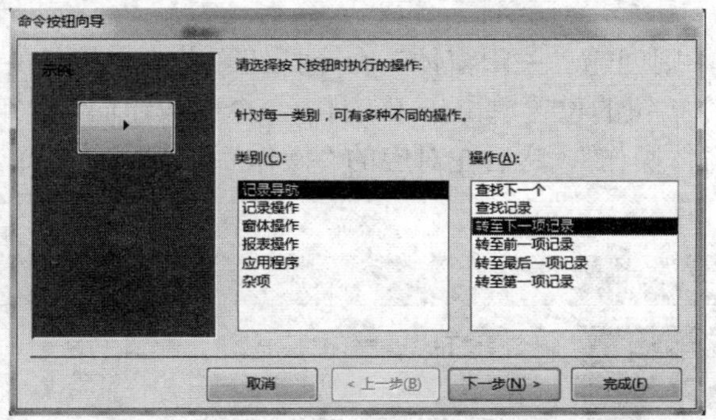

图 6-26　“命令按钮向导”对话框之一

（4）单击“下一步”按钮，弹出“命令向导按钮”第二步。若要在按钮上显示文本，选择“文本”选项，在文本框中输入“下一项记录”，如图 6-27 所示。

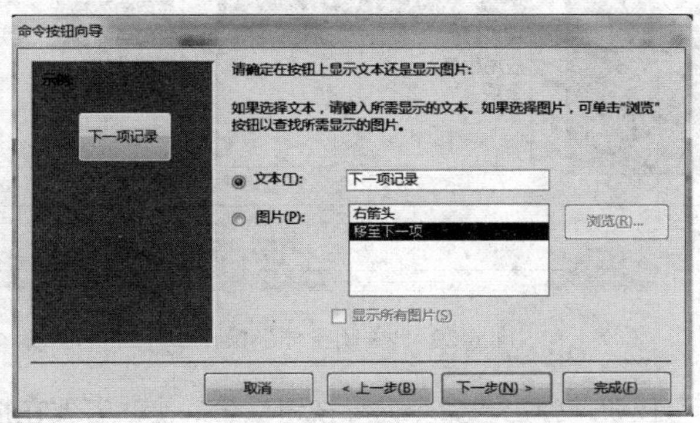

图 6-27 “命令按钮向导”对话框之二

（5）单击“下一步”按钮，弹出“命令向导按钮”第三步。在此对话框中输入命令按钮的名称，这里输入“下一项记录”，如图 6-28 所示。

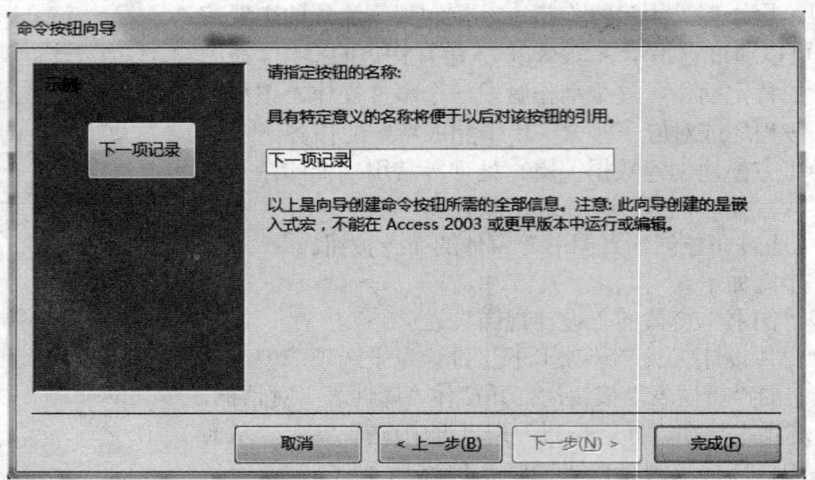

图 6-28 “命令按钮向导”对话框之三

（6）单击“完成”按钮，“下一项记录”命令按钮完成。

（7）其他功能的命令按钮，如“转至前一项记录”、“转至第一项记录”、“转至最后一项记录”创建方法与此相同。

（8）若要退出窗体，则创建“关闭窗体”命令按钮。单击“控件”组中的“命令按钮”控件，在窗体需要放置命令按钮的位置单击一下，打开“命令按钮向导”第一步。在对话框的“类别”列表框中，选择“窗体操作”，然后在对应的“操作”列表框中选择“关闭窗体”，如图 6-29 所示。

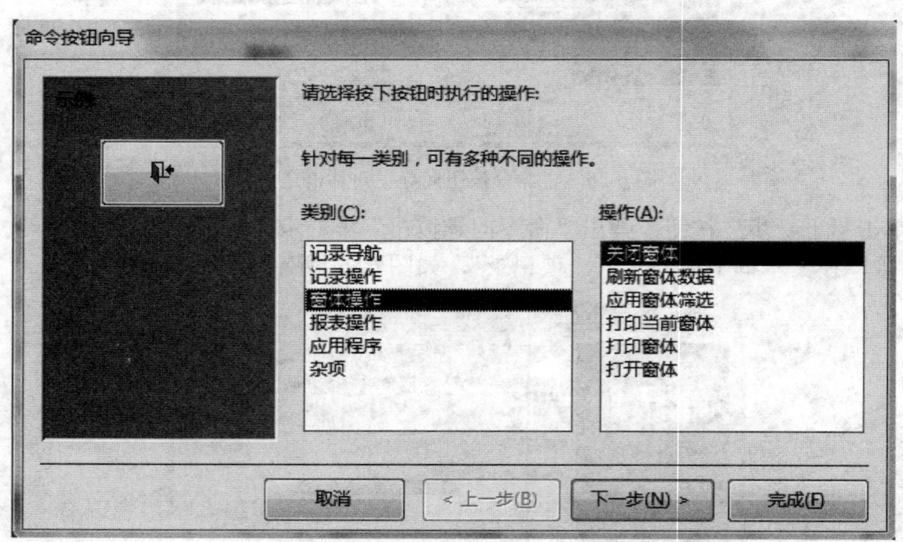

图 6-29 “关闭窗体”操作

（9）单击“下一步”按钮，弹出“命令向导按钮”第二步。若要在按钮上显示文本，选择“文本”选项，在文本框中输入“关闭窗体”，如图 6-30 所示。

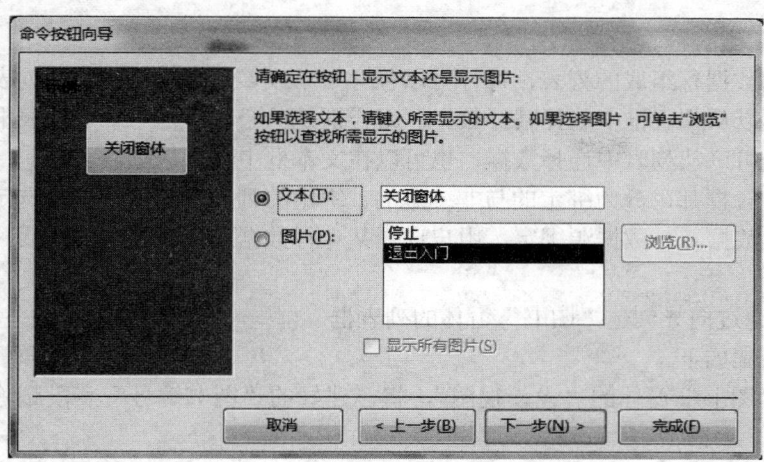

图 6-30 “关闭窗体”：文本

（10）单击“下一步”按钮，弹出“命令向导按钮”第三步。在此对话框中输入命令按钮的名称，这里输入“关闭窗体”，如图 6-31 所示。

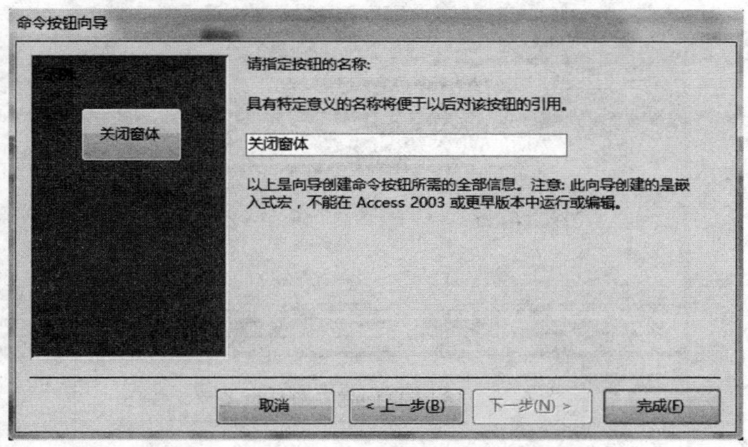

图 6-31 “关闭窗体”：名称

（11）切换到“窗体视图”，可以预览所建的命令按钮，如图 6-32 所示。

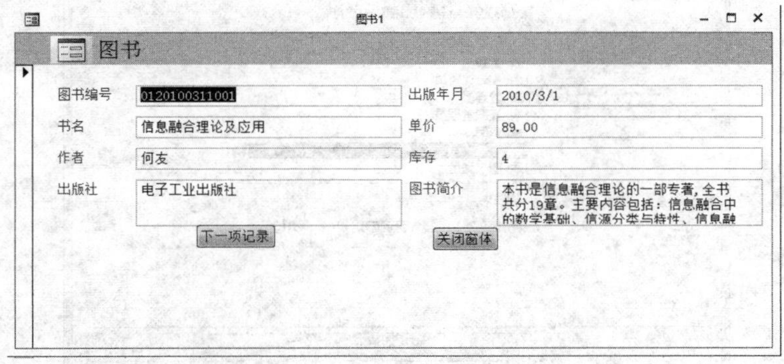

图 6-32 “图书”窗体中的命令按钮

2．列表框和组合框

列表框是由数据行组成的列表，每行可以包含一个或多个字段，就是说列表框可以包含多列数据，用户可以从列表框中选择某行数据。组合框是一个文本框与一个列表框的组合，在组合框中，用户既可以从列表中选择数据，也可以在文本框中输入数据。

列表框和组合框都可分为绑定的与非绑定的。绑定的列表框和组合框将选定的数据（组合框还包括输入的数据）与数据源绑定，用户选择某一行数据或输入某一数据后，该数据被保存到数据源中。

【例 6-7】 通过向导创建“图书”窗体的列表框。

主要操作步骤如下。

（1）打开“图书”窗体的“设计视图”，将已建好的“图书编号”字段删除，重新用列表框来创建。

（2）在“窗体设计工具”选项卡下“设计”子选项卡中，单击“控件”组中的“列表框”控件，在窗体需要放置“列表框”的位置单击一下，打开“列表框向导”第一步。在此确定列表框获取其数值的方式，这里选择“使用列表框获取其他表或查询中的值”，如图 6-33 所示。

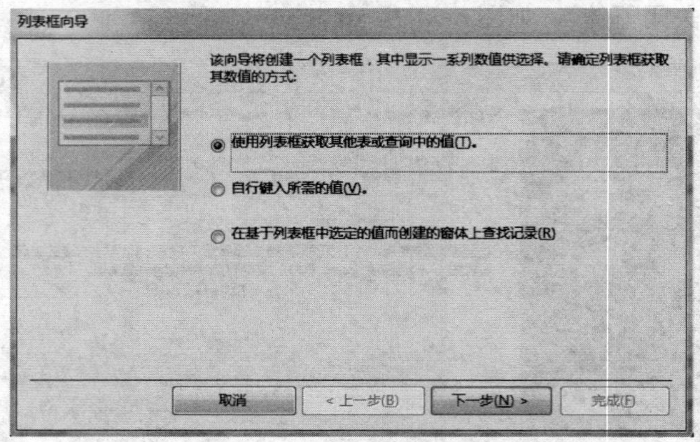

图 6-33 “列表框向导”对话框之一

（3）单击“下一步”按钮，弹出“列表框向导”第二步。要求选择为列表框提供数值的表或查询，在此选择“表：图书”，如图 6-34 所示。

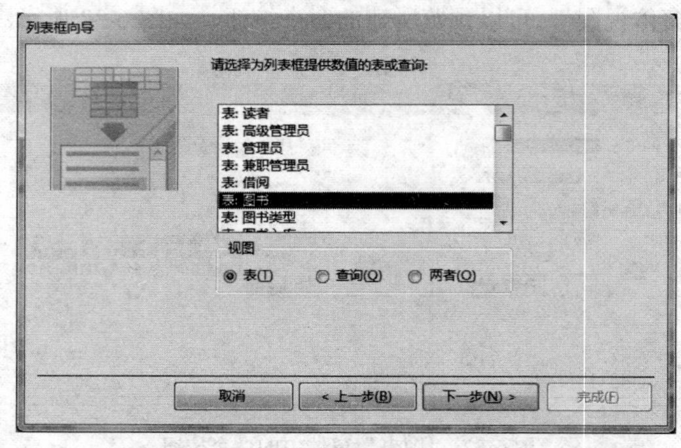

图 6-34 “列表框向导”对话框之二

（4）单击“下一步”按钮，弹出“列表框向导”第三步。从“图书”表的字段中选择“图书编号”为列表框提供数值，如图 6-35 所示。

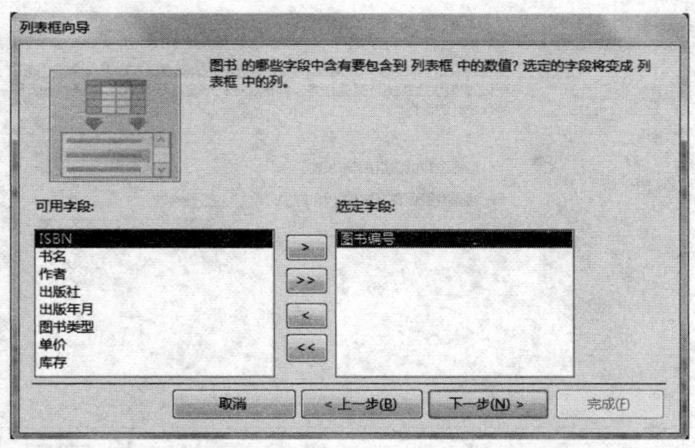

图 6-35 “列表框向导”对话框之三

（5）单击“下一步”按钮，弹出“列表框向导”第四步。确定要为列表框中的项使用的排序次序，在此选择“图书编号”，如图 6-36 所示。

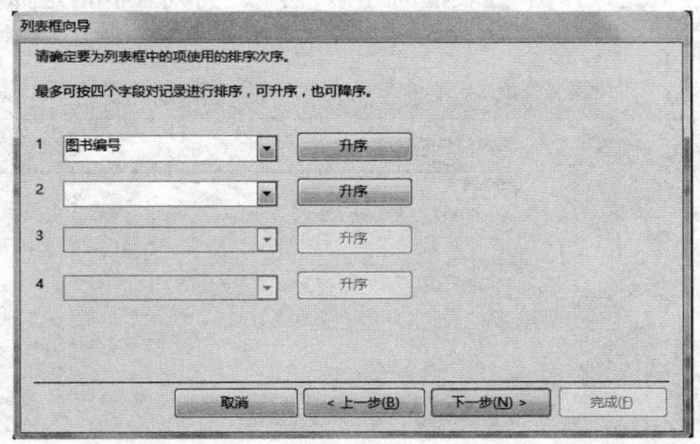

图 6-36 “列表框向导”对话框之四

（6）单击“下一步”按钮，弹出“列表框向导”第五步。指定列表框中列的宽度，可用鼠标拖拽列表框的右边框进行调整，如图 6-37 所示。

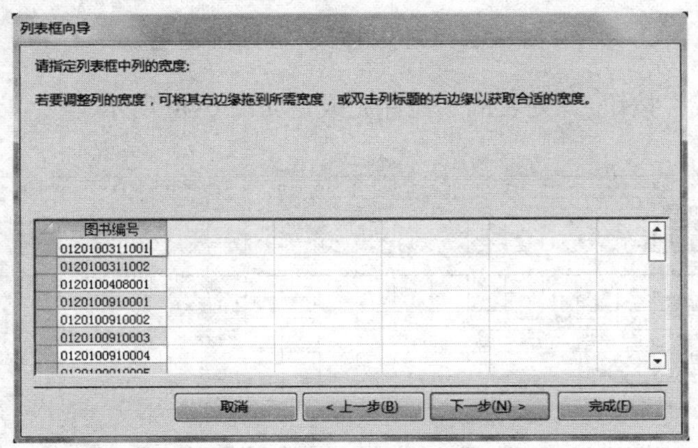

图 6-37 “列表框向导”对话框之五

（7）单击“下一步”按钮，弹出“列表框向导”第六步。在“将该数值保存在这个字段中(s)”选择“图书编号”，如图 6-38 所示。

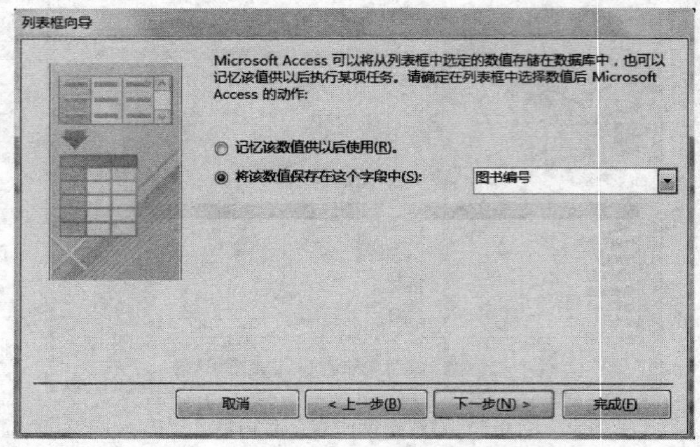

图 6-38 “列表框向导”对话框之六

（8）单击“下一步”按钮，弹出“列表框向导”第七步。为列表框指定标签，在此输入“图书编号”，如图 6-39 所示。

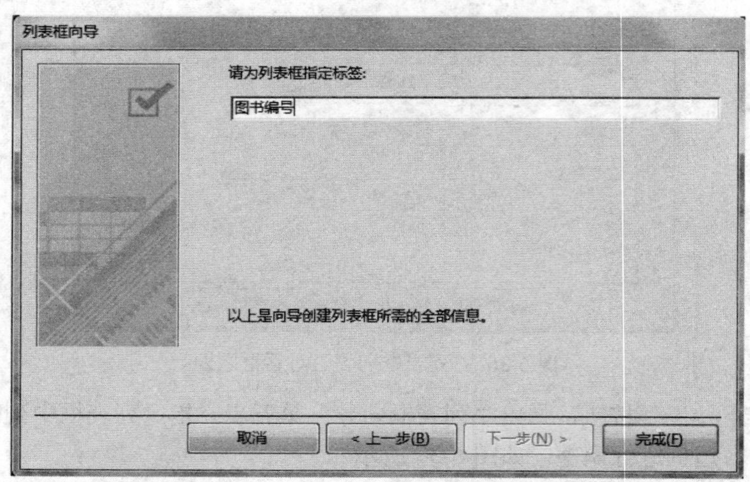

图 6-39 “列表框向导”对话框之七

（9）单击“完成”按钮，“列表框”控件完成。如图 6-40 所示。

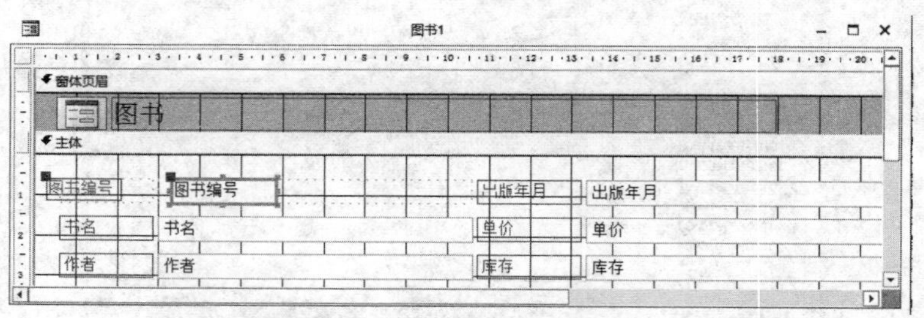

图 6-40 “列表框”控件

以上是列表框控件创建使用实例。下面来介绍组合框控件的创建使用。

【例 6-8】 以“图书管理”数据库中的“管理员”表的窗体为例，创建组合框控件。

具体步骤如下。

（1）打开“图书管理”数据库中的“管理员”表，为“管理员”表创建窗体。打开“管理员”窗体的“设计视图”，将已建好的“政治面貌”字段删除，重新用组合框来创建。

（2）在“窗体设计工具”选项卡下“设计”子选项卡中，单击“控件”组中的“组合框”控件，在窗体需要放置“组合框”的位置单击一下，打开“组合框向导”第一步。在此确定组合框获取其数值的方式，这里选择“自行键入所需的值”，如图 6-41 所示。

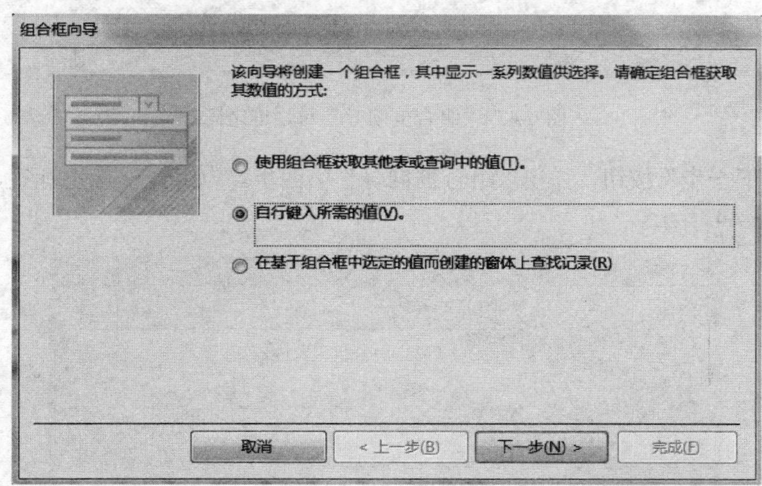

图 6-41　“组合框向导”对话框之一

（3）单击“下一步”按钮，弹出“组合框向导”第二步。确定在组合框中显示哪些值，在“第 1 列”中依次输入“团员”、“党员”、“群众”等值。如图 6-42 所示。

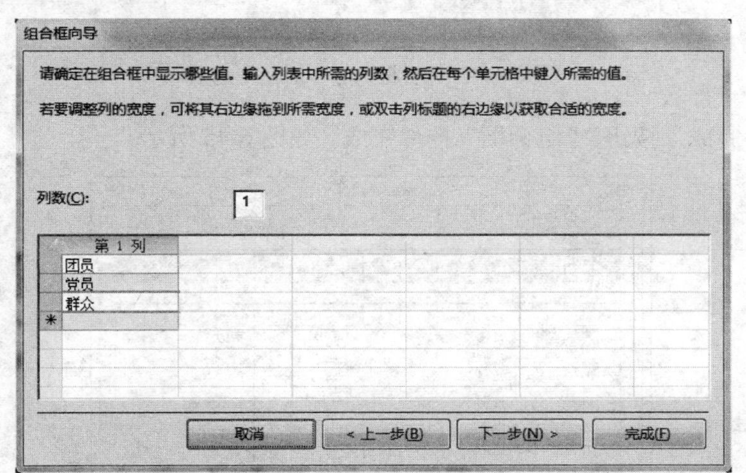

图 6-42　“组合框向导”对话框之二

（4）单击“下一步”按钮，弹出“组合框向导”第三步。在“将该数值保存在这个字段中（s）”选择“政治面貌”，如图 6-43 所示。

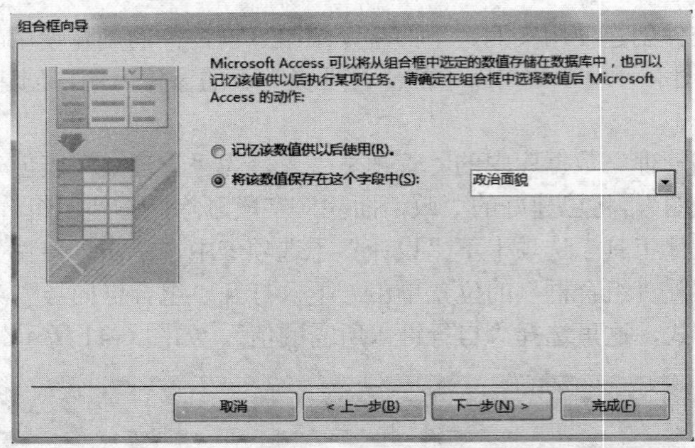

图 6-43 “组合框向导”对话框之三

（5）单击“下一步”按钮，弹出“组合框向导”第四步。为组合框指定标签，在此输入“政治面貌”，如图 6-44 所示。

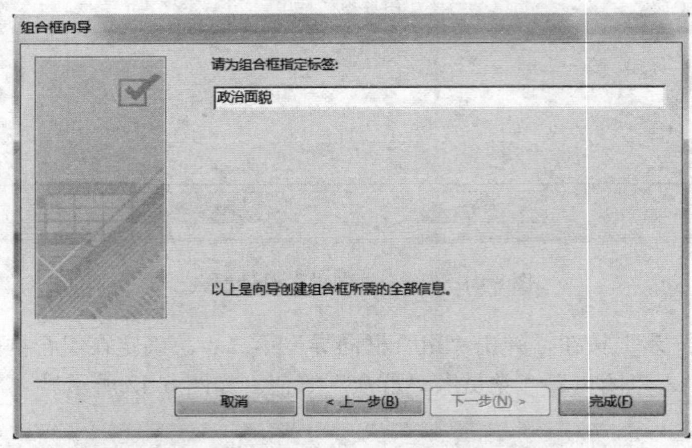

图 6-44 “组合框向导”对话框之四

（6）单击“完成”按钮，“组合框”控件完成。如图 6-45 所示。

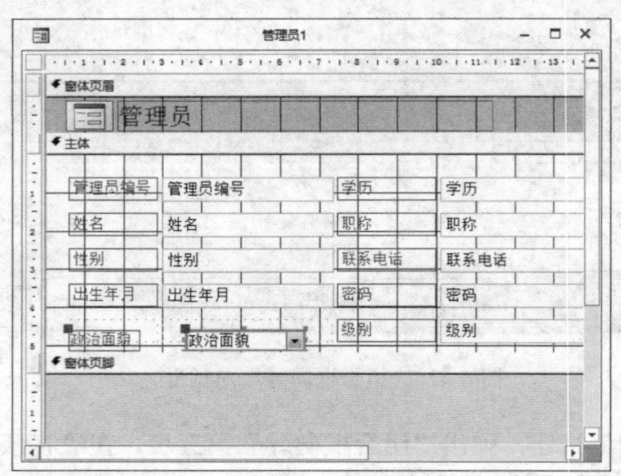

图 6-45 “组合框”控件

3．创建选项卡控件

当窗体中的内容较多，无法在一页中全部显示时，可以使用选项卡控件来进行分页显示，用户只需要单击选项卡上的标签，就可以进行页面的切换。

【例 6-9】 创建包括选项卡的“图书”窗体，窗体分为两部分：一部分为“图书信息”；另一部分为“读者信息”。

主要操作步骤如下。

（1）打开“图书管理”数据库中的“图书”表，使用“窗体设计”为“图书”表创建窗体。

（2）在“窗体设计工具”选项卡下“设计”子选项卡中，单击“控件”组中的“选项卡控件”，在窗体需要放置“选项卡控件”的位置单击一下。系统默认“选项卡”为 2 个页，用户可根据需要使用鼠标右键插入新页，如图 6-46 所示。

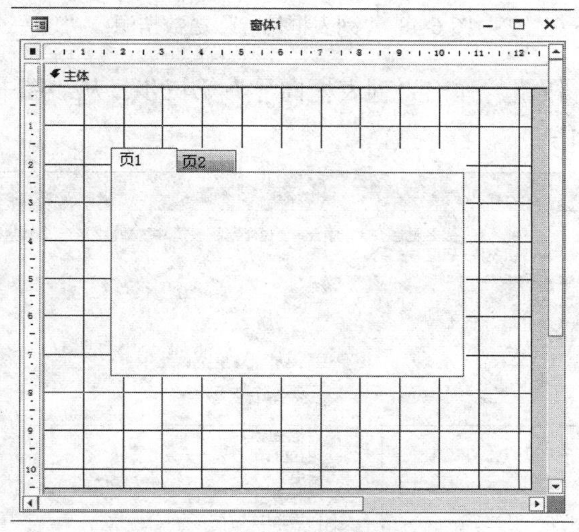

图 6-46 添加“选项卡控件”

（3）在选项卡的“页 1”上添加“列表框”控件，弹出“列表框向导”第一步。在此确定列表框获取其数值的方式，这里选择“使用列表框获取其他表或查询中的值”，如图 6-47 所示。

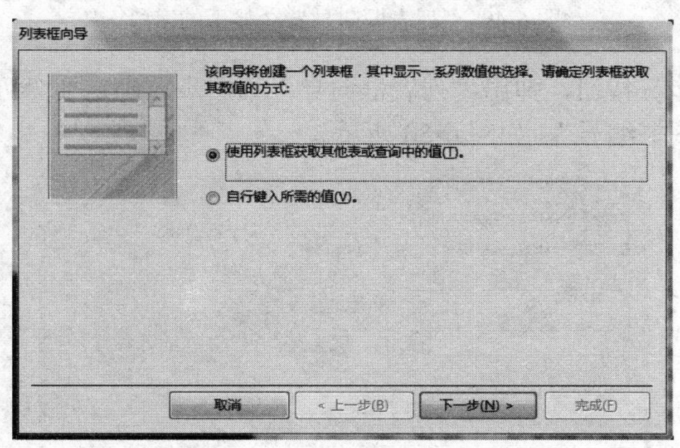

图 6-47 “列表框向导”之获取数据方式

（4）单击“下一步”按钮，弹出“列表框向导”第二步。要求选择为列表框提供数值的表或查询，在此选择“表：图书”，如图 6-48 所示。

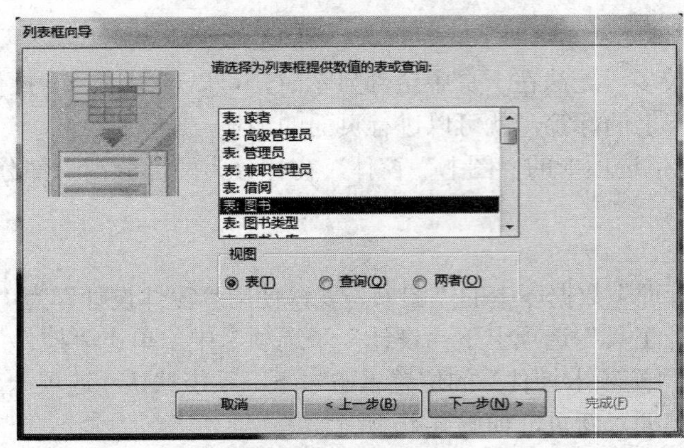

图 6-48 “列表框向导”之数据源

（5）单击“下一步”按钮，弹出“列表框向导”第三步。从“图书”表的字段中选择要显示的字段，如图 6-49 所示。

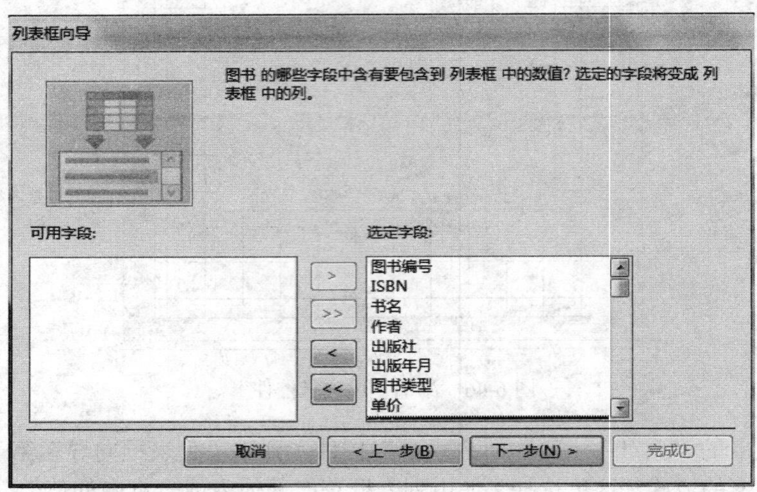

图 6-49 “列表框向导”之显示的字段

（6）单击“下一步”按钮，弹出“列表框向导”第四步。确定要为列表框中的项使用的排序字段，在此选择“图书编号”，如图 6-50 所示。

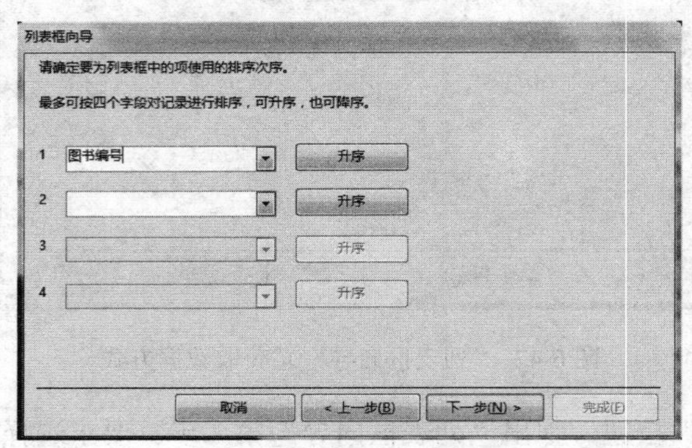

图 6-50 “列表框向导”之排序字段

（7）单击“下一步”按钮，弹出“列表框向导”第五步。指定列表框中列的宽度，显示所有字段内容，如图 6-51 所示。

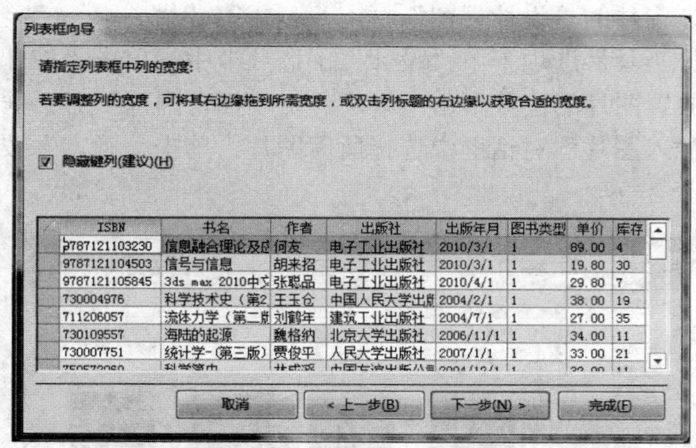

图 6-51　“列表框向导”之显示内容

（8）单击“下一步”按钮，弹出“列表框向导”第六步。为列表框指定标签，在此输入“图书信息”，如图 6-52 所示。

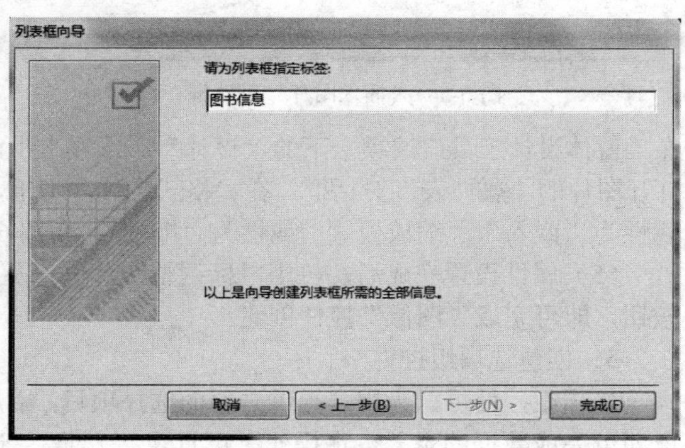

图 6-52　“列表框向导”之指定标签

（9）单击“完成”按钮，“列表框”控件完成。选择“页 1”，单击鼠标右键，选择“属性”，打开相应对话框，在“格式”选项卡的“标题”属性中输入“图书信息”，如图 6-53 所示。

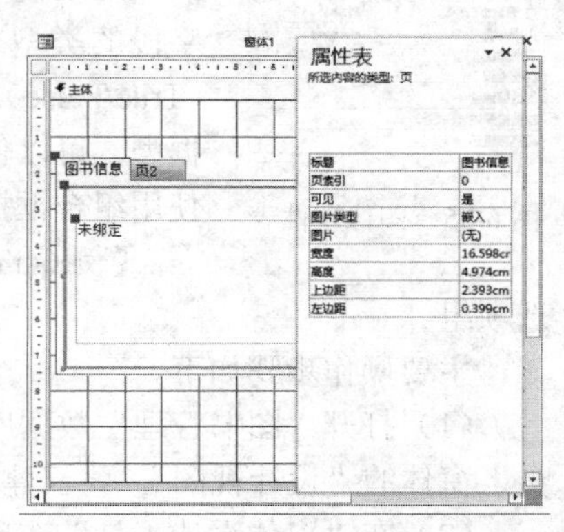

图 6-53　设置标题

（10）选择“列表框”控件的“属性”，在“属性”对话框中，将“格式”选项卡中的“列标题”的属性设置为“是”。

（11）重复步骤（4）～步骤（10），设置选项卡的“页 2”的相关内容。

（12）单击“保存”按钮，在弹出的“另存为”对话框中输入窗体名称即可，单击“确定”按钮，窗体创建完成。

4．创建图像控件

图像控件主要用于美化窗体，可以放置某单位的图标等。

【例 6-10】 在“图书窗体”中添加图像，以美化窗体。

主要操作步骤如下。

（1）打开“图书”窗体的“设计视图”。

（2）在“窗体设计工具”选项卡下“设计”子选项卡中，单击“控件”组中的“图像”控件按钮，在窗体需要放置图片的位置单击一下，弹出“插入图片”对话框。

（3）在弹出的“插入图片”对话框中选择所需图片，单击“确定”按钮即可插入图片。如图 6-54 所示。

图 6-54 “插入图片”对话框

（4）选中图片，在“窗体设计工具”选项卡下的“设计”子选项卡中，单击“工具”组中的“属性表”按钮，打开图片的“属性表”对话框。在“格式”选项卡下，设置“图片类型”属性为“嵌入”，“缩放模式”属性为“缩放”，如图 6-55 所示。

图 6-55 图像属性表

（5）属性设置完成后，可用鼠标调整图片位置及大小。单击“保存”按钮，即可完成“图像”控件创建。

5．创建选项组控件

选项组控件可以为用户提供必要的选择项目，用户只需进行简单的选取即可完成数据的录入，在操作上更直观、方便。“选项组”中可以包含复选框、切换按钮或选项按钮等控件。

需要说明的是：使用选项组控件实现数据表字段的数据录入，要根据字段的类型来确定设计方法，例如“性别”字段，其类型可以是布尔型（True/False）、数据型（值为 1 和 2）和字符型（男/女）。若是布尔型或数据型，可以使用选项组控件；若是字符型，则不能使用选项组控件，可以使用组合框控件。

【例 6-11】 使用“图书管理”数据库中的“管理员”表，创建“性别”选项组。

主要操作步骤如下。

（1）打开“图书管理”数据库中的“管理员”表，为“管理员”表创建窗体。打开“管理员”窗体的“设计视图”，将已建好的“性别”字段删除，重新用选项组来创建。

（2）在“窗体设计工具”选项卡下“设计”子选项卡中，单击“控件”组中的“选项组”按钮，在窗体需要放置“选项组”的位置单击一下，打开“选项组向导”第一步，为每个选项指定标签。在此分别输入“男”、“女”，如图 6-56 所示。

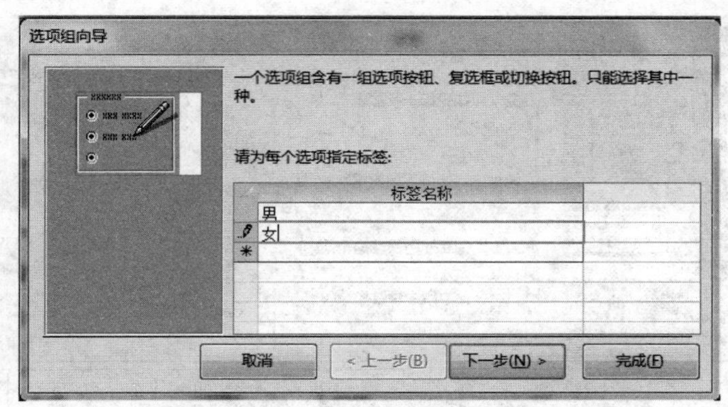

图 6-56　“选项组向导”对话框之一

（3）单击“下一步”按钮，弹出“选项组向导”第二步。确定是否使某选项成为默认选项，在此有两个选项，分别是“是，默认选项是”和“否，不需要默认选项”。这里选择第一项，并将“男”设置为默认选项，如图 6-57 所示。

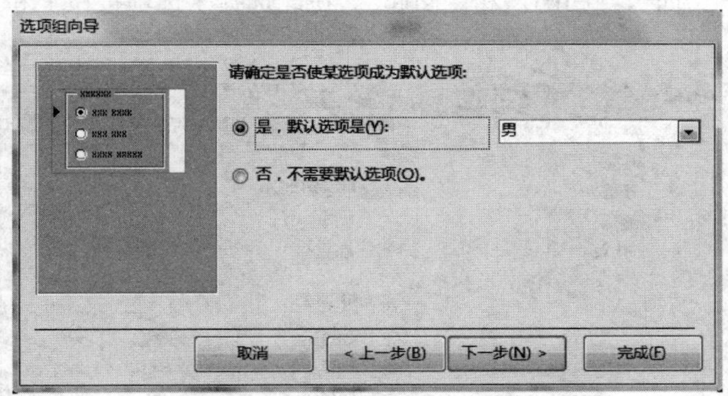

图 6-57　“选项组向导”对话框之二

（4）单击“下一步”按钮，弹出“选项组向导”第三步。为每个选项赋值，在此为“男”赋值为“1”，为“女”赋值为“2”，如图 6-58 所示。

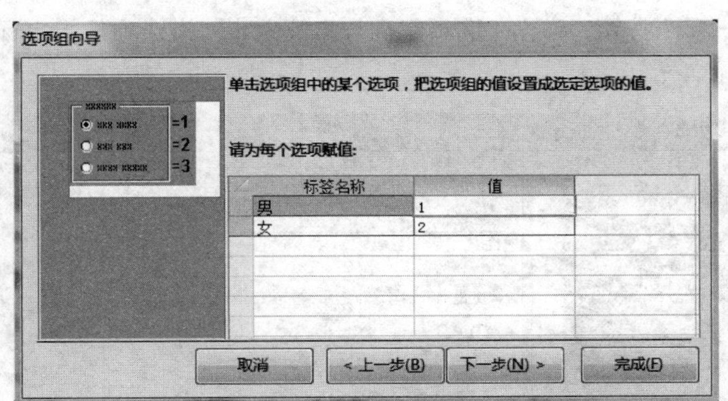

图 6-58　“选项组向导”对话框之三

（5）单击“下一步”按钮，弹出“选项组向导”第四步。确定对所选项的值采取的动作。在此选择“在此字段中保存该值”，并为其选择“性别”字段，如图 6-59 所示。

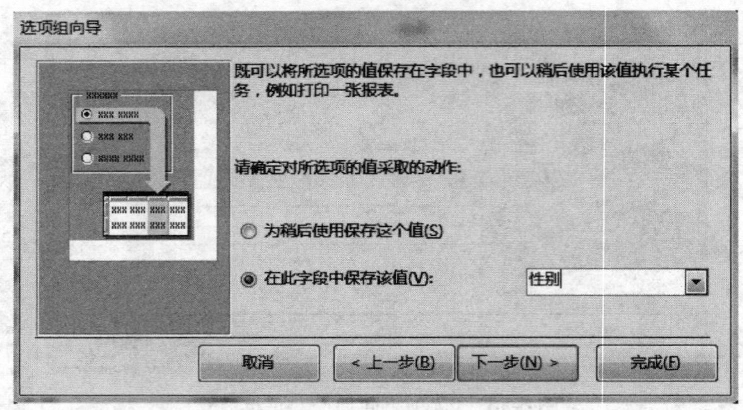

图 6-59 “选项组向导”对话框之四

（6）单击“下一步”按钮，弹出“选项组向导”第五步。确定在选项组中使用何种类型的控件，这里有三种，分别是“选项按钮”、“复选框”和“切换按钮”，所有样式有五种，分别是“蚀刻”、“阴影”、“平面”、“凹陷”和“凸起”。在此选择“选项按钮”和“蚀刻”样式，如图 6-60 所示。

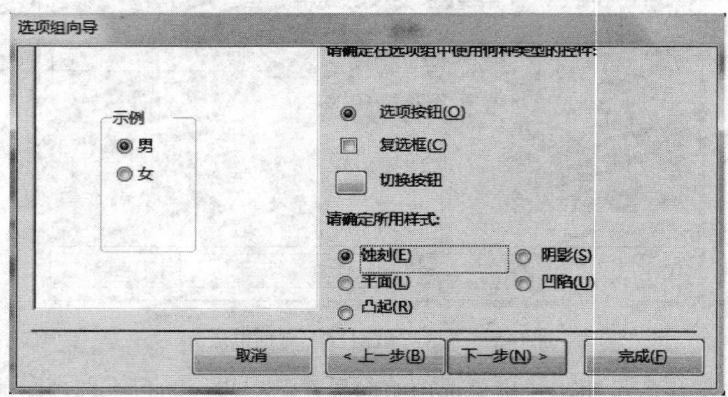

图 6-60 “选项组向导”对话框之五

（7）单击“下一步”按钮，弹出“选项组向导”第六步。为选项组指定标题，在此输入“性别”，如图 6-61 所示。

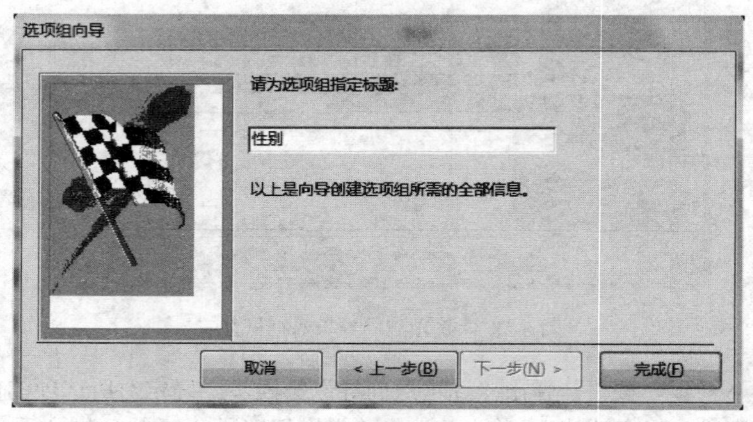

图 6-61 “选项组向导”对话框之六

（8）单击“完成”按钮，即可完成“选项组”控件的创建，如图 6-62 所示。

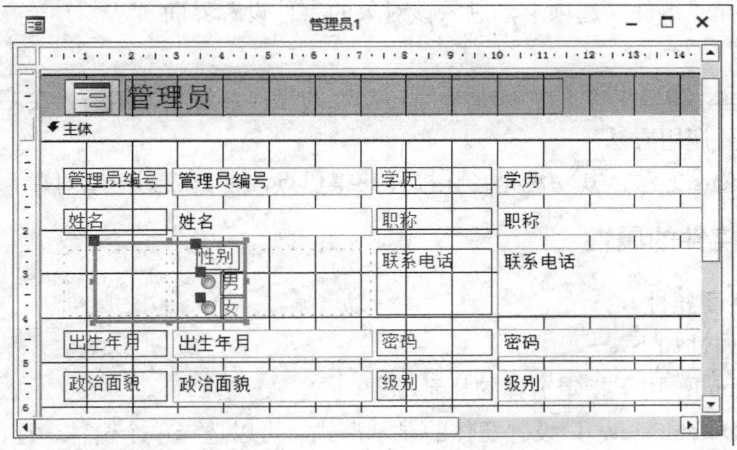

图 6-62 “选项组”控件完成

6．删除控件

窗体中添加的每个控件都被看做独立的对象，在设计视图中，可以用鼠标选中并操作控件。例如使用选中控件后四周出现的控制句柄，可以改变控件大小、移动控件位置等。若要删除控件，可以选中要删除的控件，使用 Del 键，或选项卡下的“删除”命令，或使用右击快捷菜单中的“剪切”命令，该控件将被删除。

如果要删除控件附加的标签，可以只单击控件前的标签，然后删除。

6.3.4　属性、事件与方法

1．属性

属性是对象特征的描述。每个窗体、报表、节和控件都有各自的属性设置，可以利用这些属性来更改特定项目的外观和行为。使用属性表、宏或 Visual Basic，可以查看并更改属性。关于宏与 Visual Basic 对属性的操作在以后章节介绍，在此仅介绍属性表。

在窗体设计视图中，每当使用“工具箱”向窗体添加某个控件后，可随时设置该控件的属性，设置方法有多种，常用的设置方法是：右击该控件，在弹出的快捷菜单中，选择“属性”调出该控件的属性设置对话框。例如，在窗体加入文本框后，按以上操作调出文本框控件的属性设置对话框。控件属性分为：格式属性、数据属性、事件属性和其他属性。

2．事件

事件是对象行为的描述，当外来动作作用于某个对象时，用户可以确定是否通过事件响应该动作。事件是一种特定的操作，表示在某个对象上发生或对某个对象发生的动作。Access 2013 可以响应多种类型的事件：鼠标单击、数据更改、窗体打开或关闭及许多其他类型的事件。事件的发生通常是用户操作的结果。例如，单击某个命令按钮，该命令按钮会响应单击事件，作出相应动作。

使用事件过程或宏，可以为在窗体或控件上发生的事件添加自定义的事件响应，这里先介绍使用事件过程，宏在以后章节介绍。

在窗体设计视图中，每当向窗体添加某个控件后，可设置该控件的事件响应，设置方法有多种，常用的设置方法是：右击该控件，在弹出的快捷菜单中选择“属性”，调出该控件的属性设置对话框，选择“事件”选项卡，进入该对象的事件设置界面。

3．方法

方法是 Access 2013 提供的完成某项特定功能的操作，每种方法有一个名字，用户在系统设计中可根据需要调用方法。

例如，SetFocus 方法，其功能是：让控件获得焦点，使其成为活动对象。

6.3.5 窗体和控件的属性

1．窗体的主要属性

窗体常用的属性如下。

标题（Caption）：用于指定窗体的显示标题。

默认视图（DefaultView）：设置窗体的显示形式，可以选择单个窗体、连续窗体、数据表、数据透视表和数据透视图等方式。

允许的视图（ViewsAllowed）：指定是否允许用户通过选择“视图”菜单中的“窗体视图”或“数据表视图”命令，或者单击“视图”按钮旁的箭头，并选择“窗体视图”或“数据表视图”，在数据表视图和窗体视图之间进行切换。

滚动条（Scrollbars）：决定窗体显示时是否具有窗体滚动条，属性值有 4 个选项，分别为“两者均无”、“水平”、“垂直”和“水平和垂直”，可以选择其一。

记录选定器（Recordselectors）：选择“是/否”，决定窗体显示时是否有记录选定器，即窗体最左边是否有标志块。

浏览按钮（NavigationButtons）：用于指定在窗体上是否显示浏览按钮和记录编号框。

分隔线（DividingLines）：选择“是/否”，决定窗体显示时是否显示各节之间的分隔线。

自动居中（AutoCenter）：选择“是/否”，决定窗体显示时是否自动居于桌面的中间。

最大最小化按钮（MinMaxButtons）：决定窗体是否使用 Windows 标准的最大化和最小化按钮。

关闭按钮（CloseButton）：决定窗体是否使用 Windows 标准的关闭按钮。

弹出方式（PopUp）：可以指定窗体是否以弹出式窗体形式打开。

内含模块（HasModule）：指定或确定窗体或报表是否含有类模块。设置此属性为“否”能提高效率，并且减小数据库的大小。

菜单栏（MenuBar）：用于将菜单栏指定给窗体。

工具栏（Toolbar）：用于指定窗体使用的工具栏。

节（Section）：可区分窗体或报表的节，并可以对该节的属性进行访问。同样可以通过控件所在窗体或报表的节来区分不同的控件。

允许移动（Moveable）：在“是”或“否”两个选项中选取，决定在窗体运行时是否允许移动窗体。

记录源（RecordSource）：可以为窗体或者报表指定数据源，并显示来自表、查询或者 SQL 语句的数据。

排序依据（OrderBy）：为一个字符串表达式，由字段名或字段名表达式组成，指定排序的规则。

允许编辑（AllowEdits）：在“是”或“否”两个选项中选取，决定在窗体运行时是否允许对数据进行编辑修改。

允许添加（AllowAdditions）：在“是”或“否”两个选项中选取，决定在窗体运行时是否允许添加记录。

允许删除（AllowDeletions）：在“是”或“否”两个选项中选取，决定在窗体运行时是否允许删除记录。

数据入口（DataEntry）：在“是”或“否”两个选项中选取，如果选择“是”，则在窗体打开时，只显示一条空记录，否则显示已有记录。

2．控件属性

（1）标签（label）控件

标题（Caption）：该属性值将成为控件中显示的文字信息。

名称（Name）：该属性值将成为控件对象引用时的标识名字，在 VBA 代码中设置控件的属性或引用控件的值时使用。

其他常用的格式属性：高度（Height）、宽度（Width）、背景样式（BackStyle）、背景颜色（BackColor）、显示文本字体（FontBold）、字体大小（FontSize）、字体颜色（ForeColor）、是否可见（Visible）等。

（2）文本框（text）控件　常用的格式属性同“标签”控件。

常用的数据属性如下。

控件来源（ControlSource）：设置控件如何检索或保存在窗体中要显示的数据。如果控件来源中包含一个字段名，那么在控件中显示的就是数据表中该字段的值。在窗体运行中，对数据所进行的任何修改都将被写入字段中；如果设置该属性值为空，除非通过程序语句，否则在窗体控件中显示的数据将不会被写入到数据表的字段中；如果该属性设置为一个计算表达式，则该控件会显示计算的结果。

输入掩码（InputMask）：用于设置控件的数据输入格式，仅对文本型和日期型数据有效。

默认值（DefaultValue）：用于设定一个计算型控件或非结合型控件的初始值，可以使用表达式生成器向导来确定默认值。

有效性规则（ValidationRule）：用于设定在控件中输入数据的合法性检查表达式，可以使用表达式生成器向导来建立合法性检查表达式。若设置了“有效性规则”属性，在窗体运行期间，当在该控件中输入数据时将进行有效性规则检查。

有效性文本（ValidationText）：用于指定当控件输入的数据违背有效性规则时，显示给用户的提示信息。

是否有效（Enabled）：用于决定能否操作该控件。如果设置该属性为“否”，该控件将以灰色显示在“窗体”视图中，但不能用鼠标、键盘或 TAB 键单击或选中它。

是否锁定（Locked）：用于指定在窗体运行中，该控件的显示数据是否允许编辑等操作。默认值为 False，表示可编辑，当设置为 True 时，文本控件相当于标签的作用。

（3）组合框（combo）控件（与文本框相同的不再说明）

行来源类型（RowSourceType）：该属性值可设置为：表/查询、值列表或字段列表，与“行来源”属性配合使用，用于确定可列表选择内容的来源。选择“表/查询”，“行来源”属性可设置为表或查询，也可以是一条 Select 语句，列表内容显示为表、查询或 Select 语句的第一个字段内容；若选择“值列表”，“行来源”属性可设置为固定值用于列表选择；若选择“字段列表”，“行来源”属性可设置为表，列表内容将为选定表的字段名。

行来源（RowSource）：与行来源类型（RowSourceType）属性配合使用。

（4）列表框（list）控件　列表框与组合框在属性设置及使用上基本相同，区别是列表框控件只能选择输入数据，而不能直接输入数据。

（5）命令按钮（command）控件

名字（Name）：可引用的命令按钮对象名。

标题（Caption）：命令按钮的显示文字。

标题的字体（FontName）：命令按钮的显示文字的字体。

标题的字体大小（FontSize）：命令按钮的显示文字的字号。

前景颜色（ForeColor）：命令按钮的显示文字的颜色。

是否有效（Enabled）：选择“是/否”，用于决定能否操作该控件。如果设置该属性为“否”，该控件将以灰色显示在“窗体”视图中，但不能用鼠标、键盘或 TAB 键单击或选中它。

是否可见（Visible）：选择“是/否”，用于决定在窗体运行时该控件是否可见，如果设置该属性为“否”，该控件在“窗体”视图中将不可见。

图片（Picture ）：用于设置命令按钮的显示标题为图片方式。

（6）其他控件　选项按钮（Option）控件、选项组（Frame）控件、复选框（Check）控件、切换按钮（Toggle）控件、选项卡控件、页控件的主要属性基本与上述控件相一致，有个别不同的将在控件设计时说明，在此不详细介绍。

图 6-63 “管理员”窗体属性

3．设置窗体属性

在 Access 2013 中，使用“属性表”可以查看并修改属性。用“属性表”设置属性，操作直观，可以在设计视图状态下进行。下面进行“管理员”窗体属性的设置，如图 6-63 所示。

具体设置如下：

① 标题：“管理员”；

② 默认视图：“单个窗体”；

③ 允许窗体视图：“是”；

④ 允许数据表视图：“否”；

⑤ 允许布局视图：“是”；

⑥ 记录选择器：“是”；

⑦ 导航按钮：“是”；

⑧ 分隔线：“否”。

在窗体中插入图片，可以设置图片的属性，具体操作方法如下。

（1）在窗体中插入图片，打开图片的属性表，可进行相关设置。

（2）“图片类型”属性有以下 2 种选择：

① 链接：图形文件必须与数据库同时保存，并可以单独打开图形文件进行编辑修改；

② 嵌入：图形直接嵌入到窗体中，此方式增加数据库文件长度，嵌入后可以删除原图形

文件。

（3）“图片缩放模式”属性有以下 3 种选择：

① 剪裁：图形按照其实际大小直接用作窗体背景，如果图形大于窗体背景，依据窗体进行剪裁，多余部分被裁掉，此选项为默认选项；

② 拉伸：拉伸图形以适应窗体的大小，此方式将改变图形的宽高比，除非图形的宽高比与窗体宽高比相同；

③ 缩放：改变图形大小以适应窗体背景，同时保持图形的宽高比。

（4）“图片对齐方式”属性有以下 5 种选择：

① 中心（在窗体中上下左右居中）；

② 左上（窗体的左上角）；

③ 左下（窗体的左下角）；

④ 右上（窗体的右上角）；

⑤ 右下（窗体的右下角）。

（5）“图片平铺”属性：是/否。根据“图片对齐方式”的设置将图形布满窗体。

6.3.6　窗体与对象的事件

在 Access 2013 中，对象能响应多种类型的事件，每种类型的事件又由若干种具体事件组成，通过编写相应的事件代码，用户可定制响应事件的操作。以下将分类说明 Access 2013 窗体、报表及控件的一些事件。

1．窗口（Windows）事件

窗口事件是指操作窗口时引发的事件，如表 6-2 所示，正确理解此类事件发生的先后顺序，对控制窗体和报表的行为非常重要。

表 6-2　窗口（Windows）事件

事件属性	事 件 对 象	事件发生情况
OnOpen	窗体和报表	窗体被打开，但第一条记录还未显示出来时发生该事件；或虽然报表被打开，但在打印报表之前发生
OnLoad	窗体	窗体被打开，且显示了记录时发生该事件。发生在 Open 事件之后
OnResize	窗体	窗体的大小变化时发生。此事件也发生在窗体第一次显示时
OnUnload	窗体	窗体对象从内存撤销之前发生。发生在 Close 事件之前
OnClose	窗体和报表	窗体对象被关闭，但还未清屏时发生

2．数据（Data）事件

数据（Data）事件指与操作数据有关的事件，又称操作事件，如表 6-3 所示。当窗体或控件的数据被输入、修改或删除时，将发生数据（Data）事件。

表 6-3　数据（Data）事件

事件属性	事 件 对 象	事件发生情况
AfterDelConfirm	窗体	确认删除记录且记录实际上已经删除或取消删除之后发生的事件
AfterInsert	窗体	插入新记录保存到数据库时发生的事件
AfterUpdate	窗体和控件	更新控件或记录数据之后发生的事件；此事件在控件或记录失去焦点时，或单击菜单中的“保存记录”时发生

续表

事件属性	事 件 对 象	事件发生情况
BeforeDelConfirm	窗体	在删除记录后，但在 Access 2013 显示对话框提示确认或取消之前发生的事件。此事件在 Delete 事件之后发生
BeforeInsert	窗体	在新记录中输入第一个字符，但还未将记录添加到数据库之前发生的事件
BeforeUpdate	窗体和报表	更新控件或记录数据之前发生的事件；此事件在控件或记录失去焦点时，或单击菜单中的“保存记录”时发生
Change	控件	当文本框或组合框的部分内容更改时发生的事件
Current	窗体	当焦点移动到一条记录，使它成为当前记录，或当重新查询窗体数据源时发生的事件
Delete	窗体	删除记录，但在确认删除和实际执行删除之前发生该事件
NoInList	控件	当输入一个不在组合框列表中的值时发生的事件

3．焦点（Focus）事件

“焦点”即鼠标或键盘操作的当前状态，当窗体、控件失去或获得焦点时，或窗体、报表成为激活或失去激活状态时，将发生焦点（Focus）事件，如表 6-4 所示。

表 6-4　焦点（Focus）事件

事 件 属 性	事 件 对 象	事件发生情况
OnActivate	窗体和报表	在窗体或报表成为激活状态时发生的事件
OnDeactivate	窗体和报表	在窗体或报表由活动状态转为非活动状态之前发生
OnEnter	控件	在控件实际接收焦点之前发生，此事件发生在 GotFocus 事件之前
OnExit	控件	当焦点从一个控件移动到同一窗体的另一个控件之前发生的事件，此事件发生在 LostFocus 事件之前
OnGot Focus	窗体和控件	当窗体或控件对象获得焦点时发生的事件。当“获得焦点”事件或“失去焦点” 事件发生后，窗体只能在窗体上所有可见控件都失效，或窗体上没有控件时，才能重新获得焦点
OnLost Focus	窗体和控件	当窗体或控件对象失去焦点时发生的事件

4．键盘（Ksyboard）事件

键盘（Keyboard）事件是操作键盘引发的事件，如表 6-5 所示。

表 6-5　键盘（Ksyboard）事件

事 件 属 性	事 件 对 象	事件发生情况
OnKeyDown	窗体和控件	在控件或窗体具有焦点时，键盘有键按下时发生该事件
OnKeyUp	窗体和控件	在控件或窗体具有焦点时，释放一个按下的键时发生该事件
OnKeyPress	窗体和控件	在控件或窗体具有焦点时，当按下并释放一个键或组合键时发生该事件

5．鼠标（Mouse）事件

鼠标（Mouse）事件是用户操作鼠标引发的事件，如表 6-6 所示。鼠标事件应用较多，特别是“单击”事件，命令按钮的功能处理大多用鼠标（Mouse）事件来完成。

表 6-6　鼠标（Mouse）事件

事 件 属 性	事 件 对 象	事件发生情况
OnClick	窗体和控件	当鼠标在控件上单击时发生的事件
OnDblClick	窗体和控件	当鼠标在控件上双击时发生的事件，对窗体，双击窗体空白区域或窗体上的记录选定器时发生
OnMouseDown	窗体和控件	当鼠标在窗体或控件上，按下左键时发生的事件
OnMousMove	窗体和控件	当鼠标在窗体、窗体选择内容或控件上移动时发生的事件
OnMouseUp	窗体和控件	当鼠标位于窗体或控件时，释放一个按下的鼠标键时发生的事件

6．打印（Print）事件

在打印报表或设置打印格式时发生打印（Print）事件，如表 6-7 所示。

表 6-7　打印（Print）事件

事件属性	事件对象	事件发生情况
OnNoData	报表	设置没有数据的报表打印格式后，在打印报表之前发生该事件。用该事件可取消空白报表的打印
OnPage	报表	在设置页面的打印格式后，在打印页面之前发生该事件
OnPrint	报表	该页在打印或打印预览之前发生

7．Timer 和 Error 事件

Timer 事件：在 VB 中提供的 Timer 时间控件可以实现计时功能，但在 VBE 中并没有直接提供 Timer 时间控件，而是通过窗体的“计时器间隔（TimerInterval）”属性和“计时器触发（OnTimer）”事件来完成“计时”功能，“计时器间隔（TimerInterval）”属性值以“毫秒”为单位。

处理过程：“计时器触发（OnTimer）”事件每隔 TimerInterval 时间间隔就被激发一次，运行 OnTimer 事件过程，这样重复不断，可实现“计时”功能。

Error 事件：Error 事件在窗体或报表拥有焦点，同时在 Access 中产生了一个运行错误时发生。这包括 Microsoft Jet 数据库引擎错误，但不包括 Visual Basic 中的运行时错误或来自 ADO 的错误。如果要在此事件发生时执行一个宏或事件过程，请将 OnError 属性设置为宏的名称或事件过程。在 Error 事件发生时，通过执行事件过程或宏，可以截取 Access 错误消息而显示自定义消息，这样可以根据应用程序传递更为具体的信息。

6.4　窗体与控件的其他应用设计

6.4.1　创建计算控件

1．表达式生成器

在窗体“设计”视图中，打开属性设置对话框，单击表达式生成器按钮“...”，如图 6-64 所示。

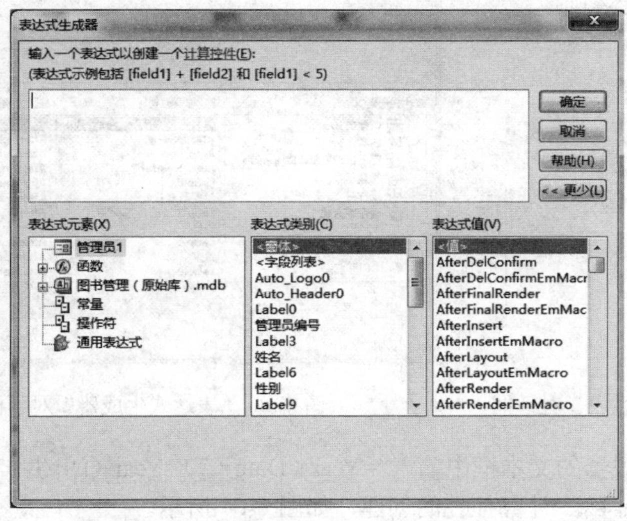

图 6-64　“表达式生成器”对话框

“表达式生成器”从上至下由两部分组成。

（1）表达式文本框　生成器的上方是一个表达式文本框，可在其中创建表达式。使用生成器的其他部分可以创建表达式的元素，然后将这些元素粘贴到表达式文本框中以形成表达式，也可以直接在表达式文本框中输入表达式的组分部分。

（2）表达式元素　生成器下方含有以下 3 个列表框。

① 左侧的列表框列出了包含表、查询、窗体及报表等数据库对象，以及内置和用户定义的函数、常量、操作符和常用表达式的文件夹。

② 中间的列表框列出左侧列表框中选定文件夹内特定的元素或特定的元素类别。例如，如果在左边的列表框中单击“内置函数”，中间的列表框便列出 Microsoft Access 函数的类别。

③ 右侧的列表框列出了在左侧和中间列表框中选定元素的值。例如，如果在左侧的列表框中单击“函数”，并在中间列表框中选定了一种函数类别，则右侧的列表框将列出选定类别中所有的函数。

2．创建计算控件

在窗体设计中，经常需要添加一些控件，例如“文本框”控件，其显示内容不是从数据表的字段中直接取出，而是需要通过多个字段计算其值。例如工资管理窗体中的应发工资、扣发工资和实发工资等项目，这些项目一般不作为字段设计到工资数据表中，在窗体中要显示这些项目的数据，只有通过计算得出。

【例 6-12】 在“管理员”窗体设计中，要求显示年龄，通过添加计算控件实现。

操作步骤如下。

（1）进入“管理员”窗体“设计”视图，添加一个“文本框”控件，命名其标签标题为“年龄”。

（2）打开“文本框”控件的“属性表”对话框，选择“数据选项卡”，如图 6-65 所示。

（3）单击“控件来源”右边的“表达式生成器”按钮，打开“表达式生成器”对话框，如图 6-66 所示。

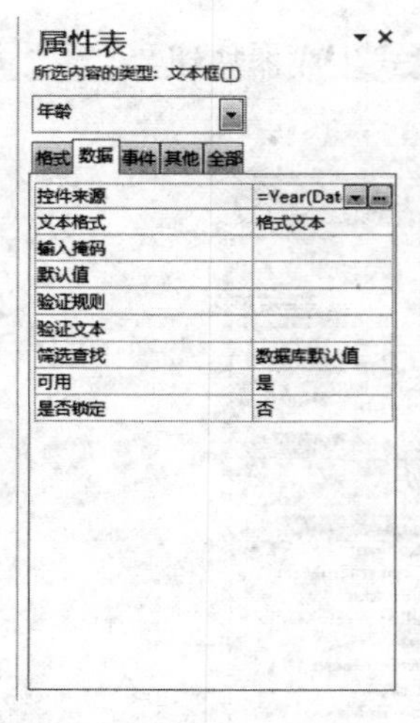

图 6-65 “属性表”对话框

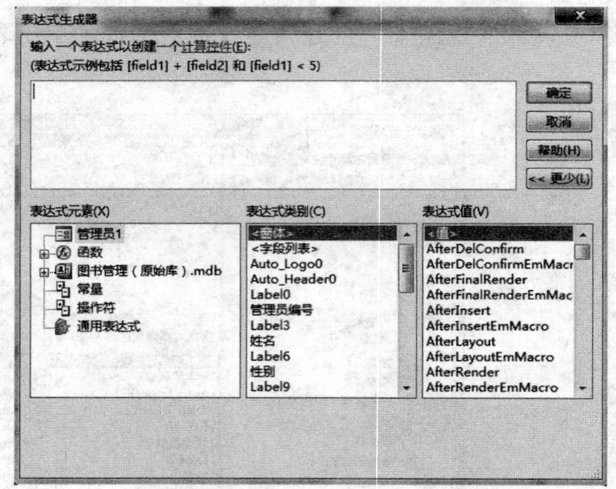

图 6-66 “表达式生成器”对话框

（4）在表达式生成器的文本框中输入“=Year（Date（））-Year（[出生年月]）”， 然后按“确定”按钮，即完成“年龄”计算控件的创建，如图 6-67 所示。

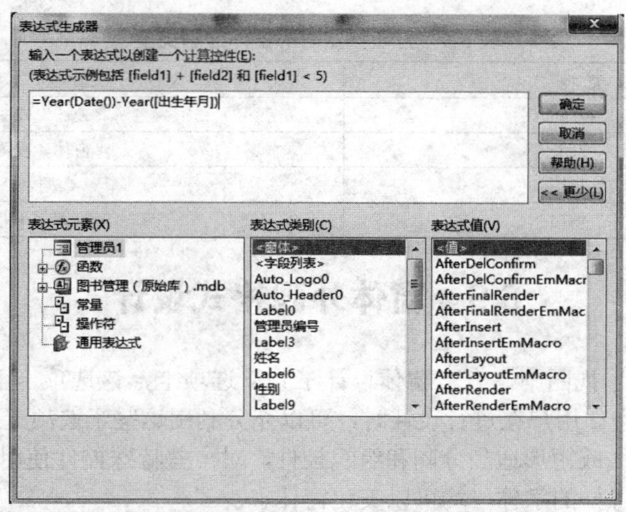

图 6-67　生成计算表达式窗口

6.4.2　打印与预览窗体

可以在窗体的各个视图中打印窗体或预览窗体。

1．在“设计”、“窗体”或“数据表”视图中打印窗体

（1）在“文件”选项卡下，选择“打印”命令。

（2）在“打印”对话框中，选择需要的打印选项，单击“确定”按钮。

Access 2013 如何打印窗体，取决于要打印的视图类型，如表 6-8 所示。

表 6-8　窗体的视图类型

视 图 类 型	窗体打印类型
“设计”视图	“窗体”视图
“窗体”视图	“窗体”视图
“数据表”视图	数据表

如果不想指定“打印”对话框中的选项而直接打印窗体，可单击工具栏上的“打印”按钮。

2．在“数据库”窗口中打印窗体

（1）在“窗体”对象中，选择要打印的窗体。

（2）在“文件”选项卡下，选择“打印”命令。

（3）在“打印”对话框中，选择需要的打印选项，单击“确定”按钮。

Access 2013 将在窗体的默认视图中打印窗体。

3．在“设计”、“窗体”或“数据表”视图中预览窗体

（1）单击选项卡下的“打印预览” 按钮。

（2）单击“视图”按钮，可以返回到“设计”视图、“窗体”视图或“数据表”视图中。

4．在“数据库”窗口中预览窗体

（1）在“窗体”对象中，选择要预览的窗体。

（2）单击选项卡下的“打印预览”按钮。

Access 2013 在“打印预览”中如何显示窗体，取决于进行预览的视图类型，如表 6-9 所示。

表 6-9　打印预览时的窗体显示类型

视 图 类 型	窗体显示类型
“设计”视图	“设计”视图
“窗体”视图	“窗体”视图
“数据表”视图	数据表
“数据库”窗口	窗体默认视图

6.5　窗体外观格式设计

在窗体的“设计”视图中，有“窗体设计工具”选项卡，该选项卡下有“设计”、“排列”和“格式”三个子选项卡。用户在进行设计时，可以充分利用这些子选项卡下的各种工具。

例如，可使用直线或矩形适当分隔和组织控件，对一些特殊控件使用特殊效果，对显示的文字使用颜色和各种各样的字体，均可以美化窗体。

6.5.1　加线条

利用“设计”子选项卡下“控件”组中的“直线”和“矩形”，可以为窗体添加直线和矩形，然后修改其属性，将其他控件加以分隔和组织，从而大大增强窗体的可读性。

例如，要向窗体添加直线，主要操作步骤如下。

（1）在“窗体设计工具”选项卡下的“设计”子选项卡中选择“控件”组，单击“直线”控件按钮。

（2）单击窗体的任意处可以添加默认大小的直线，如果要添加任意大小的直线，则可以拖动鼠标。

（3）单击刚添加的直线，通过拖动直线的移动手柄以调整直线的位置，选择或移动控件时按下 Shift 键，可保持该控件在水平或垂直方向上与其他控件对齐。可以是水平或垂直移动控件，这取决于首先移动的方向。如果需要细微地调整控件的位置，更简单的方法是按下 Ctrl 键和相应的方向键。以这种方式在窗体中移动控件时，即使“对齐网格”功能为打开状态，Access 2013 也不会将控件对齐网格。拖动直线的大小手柄，以调整直线的长度和角度，如果想要细微地调整窗体中控件的大小，更简单的方法便是按下 Shift 键，并使用相应的方向键。要修改直线的属性，首先右击直线，从快捷菜单中选择“属性”命令，然后激活“格式”选项卡进行设置。

6.5.2　加矩形

为窗体添加矩形，其操作方法与添加直线相同，而且矩形与直线的同名属性具有相似的作用。Access 2013 为控件提供了 6 种特殊效果，即平面、凸起、凹陷、阴影、蚀刻和凿痕。其他控件如果有“特殊效果”（SpecialEffect），属性也与此类似。

“特殊效果”属性设置影响相关的“边框样式”（BorderStyle）、“边框颜色”（BorderColor）和“边框宽度”（BorderWidth）属性设置。例如，如果特殊效果属性设为“凸起”，则忽略“边框样式”、“边框颜色”和“边框宽度”设置。另外，更改或设置“边框样式”、“边框颜色”和“边框宽度”属性，会使 Access 2013 将“特殊效果”属性设置更改为“平面”。

当设置文本框的“特殊效果”属性为“阴影”时，文本在垂直方向上显示的面积会减少。可以调整文本框的“高度”（Height）属性，增加文本框的显示面积。

6.5.3　设置控件格式属性

除了如前所述的可以设置控件的特殊效果、控件上的文本颜色外，还可以通过调整控件的大小、位置等来改变窗体的布局。

1．选择控件

选择控件包括选择一个控件和选择多个控件。要选择多个控件，首先按下 Shift 键，然后依次单击所要选择的控件。在选择多个控件时，如果已经选择了某控件后又想取消选择此控件，只要在按住 Shift 键的同时再次单击该控件即可。

通过拖动鼠标包含控件的方法选择相邻控件时，需要圈选框完全包含整个控件。如果要求圈选框部分包含时即可选择相应控件，需作进一步的设置。选择“工具”菜单中的“选项”命令，在“选项”对话框中激活“窗体/报表”选项卡，然后将“选中方式”设置成“部分包含”。通过上述设置后，当选择控件时，只要矩形接触到控件就可以选择控件，而不需要完全包含控件。

2．移动控件

要移动控件，首先选择控件，然后移动鼠标指向控件的边框，当鼠标指针变为手掌形时，即可拖动鼠标将控件拖到目标位置。

当单击组合控件两部分中的任一部分时，Access 2013 将显示两个控件的移动控制句柄，以及所单击的控件的调整大小控制句柄。如果要分别移动控件及其标签，应将鼠标指针放在控件或标签左上角处的移动控制句柄上，当指针变成向上指的手掌图标时，拖动控件或标签可以移动控件或标签。如果指针移动到控件或其标签的边框（不是移动控制句柄）上，指针变成手掌图标时，可以同时移动两个控件。

对于复合控件，即使分别移动各个部分，组合控件的各部分仍将相关。如果要将附属标签移动到另一个节而不想移动控件，必须使用“剪切”及“粘贴”命令。如果将标签移动到另一个节，该标签将不再与控件相关。

在选择或移动控件时按下 Shift 键，保持该控件在水平或垂直方向上与其他控件对齐，可以水平或垂直移动控件，这取决于首先移动的方向。如果需要细微地调整控件的位置，更简单的方法是按下 Ctrl 键和相应的方向键。

3．调整控件大小

单击要调整大小的一个控件或多个控件，拖动调整大小控制句柄，直到控件变为所需的大小；也可以通过属性设置来改变控件的大小，右击所选择的控件，选择快捷菜单中的“属性”命令，在相应控件的属性设置对话框中选择“格式”选项卡，分别在“宽度”和“高度”文本框中输入控件的宽度和高度；按下 Shift 键，并使用相应的方向键可以细微地调整控件的大小；要调整控件的大小正好容纳其内容，则选择要调整大小的一个控件或多个控件，然后在“格式”菜单中，选择“大小”子菜单中的“正好容纳”命令，Access 2013 将根据控件内容确定其宽度和高度。

4．对齐控件

在设计窗体时应该正确排列窗体的各控件。对齐控件包括使用网格对齐控件和使控件相互对齐两种情况。

（1）使用网格对齐控件　首先选择要调整的控件，然后选择“格式”菜单中“对齐”子菜单中的“对齐网格”命令。

如果网格上点与点之间的距离需要调整，在设置窗体属性的对话框中选择“格式”选项卡；如果要更改水平点，可以为“网格线 X 坐标”属性输入一个新值。如果要更改垂直点，则为“网格线 Y 坐标”属性输入一个新值。数值越大表明点间的距离越短。网格的默认设置为水平方向每英寸 24 点，垂直方向每英寸 24 点。如果用 cm 作为测量单位，则网格设置为 10cm×10cm。这些设置可以更改为 1～64cm 的任何整型值。如果选择了每英寸多于 24 点或每厘米多于 9 点的设置，则网格上的点将不可见。

（2）使控件互相对齐　首先选择要调整的控件，这些控件应在同一行或同一列，然后选择“格式”菜单中的“对齐”子菜单，再选择下列其中一项命令：

靠左：把控件的左缘对齐最左边控件的左缘；

靠右：把控件的右缘对齐最右边控件的右缘；

靠上：把控件的上缘对齐最上面控件的上缘；

靠下：把控件的下缘对齐最下面控件的下缘。

如果选定的控件在对齐之后，则可能重叠，Access 2013 会将这些控件的边相邻排列。

5．修改控件间隔

（1）平均间隔控件　选择要调整的控件（至少三个），对于有附属标签的控件，应选择控件，而不要选择其标签。选择“格式”菜单中的“水平间距”或“垂直间距”子菜单，然后再选择“相同”命令，Access 2013 会将这些控件等间隔排列。实际上只有位于中间的控件才会调整，而顶层与底层的控件位置不变。

（2）增加或减少控件之间的间距　选择要调整的控件，选择“格式”菜单中的“水平间距”或“垂直间距”子菜单，然后再选择“增加”或“减少”命令。在控件之间的间距增加或减少时，最左侧（水平间距）及最顶端（垂直间距）的控件位置不变。

6.5.4　使用 Tab 键设置控件次序

在设计窗体时，特别是数据录入窗体时，需要窗体中的控件按一定的次序响应键盘，便于用户操作。在“设计”视图中，Tab 键次序通常是控件的创建次序。可以使用“视图”菜单中的“Tab 键次序”命令，重新设置窗体控件次序。

在“设计”视图中，打开窗体或数据访问页，执行下列操作之一。

（1）更改窗体中的 Tab 键次序　在“窗体设计工具”选项卡下的“设计”子选项卡中选择“工具”组，单击“Tab 键次序”按钮，打开“Tab 键次序”对话框，如图 6-68 所示。

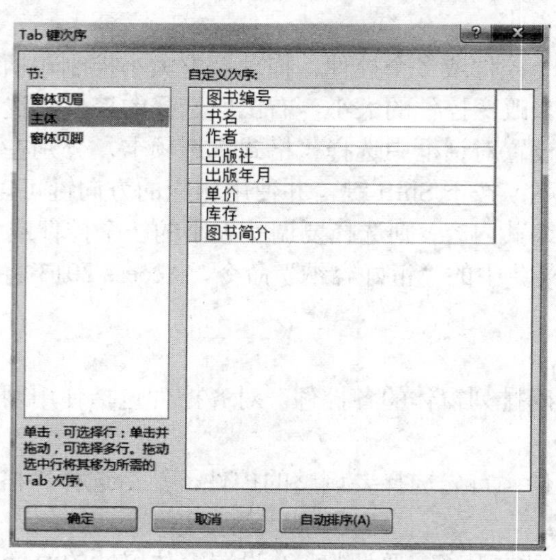

图 6-68　“Tab 键次序”对话框

如果希望 Access 2013 创建从左到右、从上到下的 Tab 键次序，可单击“自动排序”。

如果希望创建自定义 Tab 键次序，可在“自定义顺序”列表中，单击选定要移动的控件（单击并进行拖动可以一次选择多个控件），然后再次单击拖动控件到列表中所需的地方。

（2）更改数据访问页中的 Tab 键次序　打开数据访问页“设计”视图，选择要按照 Tab 键次序移动的控件，打开控件的“属性表”对话框，在“Tab 键索引”文本框中，输入新的 Tab 键次序，如图 6-69 所示。

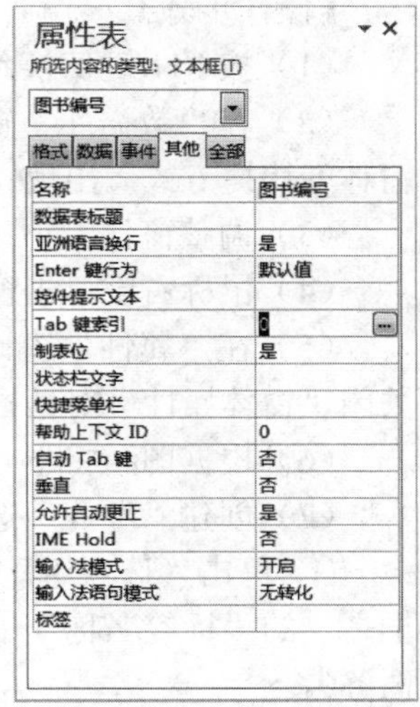

图 6-69　设置“Tab 键索引”

（3）从 Tab 键次序中移除控件

在窗体或数据访问页“设计”视图中，选择要从 Tab 键次序中移除的控件，然后打开控件的属性设置对话框，执行下列操作之一。

① 如果控件在窗体中，则在“制表位”属性框中，单击“否”，就仍可以通过单击该控件选定它。

② 如果控件位于数据访问页中，则将“Tab 键索引”属性设为-1，就仍可以通过单击该控件选定它。

上机实训一

一、实验目的

① 熟练创建窗体的方法；

② 窗体中控件对象的使用；

③ 窗体及控件的属性设置与事件的设计方法。

二、实验过程

创建一个名为“学生信息”的窗体对象，如图 6-70 所示，具体要求如下。

（1）以数据库中的学生表为数据源，建立一个用于显示和输入学生信息的窗体。

（2）对其中的专业字段，构造一个选项组控件，专业字段提供三个选项，分别是：计算机信息管理、国际贸易、电子商务。默认值选为“计算机信息管理”。

（3）选项组的标题设定为“专业”。

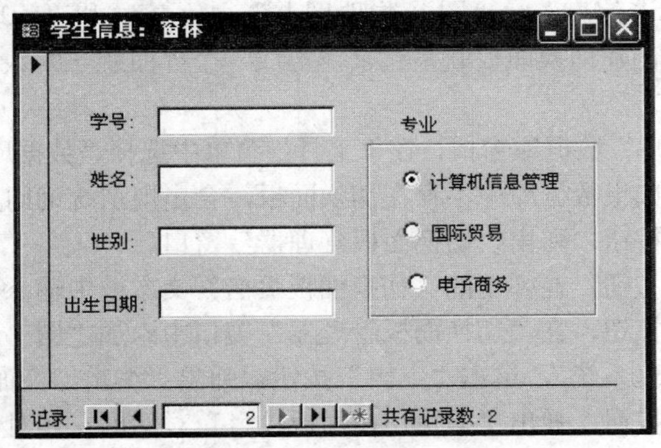

图 6-70　“学生信息”窗体

【操作步骤】

（1）按 F11 键切换到“数据库”窗口。

（2）在“数据库”窗口中，单击“对象”栏下的“窗体”，然后双击“在设计视图中创建窗体”快捷方式，出现“窗体”设计窗口。

（3）调整窗体大小。

（4）鼠标右键单击窗体（不要单击网格）选择“属性”命令；打开“窗体属性”对话框。

（5）在“属性”窗口中单击“数据”选项卡，在“记录源”下拉列表中选择“学生表”，关闭“窗体属性”对话框。

（6）根据图示将学号、姓名、性别、出生日期字段拖动到设计网格的指定位置。

（7）创建“专业”选项组控件，步骤如下：

① 单击“选项组”按钮，然后在窗体上单击一下，出现“选项组向导”对话框，在对话框之一的“标签名称”中输入所需的选项，分别是“计算机信息管理”、“国际贸易”和“电子商务”。

② 单击“下一步”，在第 2 个对话框中，选择“是，默认选项是”，再选择“计算机信息管理”。

③ 单击“下一步”，再单击“下一步”，在第 4 个对话框中，选择“在此字段中保存该值”，在其后面选择“专业”。

④ 单击“下一步”，在第 5 个对话框中指定按钮类型，选择“选项按钮”。

⑤ 单击“下一步”，在第 6 个对话框中的“请为选项组指定标题”处输入“专业”。

⑥ 单击“完成”，创建完毕。

（8）切换到“窗体视图”查看效果。

（9）单击工具栏上的“保存”按钮，为新建的窗体命名并保存。

上机实训二

一、实验目的

① 掌握创建窗体的方法；

② 掌握通过创建切换面板将多页窗体联系起来的方法。

二、实验过程

(1)分别创建 “读者信息”、“图书类型/图书”主/子窗体和“管理员/图书”多页窗体。

（2）三个窗体通过创建切换面板联系起来，形成一个界面统一的数据库系统。

【操作步骤】

（1）打开“图书管理”数据库窗口，在“工具”菜单中选择“数据库实用工具”，执行“切换面板管理器”命令。如果数据库中不存在切换面板，会出现系统询问是否要创建新的切换面板对话框，单击“是”按钮，弹出“切换面板管理器”窗口。

（2）单击“新建”按钮，在弹出的“切换面板页名”文本框中输入“图书管理系统”。

（3）单击“确定”按钮，在“切换面板管理器”窗口中添加“图书管理系统”项。

（4）选择“图书管理系统”，单击“编辑”按钮，弹出“编辑切换面板页”对话框。

（5）单击“新建”按钮，弹出“编辑切换面板项目”对话框。在对话框的“文本”输入框中输入“读者信息查询”，在“命令”下拉列表中选择“在‘编辑’模式下打开窗体”，在“窗体”下拉列表中选择“读者信息”，单击“确定”按钮，回到“切换面板页”对话框。

(6) 此时，在“切换面板页”对话框中就创建了一个项目，重复(4)、(5)步，新建“读者借阅查询”和“管理员/图书信息”。

(7) 重复(4)、(5)步，在“文本”输入框中输入“退出系统”，在“命令”下拉列表中选择“退出应用程序”。

(8) 此时在“编辑切换面板页”对话框中已经创建四个项目，单击“关闭”按钮，回到“切换面板管理器”窗口。

(9) 在“切换面板管理器”窗口选择“图书管理系统”，单击“创建默认”按钮，使新创建的切换面板加入到窗体对象中，单击“关闭”按钮。

习 题

一、选择题

1. 不属于 Access 窗体的视图是（　　）。

A. 设计视图　　B. 窗体视图

C. 版面试图　　D. 数据表视图

2. 用于创建窗体或修改窗体的是（　　）。

A. 设计视图　　B. 窗体视图

C. 数据表视图　　D. 透视表视图

3. “特殊效果”属性值用于设定控件的显示特效，下列属于“特殊效果”属性值的是（　　）。①“平面”；②“颜色”；③“凸起”；④“蚀刻”；⑤“透明”；⑥“阴影”；⑦“凹陷”；⑧“凿痕”；⑨“倾斜”

A. ①②③④⑤⑥　　B. ①③④⑤⑥⑦

C. ①④⑥⑦⑧⑨　　D. ①③④⑥⑦⑧

4. 窗口事件是指操作窗口时所引发的事件，下列不属于窗口事件的是（　　）。

A. 加载　　B. 打开　　C. 关闭　　D. 确定

5. 窗体是 Access 数据库中的一个对象，通过窗体用户可以完成下列（　　）功能。

①输入数据；②编辑数据；③存储数据；④以行、列形式显示数据；⑤显示和查询表中的数据；⑥ 导出数据

A. ①②③　　B. ①②④

C. ①②⑤　　D. ①②⑥

6. 不属于窗体控件的是（　　）。

A. 文件控件　　B. 矩形控件

C. 图像控件　　D. 日期控件

7. 窗体布局不包括（　　）。

A. 纵栏式　　B. 数据表

C. 表格式　　D. 新奇式

8. 可以作为窗体记录源的是（　　）。

A. 表　　B. 查询　　C. Select 语句　　D. 表、查询或 select 语句

9. 完整的窗体结构由窗体页眉、页面页眉、（　　）、页面页脚、窗体页脚 5 部分组成。

A. 主体　　B. 菜单栏　　C. 属性栏　　D. 工具栏

10. 在文本框中输入密码时显示“*”，应设置（　　）属性。

A. 默认值　　B. 标题　　C. 输入掩码　　D. 密码

二、填空题

1．窗体中的数据主要来源于____________ 和____________。
2．创建窗体可以使用____________和使用____________两种方式。
3．窗体中的窗体称为__________，其中可以创建为__________。
4．窗体由多个部分组成，每个部分称为一个__________ ，大部分的窗体只有__________。
5．对象的属性用来描述对象的特征和状态，它们是一组______________。
6．在创建主/子窗体之前，必须设置__________之间的关系。
7．在窗体中，用来设置窗体标题的区域一般是_________________。
8．窗体中的控件分为三种类型：结合型、非结合型和_________________。
9．当文本框中的内容发生改变时，触发的事件是__________________。
10．标签控件在窗体的________________视图中不能显示。

三、思考题

1．什么是窗体？窗体的主要作用是什么？
2．窗体有哪几种类型？各具有什么特点？
3．窗体的主要创建方法有哪些？
4．子窗体有何用处？如何建立主/子窗体？
5．窗体的设计视图有何组成？各有什么用途？
6．工具箱有哪些常用的控件对象？各有何用处？
7．举例说明组合框的设计方法。
8．举例说明列表框的设计方法。
9．举例说明选项组的设计方法。
10．常用的窗体格式属性有哪些？
11．文本框控件的主要常用属性有哪些？各具有什么作用？
12．如果要对命令按钮的“单击”事件编程，应该如何操作？
13．在窗体数据源中可以使用多少个表或查询？为什么？

第7章 报 表 设 计

【学习要点】

➢ 报表的功能;

➢ 报表的设计;

➢ 报表的计算;

➢ 报表的打印和预览。

【学习目标】

通过对本章内容的学习，读者应该了解报表的概念和功能；掌握利用报表向导创建报表、使用简便方法创建报表、使用报表设计视图创建报表、使用向导创建标签和图表；了解报表预览和打印。

7.1 认 识 报 表

7.1.1 报表的定义

一个完整的数据库系统应该有打印输出的功能，报表是数据库中的数据通过打印机输出的特有形式。在传统的数据库系统开发中，数据库的打印格式由程序员在设计过程中确定，用户在使用中不方便修改。在 Access 中，数据库的打印工作通过报表对象来实现，使用报表对象，用户可以简单、轻松地完成复杂的打印工作。精美且设计合理的报表能使数据清晰地呈现在纸质介质上，把用户所要传达的汇总数据、统计与摘要信息让人一目了然。

报表是 Access 数据库中的一个对象，它根据指定的规则打印输出格式化的数据信息。熟悉 EXCEL 的用户可能会把数据表视图中的数据记录或查询结果直接打印输出，但是这样的报表格式不美观也不符合实际的要求。Access 2013 中报表的制作方式有多种，使用这些方式能够快速完成基本设计并打印报表。

7.1.2 报表的功能

报表的主要功能如下：

- 以格式化形式输出数据；
- 分组汇总数据；
- 显示图表数据；
- 可以输出各种样式的报表；
- 可以对数据进行计数、求平均、求和等统计计算；
- 可以嵌入图像或图片来丰富数据显示形式。

只要在一个表中保存一次数据，就可以从表、查询、窗体和报表等多个角度查看到数据。由于数据的关联性，在修改某一处的数据时，所有出现此数据的地方均会自动更新。

Access 2013 有许多方便快捷的工具和向导，工具有表生成器、查询生成器、窗体生成器和表达式生成器等；向导有数据库向导、表向导、查询向导、窗体向导和报表向导等。利用这些工具和向导，可以建立功能较为完善的中小型数据库应用系统。

7.1.3 报表的视图

Access 的报表操作提供了 4 种视图：报表视图、打印预览视图、布局视图和设计视图。

① 报表视图：报表设计完成后，最终被打印的视图；
② 打印预览：视图用于查看报表的页面数据输出形态；
③ 布局视图：用于查看报表的版面设置；
④ 设计视图：用于创建和编辑报表的结构。

7.1.4 报表的类型

① 纵栏式报表：以垂直方式在每页上显示一条或多条记录。
② 表格式报表：分组/汇总报表，类似于用行和列来显示数据的表格。
③ 数据图视图、数据透视表报表：一种用图表的形式或透视表的形式显示的报表。
④ 标签报表：在每页上以两列或三列的形式显示多条记录。

7.2 使用向导创建报表

【例 7-1】 以“读者信息”数据表为数据来源，使用报表向导创建报表，最后通过报表设计视图修改报表字段的位置，步骤如下。

（1）打开读者表，选择【创建】选项卡,单击【报表向导】按钮，如图 7-1 所示。

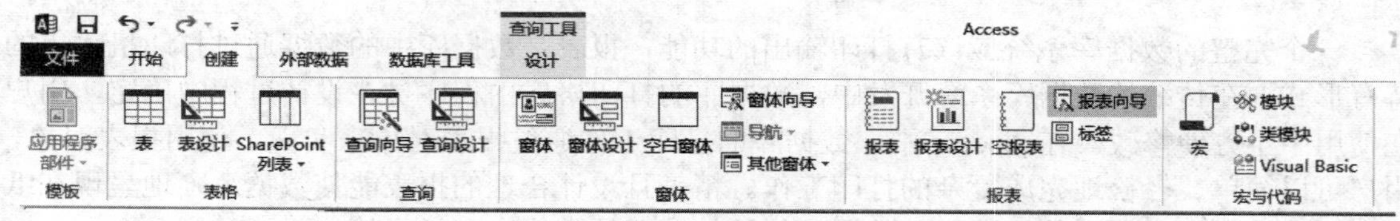

图 7-1 “报表”选项卡

（2）在【报表向导】中选择读者表，并将所有字段添加为选定字段，并单击【下一步】按钮，如图 7-2 所示。

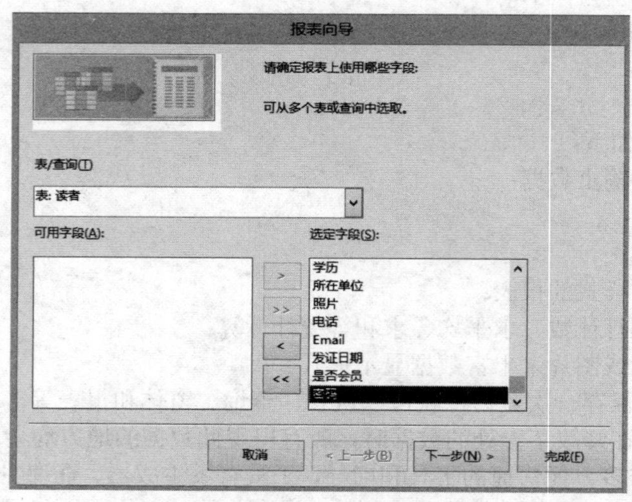

图 7-2 “报表向导”中选定字段

（3）添加【借书证号】字段为分组级别，并单击【下一步】按钮，如图 7-3 所示。

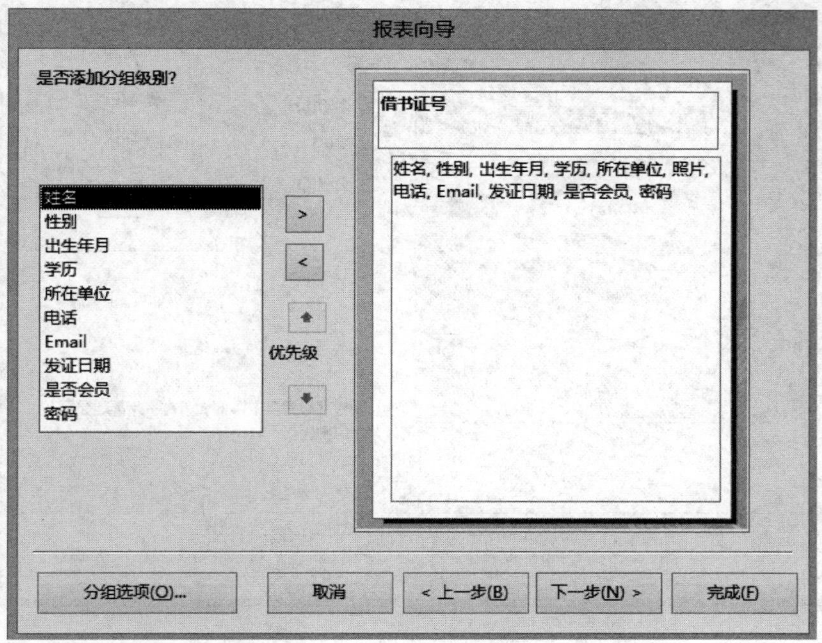

图 7-3 “报表向导”中添加分组级别

（4）设置【姓名】字段进行升序排列，并单击【下一步】按钮，如图 7-4 所示。

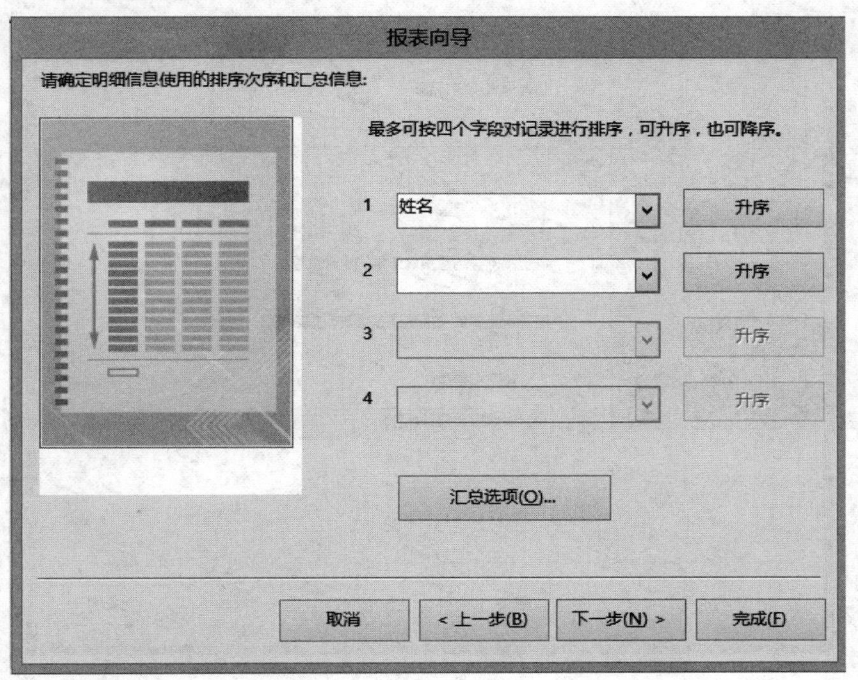

图 7-4 “报表向导”中对记录排序

（5）设置方向为【横向】，并单击【下一步】按钮，如图 7-5 所示。

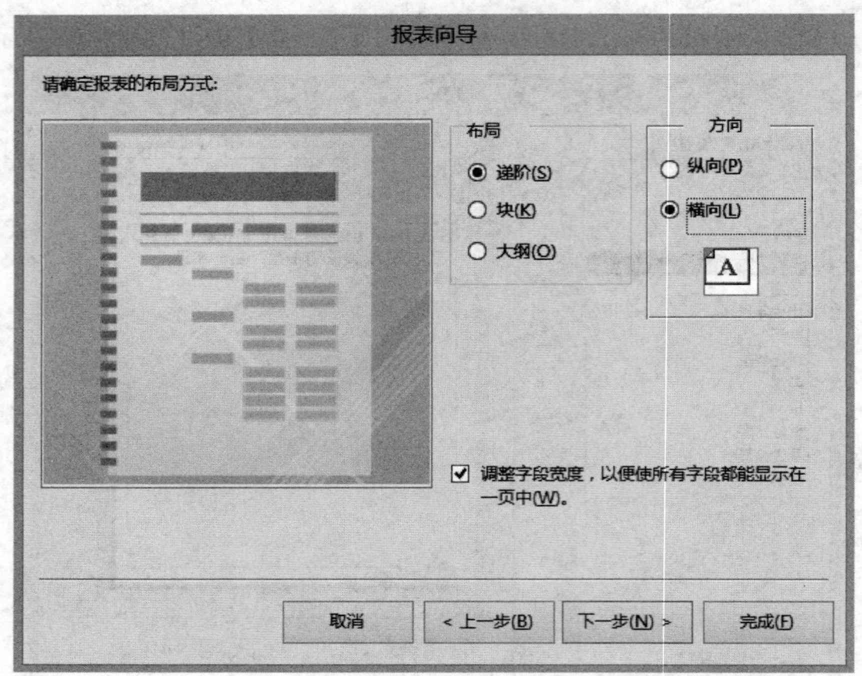

图 7-5 “报表向导”中确定报表的布局方式

（6）为报表指定标题，并选择【修改报表设计】单选项，选择【完成】按钮，如图 7-6 所示。

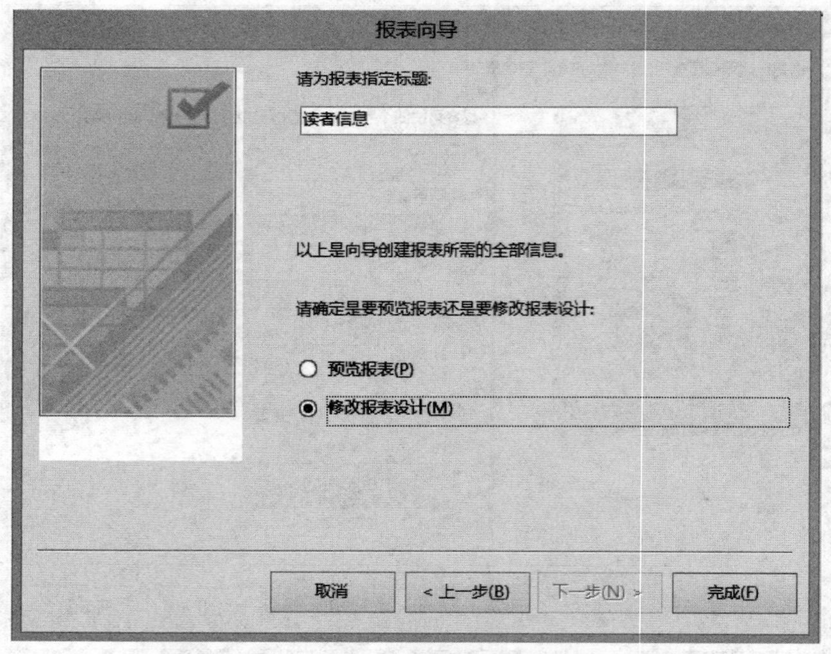

图 7-6 “报表向导”中指定标题

（7）适当调整报表页面页眉标签位置，然后单击【关闭】按钮，在对话框中单击【是】按钮，如图 7-7 所示。

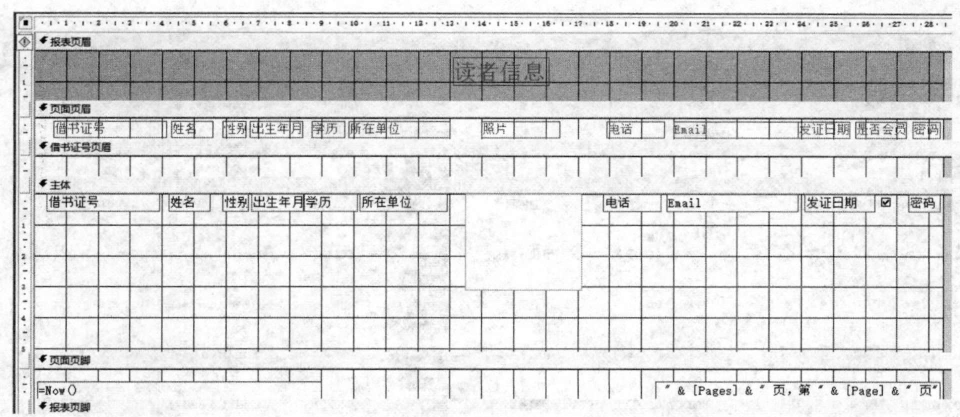

图 7-7　调整报表页面页眉标签位置

（8）找到学生信息报表并双击打开，如图 7-8 所示。

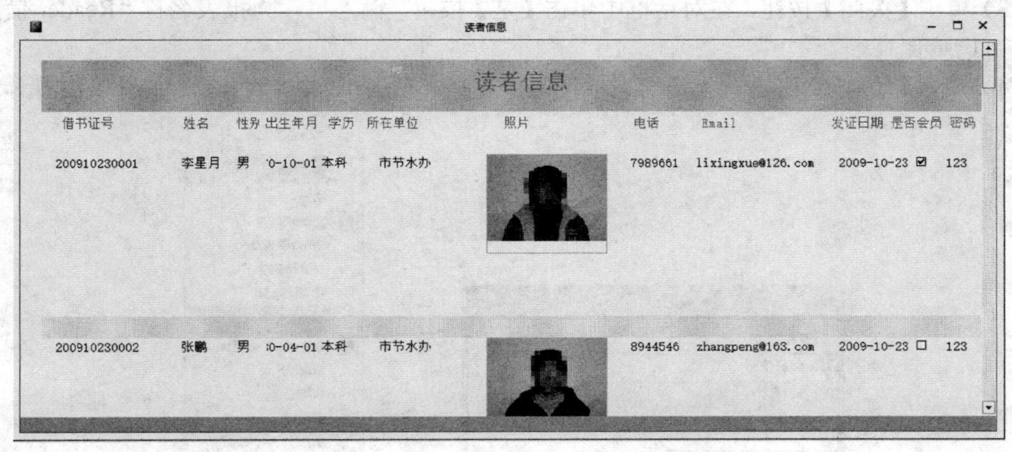

图 7-8　“报表”创建结果

7.3　使用报表工具创建报表

【例 7-2】以“读者”数据表为数据来源，使用报表工具创建报表，快速创建一个“读者”报表，通过本例的学习，可以学会使用报表工具创建报表，步骤如下。

（1）　打开读者表，选择【创建】选项卡，单击【报表】按钮.如图 7-9 所示。

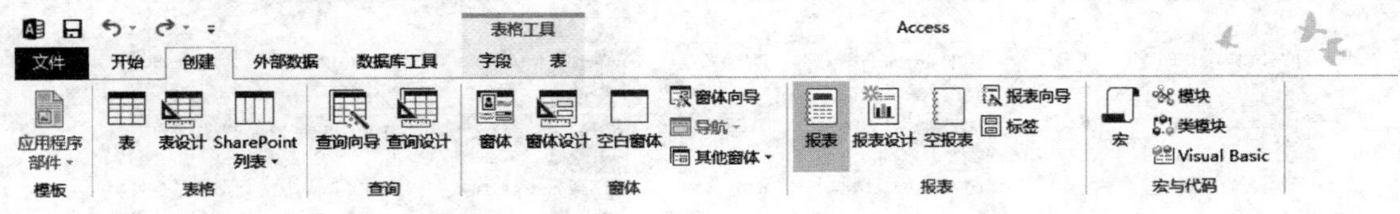

图 7-9 “报表”选项卡

（2）　双击标题，切换到输入状态后，更改标题内容，如图 7-10 所示。

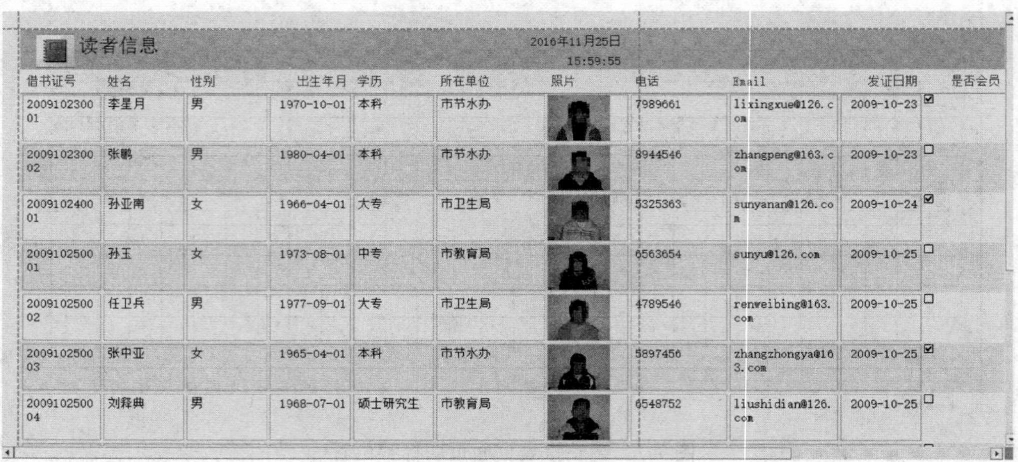

读者信息　2016年11月25日 15:59:55

借书证号	姓名	性别	出生年月	学历	所在单位	照片	电话	Email	发证日期	是否会员
200910230001	李星月	男	1970-10-01	本科	市节水办		7989661	lixingxue@126.com	2009-10-23	☑
200910230002	张鹏	男	1980-04-01	本科	市节水办		8944546	zhangpeng@163.com	2009-10-23	☐
200910240001	孙亚南	女	1966-04-01	大专	市卫生局		5325363	sunyanan@126.com	2009-10-24	☑
200910250001	孙玉	女	1973-08-01	中专	市教育局		6563654	sunyu@126.com	2009-10-25	☐
200910250002	任卫兵	男	1977-09-01	大专	市卫生局		4789546	renweibing@163.com	2009-10-25	☐
200910250003	张中亚	女	1965-04-01	本科	市节水办		5897456	zhangzhongya@163.com	2009-10-25	☑
200910250004	刘释典	男	1968-07-01	硕士研究生	市教育局		6548752	liushidian@126.com	2009-10-25	☐

图 7-10　更改标题内容

（3）单击【关闭】按钮，在对话框中单击【是】按钮，输入另存为报表名称“Reader 信息”，如图 7-11 所示。

（4）单击左边导航窗格右上角的选项按钮，选择“所有 Access 对象”，如图 7-12 所示。

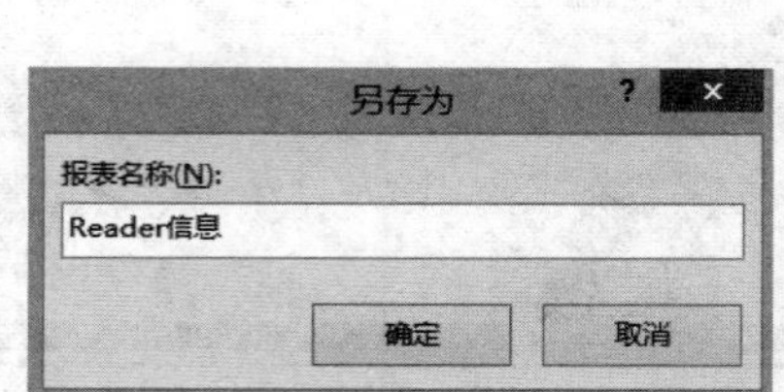

图 7-11　“另存为”对话框

表
浏览类别
自定义
对象类型(O)
表和相关视图(T)
创建日期(C)
修改日期(M)
按组筛选
表(B)
查询(Q)
窗体(F)
报表(R)
所有 Access 对象(A)

图 7-12　选择“所有 Access 对象”

（5）双击打开报表视图,查看报表效果，如图 7-13 所示。

读者信息　2016年11月25日 16:06:19

借书证号	姓名	性别	出生年月	学历	所在单位	照片	电话	Email	发证日期	
200910230001	李星月	男	1970-10-01	本科	市节水办		7989661	lixingxue@126.com	2009-10-23	☑
200910230002	张鹏	男	1980-04-01	本科	市节水办		8944546	zhangpeng@163.com	2009-10-23	☐
200910240001	孙亚南	女	1966-04-01	大专	市卫生局		5325363	sunyanan@126.com	2009-10-24	☑
200910250001	孙玉	女	1973-08-01	中专	市教育局		6563654	sunyu@126.com	2009-10-25	☐
200910250002	任卫兵	男	1977-09-01	大专	市卫生局		4789546	renweibing@163.com	2009-10-25	☐
200910250003	张中亚	女	1965-04-01	本科	市节水办		5897456	zhangzhongya@163.com	2009-10-25	☑
200910250004	刘释典	男	1968-07-01	硕士研究生	市教育局		6548752	liushidian@126.com	2009-10-25	☐

图 7-13　查看报表效果

7.4　使用空白报表工具创建报表

【例 7-3】 以“借阅”数据表为数据来源，使用空白报表工具创建报表，最后设置报表的格式和排列。通过本例的学习，可以学会使用空白报表工具创建报表的方法，并能在报表布局视图中进行报表的基本设计，步骤如下。

（1）打开借阅表，选择【创建】选项卡，单击【空报表】按钮，如图 7-14 所示。

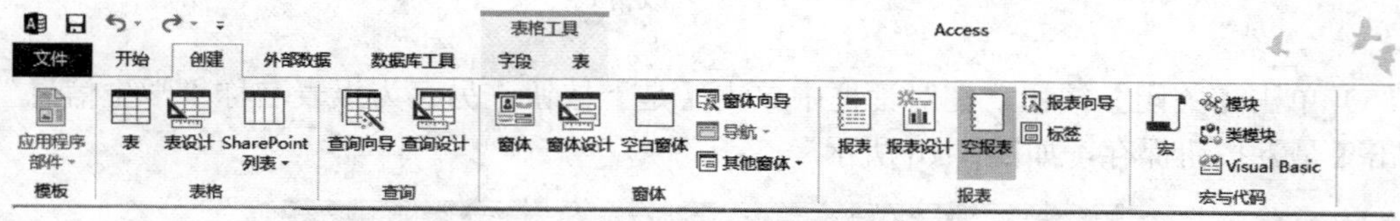

图 7-14　打开“报表”选项卡

（2）将【借书证号】字段添加到布局视图中,如图 7-15 所示。

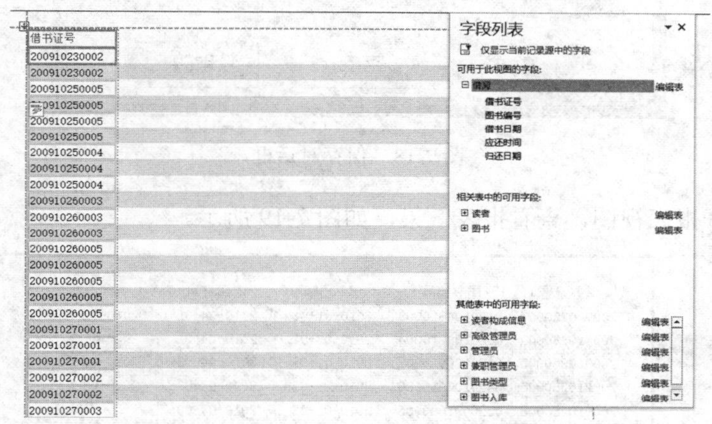

图 7-15　添加“学号”字段到布局视图

（3）以同样操作将其他字段添加到报表布局视图中，并通过左右拖动来调整列的宽度，如图 7-16 所示。

借书证号	图书编号	借书日期	应还时间	归还日期
200910230002	0120100910003	2010-01-01	2010-04-01	2010-02-25
200910230002	0120100910004	2010-01-01	2010-04-01	
200910250005	0420100910003	2010-01-03	2010-04-03	2010-03-02
200910250005	0420100910006	2010-01-03	2010-04-03	2010-03-04
200910250005	0520091009005	2010-01-03	2010-04-03	
200910250005	0320091009003	2010-01-04	2010-04-04	
200910250004	0220100910001	2010-01-07	2010-04-07	2010-03-04
200910250004	0520091009003	2010-01-07	2010-04-07	2010-03-04
200910250004	0320091009003	2010-01-07	2010-04-07	
200910260003	0120100910003	2010-01-08	2010-04-08	
200910260003	0120100910005	2010-01-08	2010-04-08	2010-03-04
200910260003	0120100311001	2010-01-08	2010-04-08	
200910260005	0120100910002	2010-01-08	2010-04-08	2010-03-04
200910260005	0120100910003	2010-01-09	2010-04-09	
200910260005	0420100910002	2010-01-09	2010-04-09	
200910260005	0220100910002	2010-01-09	2010-04-09	
200910260005	0520091009001	2010-01-09	2010-04-09	2010-03-04
200910270001	0120100910005	2010-01-09	2010-04-09	
200910270001	0120100910001	2010-01-09	2010-04-09	
200910270001	0420100910002	2010-01-09	2010-04-09	
200910270002	0420100910003	2010-01-09	2010-04-09	2010-03-04

字段列表
仅显示当前记录源中的字段
可用于此视图的字段:
借阅　编辑表
借书证号
图书编号
借书日期
应还时间
归还日期
相关表中的可用字段:
读者　编辑表
图书　编辑表
其他表中的可用字段:
读者构成信息　编辑表
高级管理员　编辑表
管理员　编辑表
兼职管理员　编辑表
图书类型　编辑表
图书入库　编辑表

图 7-16　调整字段

（4） 适当修改格式，选择居中对齐，形状填充，如图 7-17 所示。

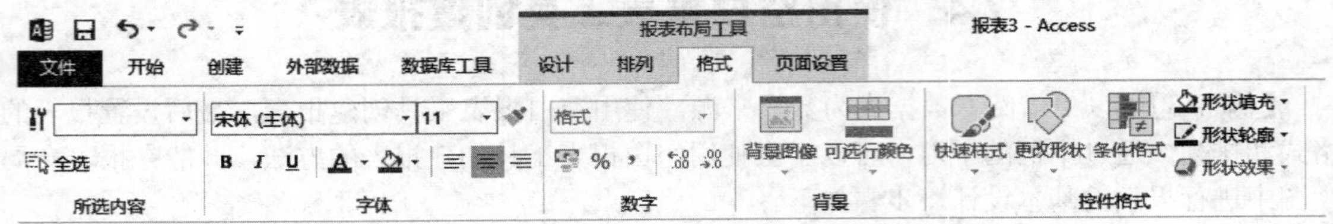

图 7-17 修改格式

（5）单击【关闭】按钮，在对话框中单击【是】按钮，另存为报表名称“学生信息”，然后单击【是】按钮保存，如图 7-18 所示。

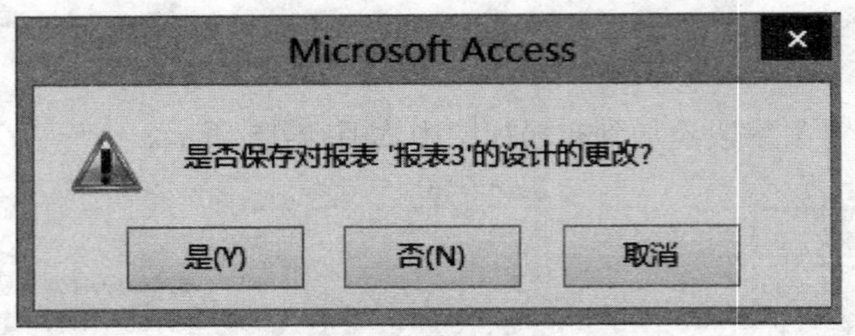

图 7-18 保存对话框

（6）双击打开报表视图，查看报表效果，如图 7-19 所示。

报表

Reader信息

读者信息

借阅信息

借书证号	图书编号	借书日期	应还时间	归还日期
200910230002	0120100910003	2010-01-01	2010-04-01	2010-02-25
200910230002	0120100910004	2010-01-01	2010-04-01	
200910250005	0420100910003	2010-01-03	2010-04-03	2010-03-02
200910250005	0420100910006	2010-01-03	2010-04-03	2010-03-04
200910250005	0520091009005	2010-01-03	2010-04-03	
200910250005	0320091009003	2010-01-04	2010-04-04	
200910250004	0220100910001	2010-01-07	2010-04-07	2010-03-04
200910250004	0520091009003	2010-01-07	2010-04-07	2010-03-04
200910250004	0320091009003	2010-01-07	2010-04-07	
200910260003	0120100910003	2010-01-08	2010-04-08	
200910260003	0120100910005	2010-01-08	2010-04-08	2010-03-04
200910260003	0120100311001	2010-01-08	2010-04-08	
200910260005	0120100910002	2010-01-08	2010-04-08	2010-03-04
200910260005	0120100910003	2010-01-09	2010-04-09	
200910260005	0420100910002	2010-01-09	2010-04-09	
200910260005	0220100910002	2010-01-09	2010-04-09	
200910260005	0520091009001	2010-01-09	2010-04-09	2010-03-04
200910270001	0120100910005	2010-01-09	2010-04-09	
200910270001	0120100910001	2010-01-09	2010-04-09	
200910270001	0420100910002	2010-01-09	2010-04-09	

报表视图

图 7-19 查看报表效果

7.5 通过视图创建报表

【例 7-4】 以“管理员”数据表为数据来源，使用视图创建报表，步骤如下。

（1）打开管理员表，选择【创建】选项卡,单击【报表设计】按钮，如图 7-20 所示。

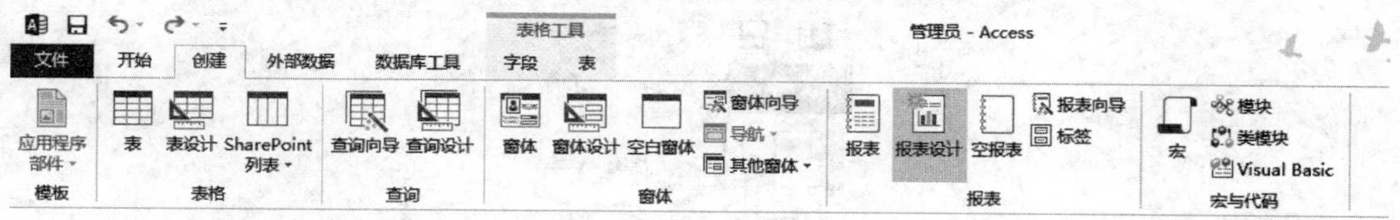

图 7-20　打开“报表”选项卡

（2）单击属性表或者按（Alt+Enter）打开属性表，如图 7-21 所示。

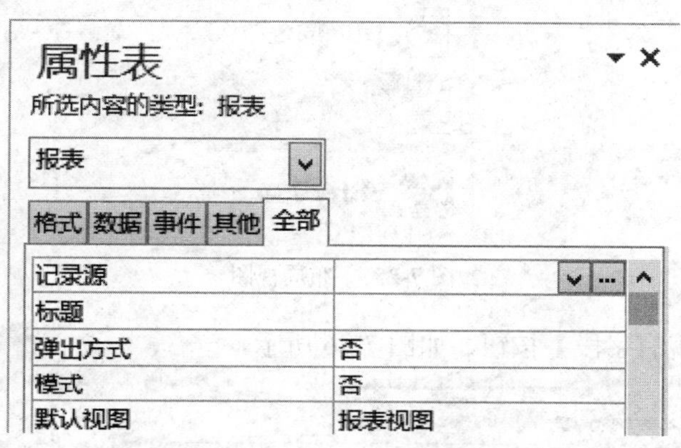

图 7-21　打开属性表

（3）在属性表的格式选项卡中，输入标题“管理员表”，并在“数据”选项卡“记录源”中选“管理员”，如图 7-22 和图 7-23 所示。

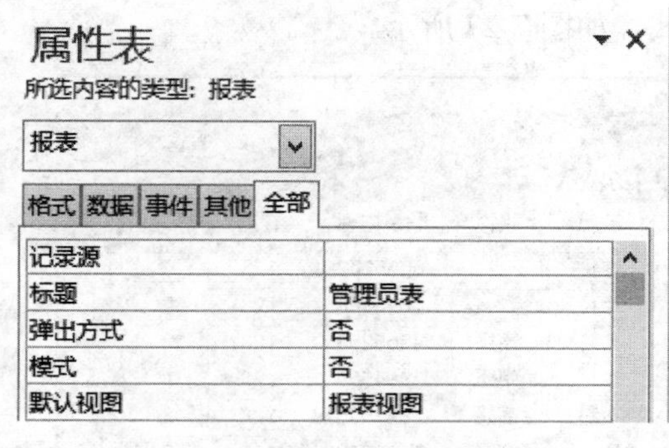

图 7-22　填写标题“管理员表”

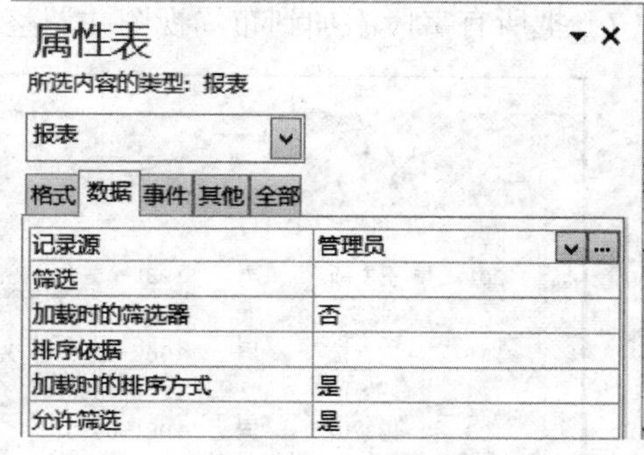

图 7-23　记录源中选“管理员”

（4）打开“报表设计工具”中的“设计”选项卡，分别利用“徽标”、“标题”设置“报表页眉”，并修改格式，如图 7-24 所示。

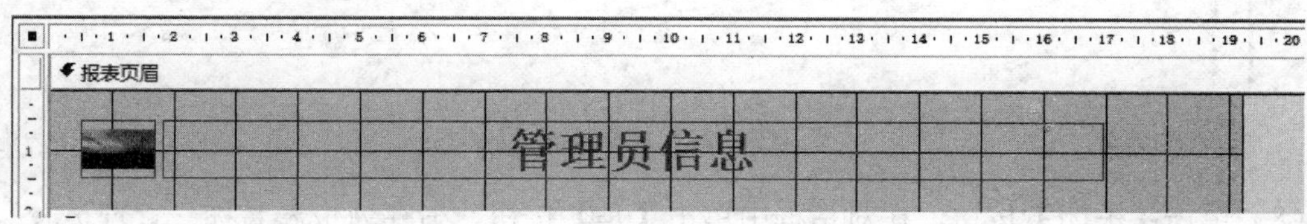

图 7-24　设置报表页眉

（5）单击【视图】按钮，选择【布局视图】，如图 7-25 所示。

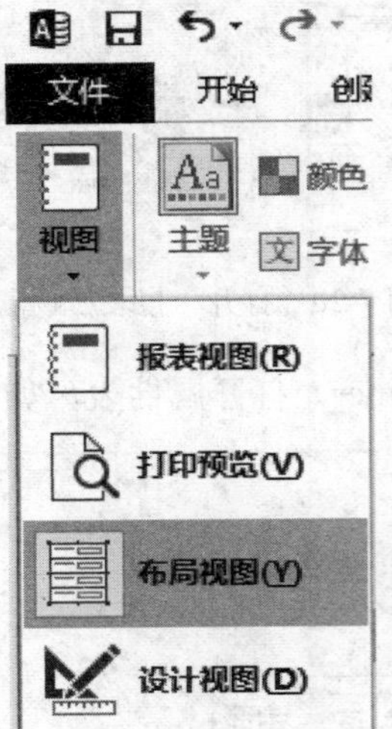

图 7-25　布局视图

（6）单击【添加现有字段】按钮，如图 7-26 所示。

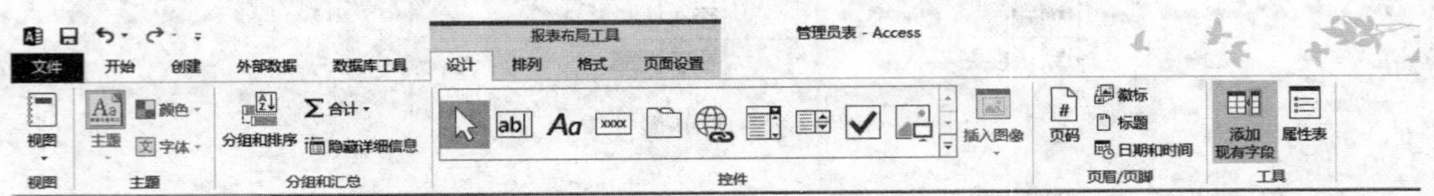

图 7-26　添加现有字段

（7）把所有字段添加到布局视图并调整格式，如图 7-27 所示。

管理员信息

管理员编号	姓名	性别	出生年月	政治面貌	学历	职称	联系电话	密码	级别
201	王友新	男	1981-05-06	党员	本科		6565252	123	0
202	张文	女	1980-04-02		专科		5895966	123	0
101	刘岩松	男	1969-07-01	党员	本科	高级	4565258	123	2
102	王芳	女	1974-08-01		本科	中级	7894556	123	1
103	杨岐山	男	1981-04-01		本科	高级	7848585	123	2
105	翟黎明	男	1983-01-01	党员	硕士	中级	7485717	123	3
1	陆小芬	女	1966-06-01		本科	高级	5748214	123	3
107	李鸣其	女	1980-03-01		本科	中级	4574583	123	3
2	刘瑞	女	1982-07-01	党员	本科	中级	7896955	123	3

图 7-27　调整格式

（8）单击【关闭】按钮，在对话框中单击【是】按钮，另存为报表名称“管理员表”，然后双击打开报表视图，查看报表效果。

7.6　创建标签类型的报表

【例 7-5】 以“图书入库”数据表为数据来源，使用标签创建报表，步骤如下。

（1）打开“图书入库”表，选择【创建】选项卡，单击【标签】按钮，如图 7-28 所示。

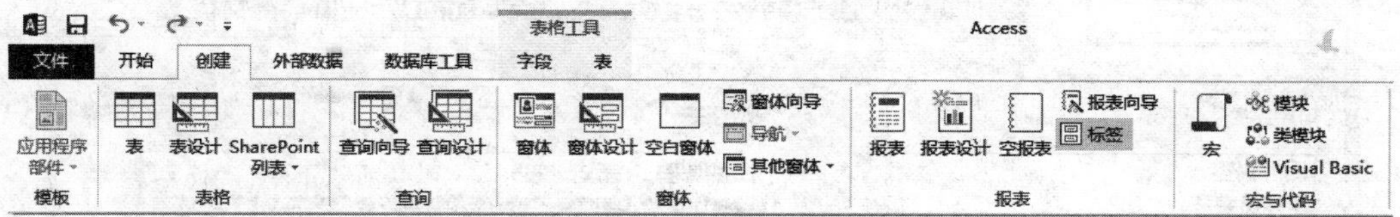

图 7-28　打开“报表”中的标签

（2）选择标签尺寸，如图 7-29 所示。

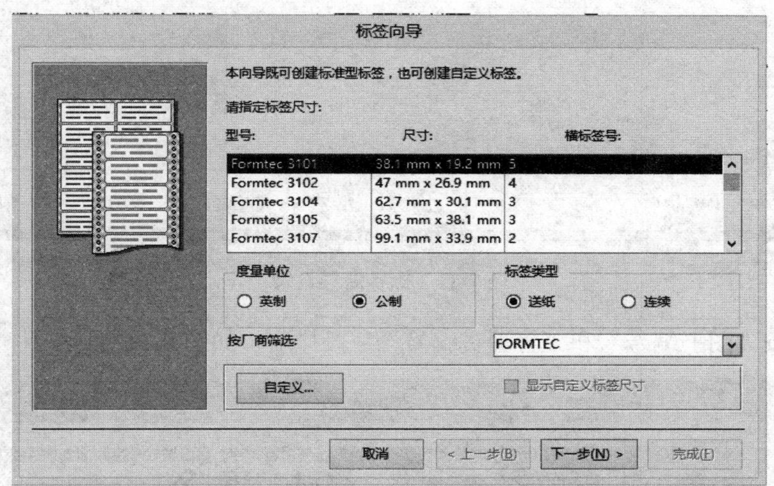

图 7-29　选择标签尺寸

（3）选择文本的字体和颜色，如图 7-30 所示。

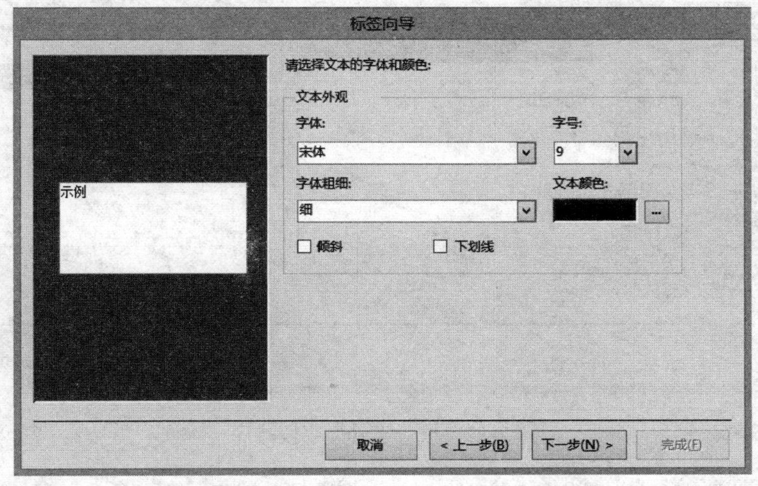

图 7-30　选择文本的字体和颜色

（4）双击“图书编号”和“管理员编号”，中间用空格隔开，按回车键，再双击其余字段，中间用空格隔开，如图 7-31 所示。

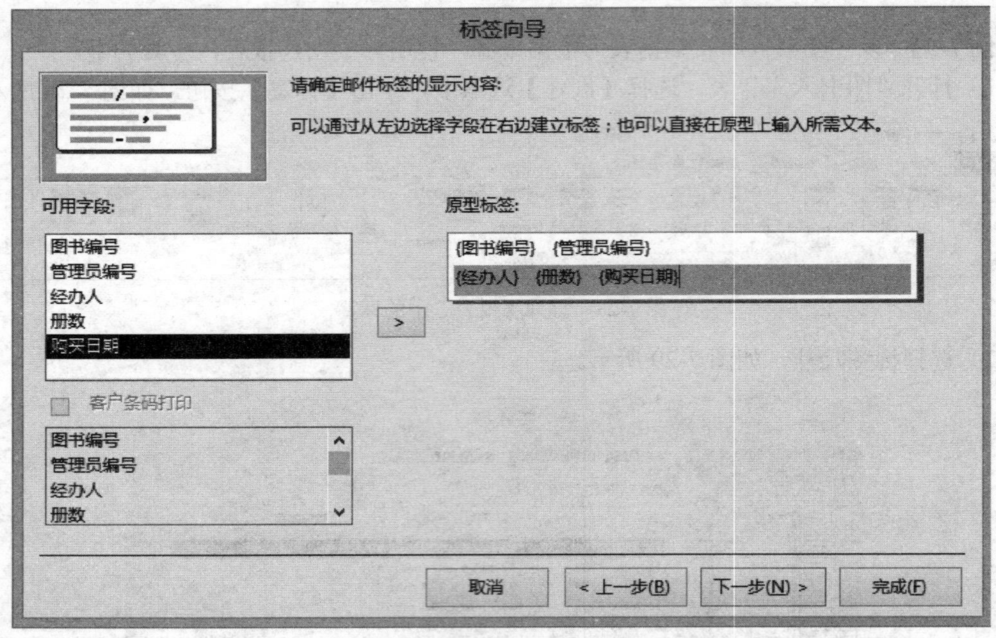

图 7-31　标签向导设置

（5）选择按“图书编号”和“管理员编号”字段排序，如图 7-32 所示。

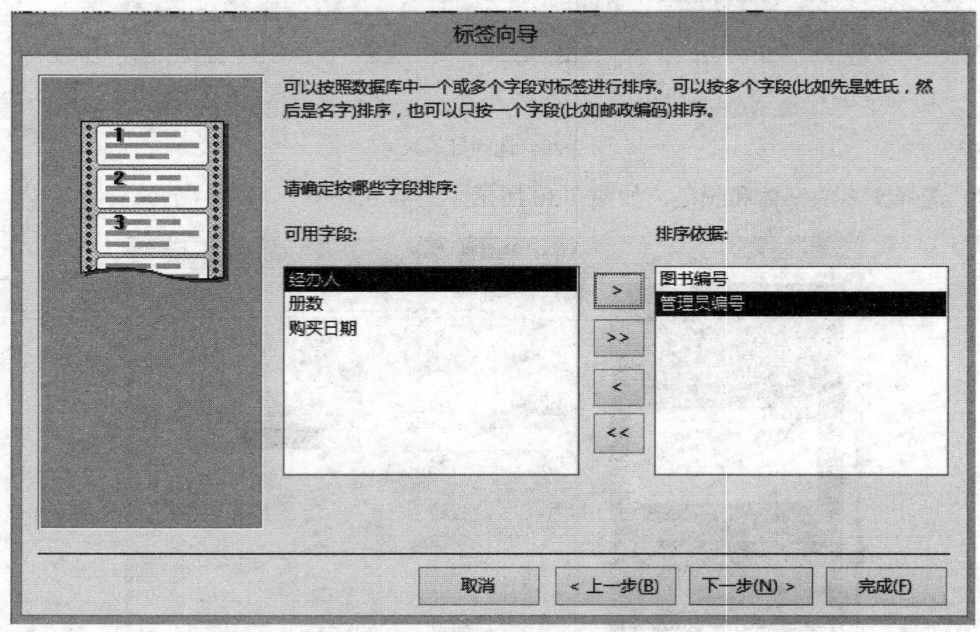

图 7-32　按“学号”字段排序

（6）指定报表的名称为“图书入库信息”，如图 7-33 所示。

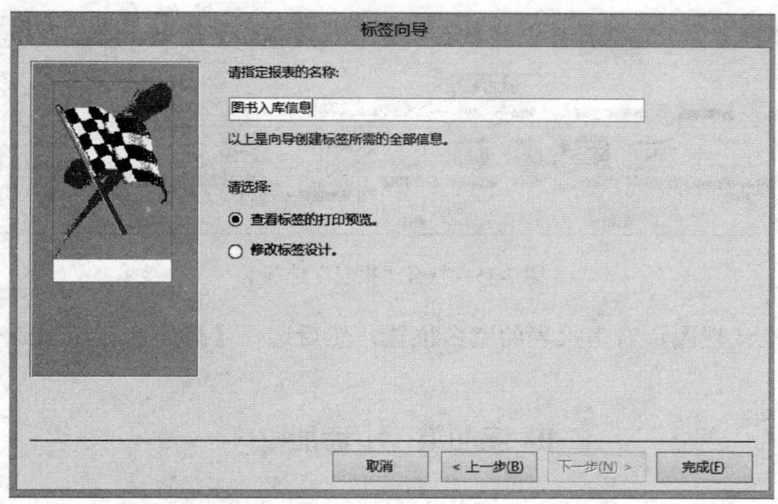

图 7-33　指定报表的名称

（7）打印预览效果如图 7-34 所示。

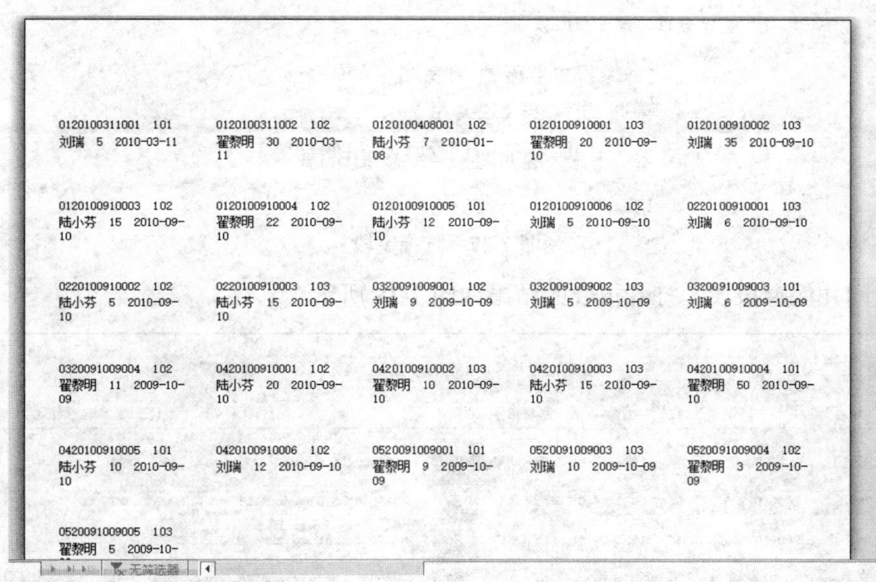

图 7-34　打印预览效果

7.7　设置报表的排序与分组

默认情况下，报表中的记录是按照自然顺序，即数据输入的先后顺序排列显示的。在实际应用过程中，经常需要按照某个指定的顺序排列记录数据，例如按照年龄从小到大排列等，称为报表“排序”操作。此外，报表设计时还经常需要就某个字段按照其值的相等与否划分成组，进行一些统计操作并输出统计信息，这就是报表的“分组”操作。

【例 7-6】 以“读者”数据表为记录来源创建一个报表，设置【学历】字段进行分组，以【出生年月】字段进行排序，步骤如下。

（1）打开“读者”表，选择【创建】选项卡,单击【报表】按钮，如图 7-35 所示。

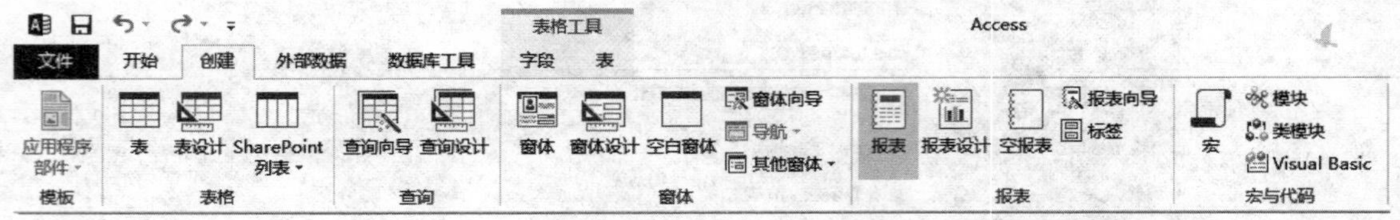

图 7-35　打开“报表”选项卡

（2）进入设计视图，右击报表的空白位置，然后选择【排序和分组】命令，如图 7-36 所示。

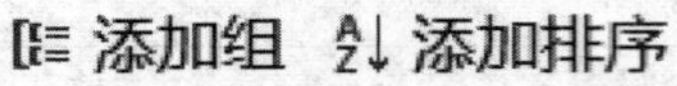

添加组　添加排序

图 7-36　排序和分组

（3）单击“添加组”选择“学历”字段，单击“添加排序”选择“出生年月”字段如图 7-37 所示。

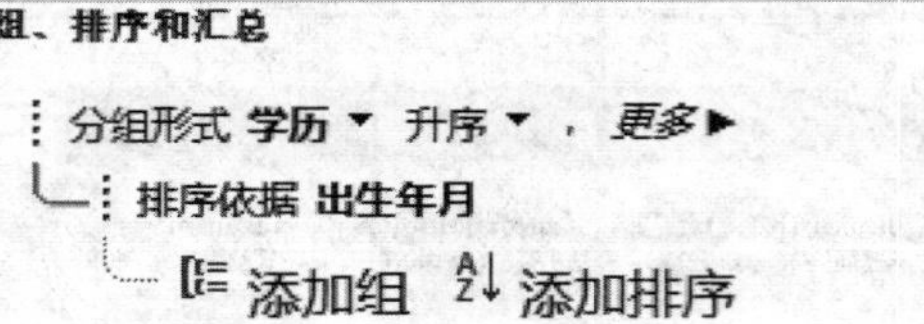

图 7-37　选择字段

（4）关闭并保存报表，打开报表的结果如图 7-38 所示。

读者　2016年11月28日 12:44:49

学历	姓名	借书证号	性别	出生年月	所在单位	照片	电话	Email	发证日期	是否会员	密码
本科											
	靳红卫	200910260003	男	1974-01-01	市劳动局		6523566	jinhongwei@163.com	2009-10-26	☐	123
	张鹏	200910230002	男	1980-04-01	市节水办		8944546	zhangpeng@163.com	2009-10-23	☐	123
	张中亚	200910250003	女	1965-04-01	市节水办		5897456	zhangzhongya@163.com	2009-10-25	☑	123
	李星月	200910230001	男	1970-10-01	市节水办		7989661	lixingxue@126.com	2009-10-23	☑	123
	张欣	200910260002	女	1972-04-01	市劳动局		4789653	zhangxin@126.com	2009-10-26	☑	123
	陈康明	200910270005	男	1981-09-01	市教育局		7589641	chenkangming@126.com	2009-10-27	☑	123
	徐晓东	200910260005	男	1969-11-01	市经贸委		8778945	xuxiaodong@126.com	2009-10-26	☐	123
	杨红可	200910260006	女	1971-04-01	市歌舞团		5412653	yanghongke@126.com	2009-10-26	☐	123
	周丽	200910270003	女	1967-01-01	自来水公司		5225654	zhouli@126.com	2009-10-27	☑	123
	魏武	200910270004	女	1980-01-01	市劳动局		4774556	weiwu@126.com	2009-10-27	☐	123
大专											
	孙美玲	200910260007	女	1972-05-01	市歌舞团		2541236	sunmeiling@163.com	2009-10-26	☐	123
	任卫兵	200910250002	男	1977-09-01	市卫生局		4789546	renweibing@163.com	2009-10-25	☐	123

图 7-38　查看结果

7.8　在报表中计算数据

【例 7-7】 以“图书”数据表为记录来源创建一个报表，用于计算图书总价格，步骤如下。

（1）打开“图书”表，选择【创建】选项卡，单击【报表向导】按钮，如图 7-39 所示。

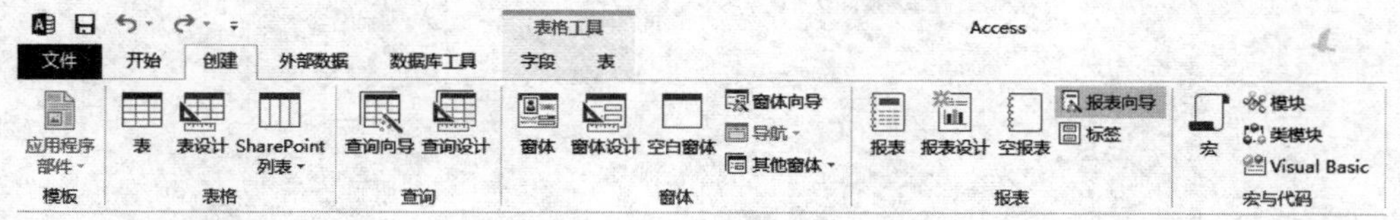

图 7-39　打开“报表”选项卡

（2）选择所有字段，如图 7-40 所示。

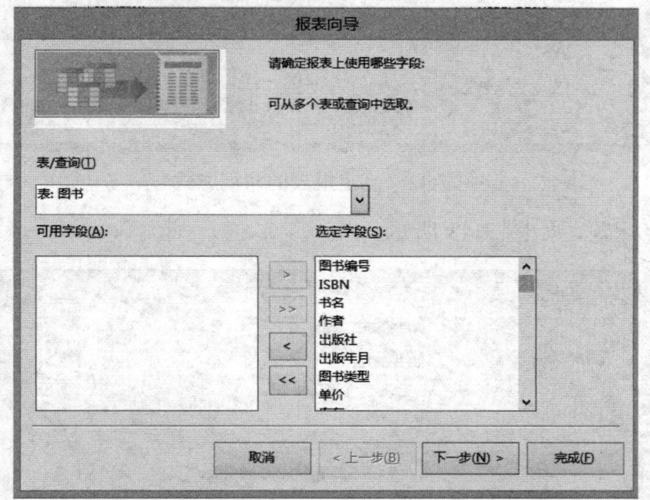

图 7-40　在“报表向导”中选定字段

（3）在“报表向导”中选择以“学号”字段排序，如图 7-41 所示。

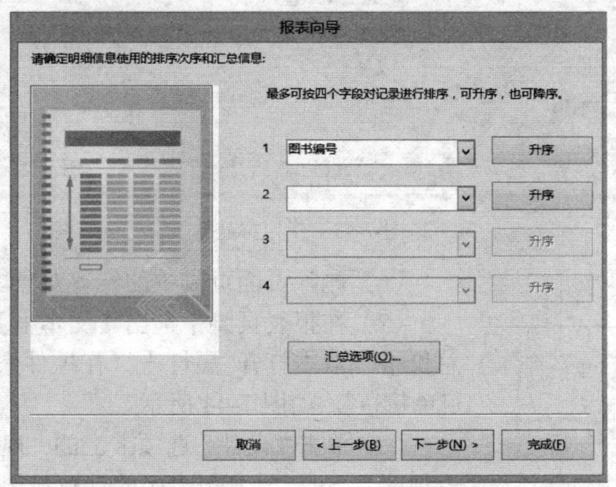

图 7-41　在“报表向导”中排序

（4）确定报表的布局方式，如图 7-42 所示。

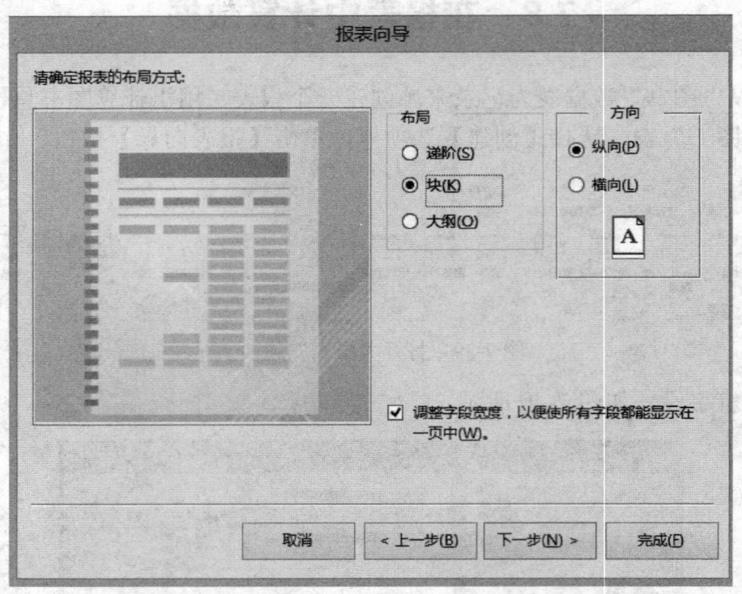

图 7-42　确定报表的布局方式

（5）为报表指定标题，如图 7-43 所示。

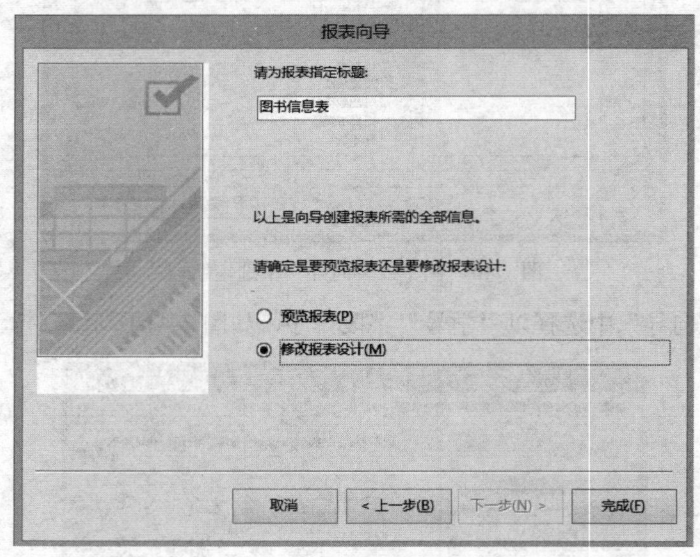

图 7-43　指定标题

（6）删除页面页脚中的标签对象。

（7）在报表页脚中拖出【文本框】，修改 text 为“图书总价格”，双击打开“属性表”，在控件来源属性中，输入“=sum([单价])”，如图 7-44 所示。

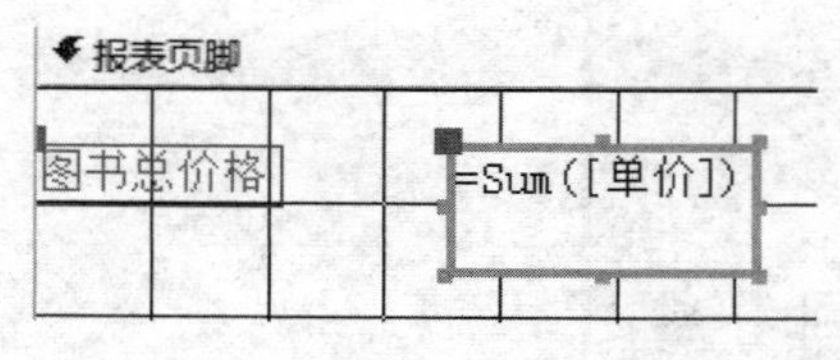

图 7-44　报表页脚中修改

（8）单击“设计”选项卡上的“视图”按钮，切换到“报表视图”，可以看到报表中的计算结果。

7.9　报表的打印和预览

对于一个设计完毕的报表对象，我们可以在数据库设计视图中的“报表对象”选项卡上选中它，然后单击“预览”按钮，即可实现报表对象的预览操作。

1．打印预览选项卡

当打开一个报表，切换到“打印预览”视图后，功能区的选项卡只有文件和打印预览。如图 7-45 所示。

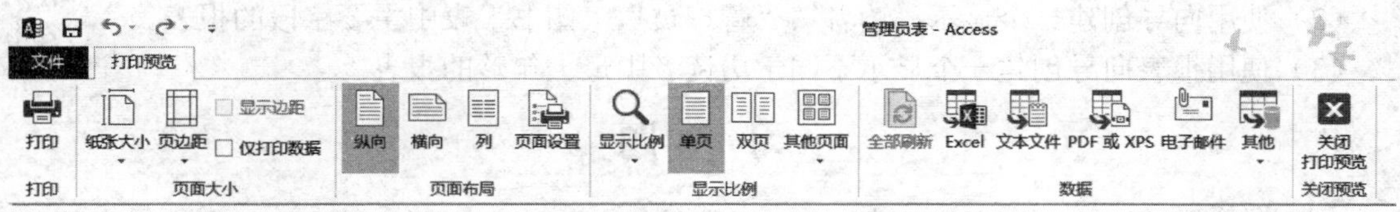

图 7-45　“打印预览”视图

2．预览报表

预览报表的目的是在屏幕上模拟打印机的实际效果。在“打印预览”中，可以看到报表的打印外观，并显示全部记录。

3．打印报表

经过预览、修改后，就可以打印报表了。打印时将报表送到打印机输出打印。打印报表的操作如下：

（1）单击“打印”选项卡，选择 （打印）按钮，如图 7-46 所示。

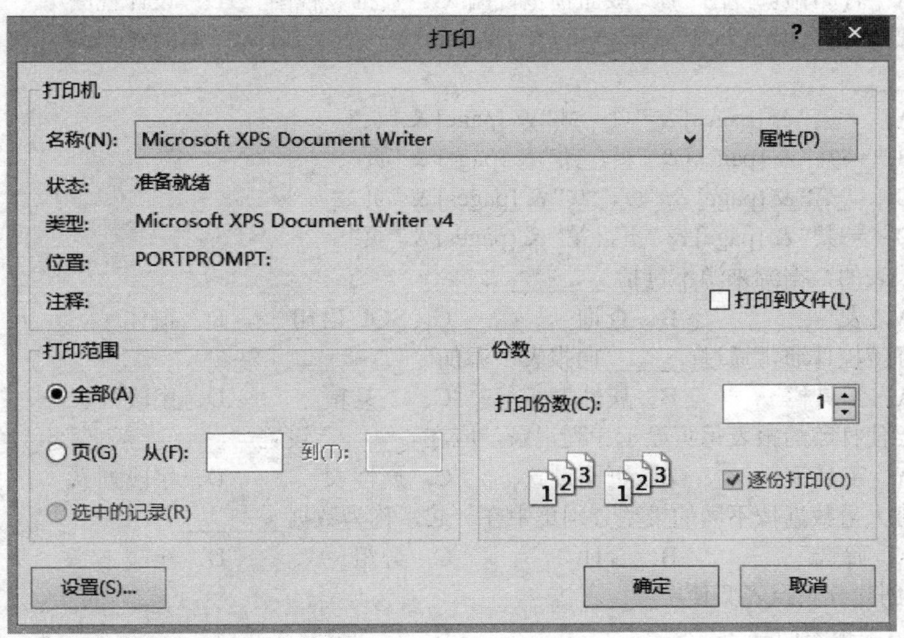

图 7-46　“打印”设置界面

（2）单击 设置(S)... ，进行设置即可。

上机实训

一、实验目的

① 了解报表的分类与作用；

② 掌握创建和美化报表的方法。

二、实验过程

（1）使用自动创建报表方式创建浏览物品信息的表格式报表。

（2）使用向导创建一个显示“读者”、“管理员”、“图书”表中主要字段的报表。

（3）使用报表向导创建一个显示不同学历读者中最大年龄的报表。

习　题

一、选择题

1．如果要显示的记录和字段较多，希望可以同时浏览多条记录，以及方便比较相同字段，则应创建________类型的报表。

A．纵栏式　B．标签式　C．表格式　D．图表式

2．如果需要制作一个公司员工的名片，应该使用________。

A．标签式报表　B．图标式报表　C．表格式报表　D．图表窗体

3．报表的作用不包括______。

A．分组数据　B．汇总数据　C．格式化数据　D．输入数据

4．报表的视图方式不包括_______。

A．打印预览视图　B．版面预览视图　C．数据表视图　D．设计视图

5．要求在页面页脚中显示“第 X 页，共 Y 页”，则页脚中的页码控件来源应设置为__________。

A．="第" & [pages] & "页，共" & [page] & "页"

B．="共" & [pages] & "页，第" & [page] & "页"

C．="第" & [page] & "页，共" & [pages] & "页"

D．="共" & [page] & "页，第" & [pages] & "页"

6．报表的数据源来源不包括_________。

A．表　B．查询　C．SQL 语句　D．窗体

7．标签控件通常通过_______向报表中添加。

A．工具栏　B．属性表　C．工具箱　D．字段列表

8．要使打印的报表每页显示 3 列记录，应在________设置。

A．工具箱　B．页面设置　C．属性表　D．字段列表

9．将大量数据按不同的类型分别集中在一起，称为数据________。

A．筛选　B．合计　C．分组　D．排序

10．创建分表报表要使用_______。

A．报表向导　B．自动报表向导

C．图表向导　D．报表设计视图

11．下列不同的报表，用于给出所有记录汇总数据的是_______。

A．明细报表　B．汇总报表

C．窗体转换的报表　　　　　　　　D．交叉列表报表

12．用来显示报表中本页的汇总说明的是_______。

A．报表页眉　　B．主体　　C．页面页脚　　D．页面页眉

二、填空题

1．报表与窗体最大的区别，在于报表可以对记录进行排序和____，而不能添加删除、修改记录。

2．_______式报表将数据表或查询中的记录，按照字段排列的顺序，从上到下，在一列中显示一条记录中所有的字段内容。

3．报表的布局方向有______和_______两种。

4．如果报表的数据量较大，而需要快速查看报表设计的结构、版面设置、字体颜色、大小等，则应该使用___________视图。

5．___________中包含页码或控制项的合计内容，数据显示安排在文本框和其他一些类型控件中。

6．在 Access 中，除了可以使用自动报表和向导功能创建报表外，还可以从__________开始创建一个新报表。

7．Access 的报表要实现排序和分组统计操作，应使用_____________命令。

8．___________用来显示报表的标题、图形或说明性文字。

三、简答题

1．什么是报表？报表和窗体有何不同？

2．报表的主要功能有哪些？

3．Access 2013 的报表分为哪几种类型？它们各自的特征是什么？

4．报表的版面预览和打印预览有何不同？

5．标签报表有什么作用？如何创建标签式报表？

第8章　宏

【学习要点】

- 宏的概念;
- 宏的创建方法;
- 宏的执行与调试。

【学习目标】

本章主要学习宏对象的基本概念和基本操作，重点学习宏的创建、修改、编辑和运行。需要理解掌握的知识、技能如下：宏对象是 Access 2013 数据库中的一个基本对象，利用宏可以将大量重复性的操作自动完成，从而使管理和维护 Access 2013 数据库更加简单；宏有 3 种类型：操作序列宏、宏组和条件宏；宏的创建、修改都是在宏的设计视图中进行的；宏的创建就是确定宏名、宏条件和设置宏的操作参数等；在运行宏之前，要经过调试宏，以便发现宏中的错误并及时修改；运行宏的方法很多，一般是通过窗体或报表中的控件与宏结合起来，通过控件来运行宏。

8.1　认　识　宏

8.1.1　宏的概念

宏是一种工具，是由一个或多个操作组成的集合，每个操作对应一个宏命令，有其特定的功能，按照指定的顺序排列，完成特定的功能。

宏是一种简化操作的工具，宏操作所对应的宏命令是由 Access 定义的，用户不能定义宏命令。使用时，只需要在宏设计窗口中将所执行的操作、参数等条件输入即可，从而简化了对宏的使用，如打开消息框 MessageBox、打开报表 OpenReport 等。

8.1.2　宏的分类

Access 2013 中宏可以分为 3 类，分别是操作序列宏、条件宏和宏组。

1．操作序列宏

操作序列宏也叫简单宏，宏中包含若干个操作。运行宏时，Access 会按照操作的排列顺序依次执行，直至操作完成。

2．条件宏

条件宏是在一定条件下才执行的宏。条件宏的条件是一个逻辑表达式，宏将根据表达式运算结果的 True 或 False 来确定操作是否运行。若条件表达式的值为“True”，则执行相应的操作，否则不执行。

3．宏组

宏组是多个基本操作序列宏的集合。一个宏由多个操作组成，一个宏组有多个宏组成。宏组中的宏没有关联关系，各自单独运行。将不同的宏按照分类划分到不同的宏组中，将有助于对数据库的管理。

8.2　宏的基本操作

8.2.1　宏的功能

宏是一种功能强大的工具，可用来在 Access 2013 中自动执行许多操作。通过宏的自动执行重复任务的功能，可以保证工作的一致性，还可以避免由于忘记某一操作步骤而引起的错误。宏节省了执行任务的时间，提高了工作效率。

宏的具体功能如下：

- 显示和隐藏工具栏；
- 打开和关闭表、查询、窗体和报表；
- 执行报表的预览和打印操作，以及报表中数据的发送；
- 设置窗体或报表中控件的值；
- 设置 Access 工作区中任意窗口的大小，并执行窗口移动、缩小、放大和保存等操作；
- 执行查询操作，以及数据的过滤、查找；
- 为数据库设置一系列的操作，简化工作。

8.2.2　常用宏操作

单击“创建”选项卡下“宏与代码”组中的“宏”按钮，即可打开宏设计窗口，它由“宏工具”选项卡、宏设计窗口和操作目录 3 部分组成。

1.“宏工具”选项卡

“宏工具”选项卡下的“设计”子选项卡包含 3 组命令，分别是工具、折叠/展开、显示/隐藏，如图 8-1 所示。

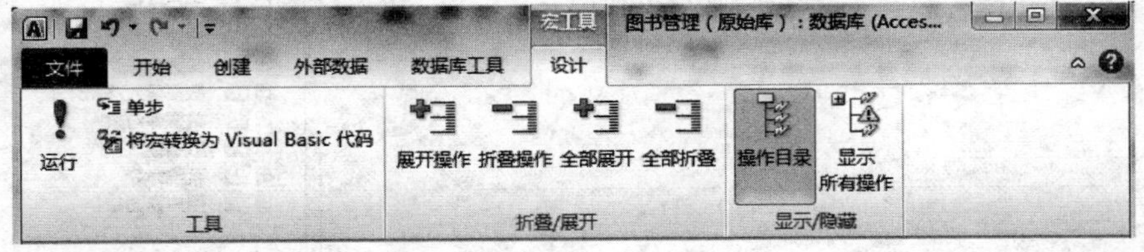

图 8-1　“宏工具”选项卡

工具组中宏命令用于宏的运行和调试；折叠/展开组中的命令用于宏参数列表的展开、折叠操作；显示/隐藏命令用于打开、关闭操作目录窗口。

2．宏设计窗口

宏设计窗口是宏设计区域，在“添加新操作”中选择输入操作命令，进行相应操作，如图 8-2 所示。

在宏中添加操作，部分操作说明如下。

① AddMenu：将菜单添加到窗体或报表的自定义菜单栏，菜单栏中每个菜单都需要一个独立的 AddMenu 操作。此外，也可以为窗体、窗体控件或报表添加自定义快捷菜单，或为所有的窗口添加全局菜单栏或全局快捷菜单。

② ApplyFilter：对表、窗体或报表应用筛选、查询或使用 SQL WHERE 子句，以便对表的记录、窗体、报表的基础表或基础查询中的记录进行相应的操作。对于报表，只能在其“打开”

事件属性所指定的宏中使用该操作。

③ Beep：可以通过计算机的扬声器发出嘟嘟声，一般用于警告声。

④ CancelEvent：取消一个事件，该事件导致 Access 执行包含宏的操作。

⑤ Close：关闭指定的 Access 窗口。如果没有指定窗口，则关闭活动窗口。

⑥ CopyObject：将指定的数据库对象复制到另外一个 Access 数据库（.mdb）中，或者以新的名称复制到同一数据库或 Access 项目（.adp）中。

⑦ CopyDatabaseFile：为当前的与 Access 项目连接的 SQL Server 7.0 或更高版本数据库做副本。

⑧ DeleteObject：删除指定的数据库对象。

⑨ Echo：指定是否打开回响。例如：可以使用该操作在宏运行时隐藏或显示运行结果。

⑩ FindNext：查找下一个符合前一个 FindRecord 操作或【在字段中查找】对话框中指定条件的记录。

⑪ FindRecord：查找符合 FindRecord 参数指定条件的数据的第一个实例。该数据可能在当前的记录中，在之前或之后的记录中，也可以在第一个记录中，还可以在活动的数据表、查询数据表、窗体数据表或窗体中查询记录。

3．操作目录

操作目录列出了宏设计的所有操作，可以直接从中选择所需命令，如图 8-3 所示。

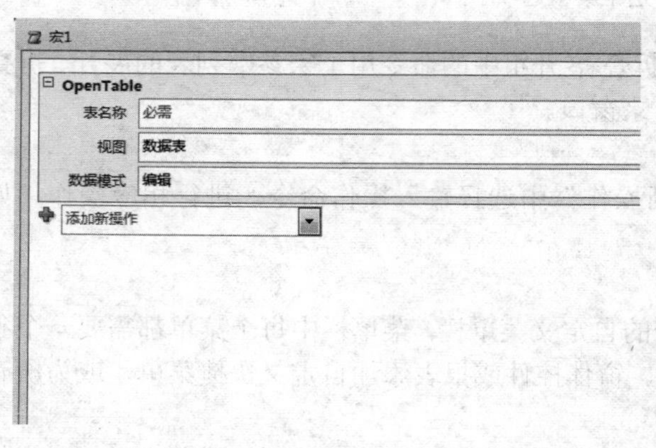

图 8-2　宏设计窗口

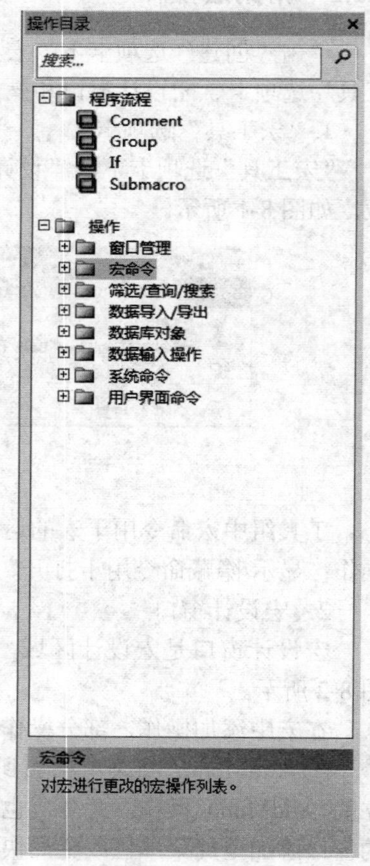

图 8-3　操作目录

在操作列中，提供了 50 多种操作，用户可以从这些操作中做选择，创建自己的宏。而对于这些操作，用户可以通过查看帮助，从中了解每个操作的含义和功能。

选定操作后，在宏设计窗口区域会出现相应的操作参数，可以在各操作参数对应的文本框中输入数值，以设定操作参数的属性，如图 8-2 中所示，也可以使用表达式生成器生成的表达式设置操作参数。

8.3 宏的创建及调试运行

8.3.1 宏的创建

1．创建操作序列宏

【例 8-1】 创建一个“图书浏览”宏。

具体操作步骤如下。

（1）打开“图书管理”数据库，单击“创建”选项卡下“宏与代码”组中的“宏”按钮，打开宏的设计视图。

（2）选择“添加新操作”文本框，单击右边箭头，打开下拉列表，在下拉列表中选择 MessageBox 命令。在参数设置区域设置，在“消息”框输入“欢迎浏览书籍，借阅图书！”，在“类型”框选择“信息”，在“标题”框输入“图书浏览窗口”。

（3）选择“添加新操作”文本框，单击右边箭头，打开下拉列表，在下拉列表中选择 OpenTable 命令。在参数设置区域设置，在“表名称”框选择“图书”，在“视图”框选择“数据表”，在“数据模式”框选择“只读”，表示表中的数据只能读，不能写。如图 8-4 所示。

（4）单击“保存”按钮，在“另存为”对话框中的宏名称中输入名称，单击“确定”按钮，保存宏。

（5）单击“运行”按钮，弹出“图书浏览窗口”，如图 8-5 所示。单击“确定”按钮，显示“图书”表，如图 8-6 所示。

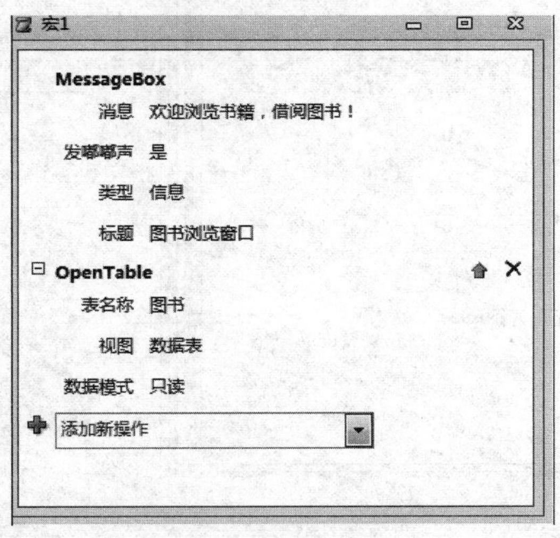

图 8-4 操作序列宏

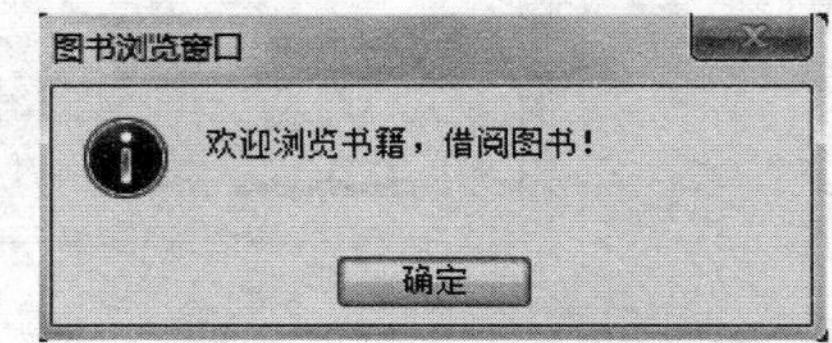

图 8-5 图书浏览窗口

2．创建宏组

宏组是多个基本操作序列宏的集合，一个宏组有多个宏组成。如果有多个宏，可将相关的宏设置成宏组，以便于用户管理数据库。使用宏组可以避免单独管理这些宏的麻烦。在数据库窗口中的宏名称列表中将显示宏组名称。如果要指定宏组中的某个宏，应使用如下结构：【宏组名.宏名】。宏组创建完成后如图 8-7 所示。

图书

图书编号	书名	作者	出版社	出版年月	单价	库存	图书简介
0120100311	信息融合理	何友	电子工业出版社	2010/3/1	89.00	4	本书是信息融合理论的一
0120100311	信号与信息	胡来招	电子工业出版社	2010/3/1	19.80	30	本书围绕信号与信息展开
0120100408	3ds max 2(	张聪品	电子工业出版社	2010/4/1	29.80	7	3ds max是当今运行在PC
0120100910	科学技术史	王玉仓	中国人民大学出版社	2004/2/1	38.00	19	本书全面系统地阐述了
0120100910	流体力学（	刘鹤年	建筑工业出版社	2004/7/1	27.00	35	本书是为工程力学专业本
0120100910	海陆的起源	魏格纳	北京大学出版社	2006/11/1	34.00	11	德国A.L.魏格纳关于大陆
0120100910	统计学-(第	贾俊平	人民大学出版社	2007/1/1	33.00	21	本书主要讲述了描述统计
0120100910	科学简史	林成滔	中国友谊出版公司	2004/12/1	32.00	11	对生命奥秘的科学探索是
0120100910	组织工程方	兰扎	化学工业出版社	2006/5/1	165.00	5	本书围绕组织工程三大要
0220100910	春天的故事	王浅	中国文联出版公司	2009/9/1	29.80	6	1977年春天，农村姑娘钟
0220100910	他的国	韩寒	万卷出版公司	2009/1/1	25.00	3	“《他的国》这小说讲的
0220100910	美丽的战争	姜琍敏	中国文联出版公司	1996/6/1	18.00	15	散文随笔集。分为“浮生
0320091009	国际政治学	宋新宁	人民大学出版社	2000/11/1	22.00	9	本书系统介绍了国际政治
0320091009	两岸外交战	黄嘉树	人民大学出版社	2007/5/1	28.00	5	本书以美国介入台湾问题
0320091009	毛泽东职业	徐家林	社会科学文献出版社	2006/9/1	55.00	4	本书是国内第一本专门研
0320091009	马克思学说	李云峰	人民出版社	2007/4/1	23.00	11	人是否是马克思学说的出
0420100910	现代企业管	孙义敏	机械工业出版社	2005/3/1	36.00	20	本书是为普通高等院校理
0420100910	经济学中的	迈凯	上海人民出版社	2006/1/1	35.00	8	现代经济学或许已到了一
0420100910	税收学	杨斌	科学出版社	2003/1/1	56.00	15	本书是为高校财政学、金
0420100910	基金入门与	吴明	中国经济出版社	2007/4/1	32.00	50	《基金入门与技巧》内容
0420100910	网络营销	苏梅	北京大学出版社	2006/2/1	29.00	10	《网络营销》是高职高专
0420100910	经理人的误	孟昭强	北京大学出版社	2004/4/1	32.00	11	本书是具西方全新概念培

记录：第 1 项(共 26 项 无筛选器 搜索

图 8-6 “图书”表

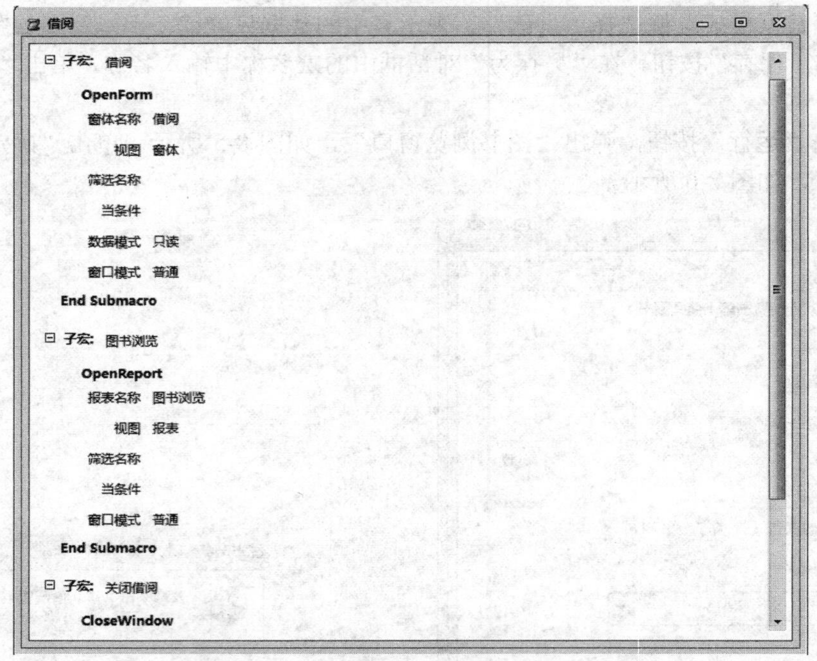

图 8-7 宏组

3．创建条件宏

条件宏是满足一定条件后才运行宏。利用条件宏可以显示一些信息，如雇员输入了订单却忘记了输入雇员号，则可利用宏来提醒雇员输入遗漏的信息，或者进行数据的有效性检查。

要创建条件宏，需要向【宏】窗口添加条件列，单击【宏工具】选项卡下的按钮，并输入使条件起作用的宏的规则即可。如果设置的条件为真，宏就运行；如果设置的条件为假，就转到下一个操作。

【例 8-2】 创建一个条件宏，在“图书浏览”窗体中，“图书编号”不能为空，若“图书编号”为空，则弹出“‘图书编号’不能为空！”的消息框。

具体操作步骤如下。

（1）打开“图书管理”数据库，单击“创建”选项卡下“宏与代码”组中的“宏”按钮，打开宏的设计视图。

（2）选择“添加新操作”文本框，单击右边箭头，打开下拉列表，在下拉列表中选择 If 命令。在 If 后面的文本框中输入条件表达式：IsNull（Form![图书浏览]![图书编号])。

（3）在“添加新操作”后面选择 MessageBox 命令。在“消息”后面输入“‘图书编号’不能为空！”，“类型”为“警告！”，如图 8-8 所示。

（4）单击“保存”按钮，设置保存名称为“条件宏”。

（5）打开“图书浏览”窗体的设计视图，选中“图书编号”文本框，单击鼠标右键，选择“属性”命令，打开“属性表”对话框。在“事件”选项卡下，在“失去焦点”中选择“条件宏”，如图 8-9 所示。

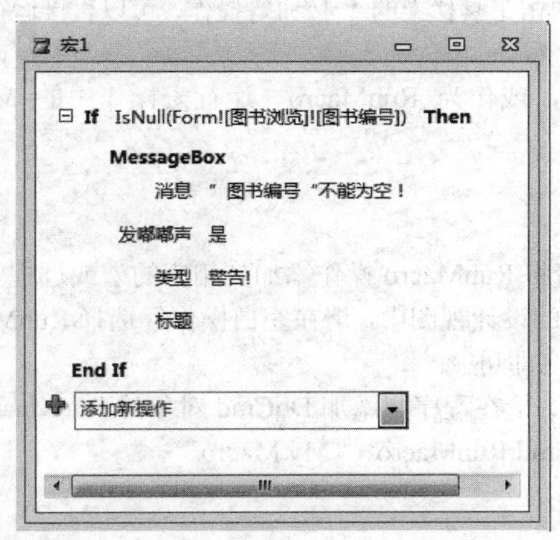

图 8-8　条件宏

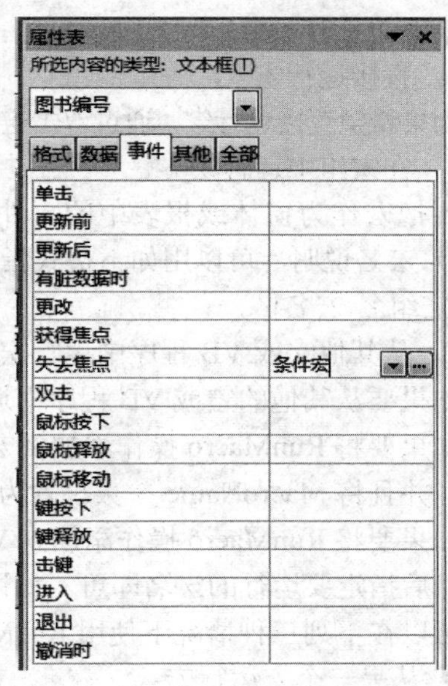

图 8-9 “失去焦点”事件

（6）打开“图书浏览”窗体，运行添加记录，若“图书标号”为空时，则会跳出“‘图书编号’不能为空！”的警告消息。

4．创建事件宏

事件是在数据库中执行的操作，如单击鼠标、打开窗体或打印报表，可以创建只要某一事件发生就运行宏。例如在使用窗体时，可能需要在窗体中反复地查找记录，打印记录，然后前进到下一条记录，可以创建一个宏来自动地执行这些操作。

Access 2013 可识别大量的事件，但可用的事件并非一成不变，这取决于事件将要触发的对象类型。表 8-1 给出了几个常用的可指定给宏的事件。

表 8-1 常用宏事件说明表

事件	说明
OnOpen	当一个对象被打开且第 1 条记录显示之前执行
OnCurrent	当对象的当前记录被选中时执行
OnClick	当用户单击一个具体的对象时执行
OnClose	当对象被关闭并从屏幕上清除时执行
OnDblClick	当用户双击一个具体对象时执行
OnActivable	当一个对象被激活时执行
OnDeactivate	当一个对象不再活动时执行
BeforeUpdate	在用更改后的数据更新记录之前执行
AfterUpdate	在用更改后的数据更新记录之后执行

8.3.2 宏的调试运行

创建完一个宏后，就可以运行宏执行各个操作。当运行宏时，Access 2013 会运行宏中的所有操作，直到宏结束。

可以直接运行宏，或者从其宏或事件过程中运行宏，也可以作为窗体、报表或控件中出现的事件响应运行宏，还可以创建自定义菜单命令或工具栏按钮来运行宏，将某个宏设定为组合键，或者在打开数据库时自动运行宏。

1．直接运行宏

如果希望直接运行宏，通过双击宏名、通过单击工具栏上的 ! 按钮等操作，可以直接运行宏。

2．在宏组中运行宏

要把宏作为窗体或报表中的事件属性设置，或作为 RunMacro（运行宏操作中的 Macro Name）宏名说明，可以用如下格式指定宏：

[宏组名.宏名]

3．从其他宏或 VB 程序中运行宏

如果要从其他的宏或 VB 程序中运行宏，请将 RunMacro 操作添加到相应的宏或过程中。

如果要将 RunMacro 操作添加到宏中，在宏的设计视图中，请在空白操作行选择 RunMacro 选项，并且将 MacroName 参数设置为相应的宏名即可。

如果要将 RunMacro 操作添加到 VB 程序中，请在程序中添加 DoCmd 对象的 RunMacro 方法，然后指定要运行的宏名即可。如语句：DoCmd.RunMacro “My Macro”。

可以在下列三种情况下使用 RunMacro 操作：

- 从另一个宏运行宏；
- 执行基于某个条件的宏；
- 将宏附加到一个自定义的菜单命令上。

RunMacro 操作的参数见表 8-2。

表 8-2 RunMacro 操作的参数表

操作参数	描述
宏名	执行的宏的名称
重复次数	宏执行的最大次数。空白为一次
重复表达式	表达式结果为 True(-1)或 False(0)。如果为假，则宏停止运行

如果用户在【宏名】参数中设置宏组名，则会运行组中第一个宏。

4．从控件中运行宏

如果希望从窗体、报表或控件中运行宏，只需单击设计视图中的相应控件，在相应的属性对话框中选择【事件】选项卡的对应事件，然后在下拉列表框中选择当前数据库中的相应宏。这样在事件发生时，就会自动执行所设定的宏。

例如建立一个宏，执行操作“Quit”，将某一窗体中的命令按钮的单击事件设置为执行这个宏，则当在窗体中单击按钮时，将退出 Access。

5．将一个或一组操作设定成快捷键

可以将一个操作或一组操作设置成特定的键或组合键。可以通过如下步骤来完成：

- 在数据库窗口中单击【对象】栏下的【宏】按钮；
- 单击工具栏中的【新建】按钮；
- 单击工具栏上的【宏名】按钮；
- 在【宏名】列中为一个操作或一组操作设定快捷键；
- 添加希望快捷键执行的操作或操作组；
- 保存宏。

保存宏后，以后每次打开数据库时，设定的快捷键都将有效。

此外还可以创建一个在第一次打开数据库时运行的特殊宏：AutoExec 宏。它可以执行诸如这样的操作：打开数据输入窗体、显示消息框提示用户输入、发出表示欢迎的声音等。一个数据库只能有一个名为 AutoExec 的宏。

上机实训一

一、实验目的

① 掌握宏的创建方法；

② 在“图书管理”数据库中创建一个宏。

二、实验过程

（1）在“图书管理”数据库中，选择“宏”对象，单击“新建”按钮。

（2）打开“创建宏”的对话框，在对话框的“操作”下拉菜单中选择 OpenForm，在“窗体名称”下拉菜单中选择“读者信息”窗体。

（3）单击“保存”按钮，在“另存为”对话框中输入宏的名称：打开“读者信息”窗体，单击“确定”按钮，即完成宏的创建。

（4）此时在宏面板上可以看到创建好的宏:打开“读者信息”窗体。

（5）双击打开 “读者信息”窗体宏，即可打开“读者信息”窗体。

上机实训二

一、实验目的

① 掌握宏组的创建方法；

② 在“图书管理”数据库中创建一个宏组。

二、实验过程

（1）新建一个宏，然后打开“窗体”面板，将“管理员信息（表格式）”窗体拖动到新建宏的第一行、第二行、第三行和第四行，并在操作列分别设置操作为 OpenForm、Maximize、

Minimize 和 Restore。

（2）单击工具栏上的“宏名”按钮，分别为以上四个宏命名为：“打开管理员信息查询”、“最大化当前窗体”、“最小化当前窗体”和“恢复当前窗体”，操作参数无须设置。

（3）单击“保存”按钮，打开“另存为”对话框，输入宏组名为：改变窗口大小。单击“确定”按钮，完成宏组的创建。

上机实训三

一、实验目的

① 掌握宏的运行方法；

② 在“图书管理”数据库中使用方法运行宏。

二、实验过程

（1）打开“管理员信息（纵栏式）”窗体，在窗体的右下部创建两个命令按钮控件，分别是 “最大化窗体”和“恢复窗体”。

（2）为“窗体最大化”按钮和“恢复窗体”按钮指定宏。在“窗体最大化”按钮上右击，选择“属性”。

（3）在“事件”选项卡中单击后面的“事件过程”的下拉菜单，选择“改变窗体大小，最大化当前窗体”。

（4）用同样的方法为“恢复窗体大小”按钮指定宏。所不同的是，在“事件过程”下拉菜单中选择“改变窗体大小，恢复当前窗体”。运行“管理员信息（纵栏式）”窗体，单击“窗体最大化”按钮，“管理员信息（纵栏式）”窗体被最大化，单击“恢复窗体大小”按钮，窗体又恢复刚刚打开时的大小。

习　题

一、选择题

1．要限制宏命令的操作范围，可以在创建宏时定义（　　）。

A．宏操作对象　　B．宏条件表达式

C．宏操作目标　　D．窗体或报表的控件属性

2．OpenForm 基本操作的功能是打开（　　）。

A．表　　B．窗体　　C．报表　　D．查询

3．在条件宏设计时，对于连续重复的条件，要替代重复条件式可以使用下面的符号（　　）。

A．…　　B．=　　C．.　　D．:

4．在宏的表达式中要引用报表 test 上控件 txtName 的值，可以使用的引用是（　　）。

A．txtName　　B．test！txtName

C．Reports！test！txtName　　D．Reports！txtName

5．VBA 的自动运行宏，应当命名为（　　）。

A．Auto　　B．AutoExec　　C．AutoKeys　　D．AutoExec.bat

6．为窗体或报表上的控件设置属性值的宏命令是（　　）。

A．Echo　　B．MsgBox　　C．Beep　　D．SetValue

7．有关宏的叙述中，错误的是（　　）。

A．宏是一种操作代码的组合

B．宏具有控制转移功能

C．建立宏通常需要添加宏操作并设置参数

D．宏操作没有返回值

8．有关条件宏的叙述中，错误的是（　　）。

A．条件为真时，执行该行中对应的宏操作

B．宏在遇到条件内有省略号时．终止操作

C．如果条件为假，将跳过该行中对应的宏操作

D．宏的条件内为省略号，表示该行的操作条件与其上一行的条件相同

9．创建宏时至少要定义一个宏操作，并要设置对应的（　　）。

A．条件　　B．命令按钮　　C．宏操作参数　　D．注释信息

10．在创建条件宏时，如果要引用窗体上的控件值，正确的表达式引用是（　　）。

A．[窗体名]![控件名]　　B．[窗体名]．[控件名]

C．[Form]![窗体名]![控件名]　　D．[Forms]![窗体名]![控件名]

11．在宏的设计窗口中，可以隐藏的列是（　　）。

A．宏名和参数　　B．条件　　C．宏名和条件　　D．注释

12．下列关于宏操作的叙述中，错误的是（　　）。

A．可以使用宏组来管理相关的一系列宏

B．使用宏可以启动其他应用程序

C．所有宏操作都可以转化为相应的模块代码

D．宏的关系表达式中不能应用窗体或报表的控件值

13．如果不指定对象，Close 基本操作关闭的是（　　）。

A．正在使用的表　　B．当前正在使用的数据库

C．当前窗体　　D．当前对象（窗体、查询、宏）

14．运行宏，不能修改的是（　　）。

A．窗体　　B．宏本身　　C．表　　D．数据库

15．发生在控件接收焦点之前的事件是（　　）。

A．Enter　　B．Exit　　C．GotFocus　　D．LostFocus

二、填空题

1．宏是一个或多个________的集合。

2．如果要引用宏组中的宏，采用的语法是________。

3．如果要建立一个宏，希望执行该宏后，首先打开一个表，然后打开一个窗体，那么在该宏中应该使用________和________两个操作命令。

4．在宏的表达式中还可能引用窗体或报表上控件的值。引用窗体控件的值，可以用式子________；引用报表控件的值，可以用式子________。

5．实际上，所有宏操作都可以转换为相应的模块代码。它可以通过________来完成。

6．有多个操作构成的宏，执行时是按________依次执行的。

7．定义________有利于数据库中宏对象的管理。

8．在条件宏设计时．对于连续重复的条件,可以用________符号来代替重复条件式。

9．VBA 的自动运行宏，必须命名为________。

10．打开查询的宏操作是________________，打开窗体的宏操作是______________。

第 9 章　VBA 与模块

【学习要点】

- VBA 模块;
- VBA 语言基础;
- VBA 的各种语句;
- VBA 过程与函数;
- 面向对象程序设计主要概念;
- VBA 数据库编程。

【学习目标】

从概念上掌握模块、模块的事件过程、调用和参数传递、VBA 程序的设计基础 ；会为某个系统创建类模块，能为系统中的窗体和报表设计常用事件，并编写含有各种流程结构的模块。

9.1　VBA 简介

虽然宏有很多功能，但是其运行速度比较慢，也不能直接运行 Windows 程序，不能自定义函数，如果要对数据进行特殊的分析或操作时，宏的能力就有限了。因此，微软公司创建了一种新的语言——VBA（Visual Basic for Application），用 VBA 语言可以创建“模块”，在其中包含执行相关操作的语句，它可以使 Access 自动化,可以创建自定义的解决方案。

VBA 是 VB 的子集，VB 是微软公司推出的可视化 Basic 语言，用它来编程非常简单。它简单，而且功能强大，所以微软公司将它的一部分代码结合到 Office 中，形成今天所说的 VBA。它的很多语法继承了“VB”，所以可以像编写 VB 语言那样来编写 VBA 程序，以实现某个功能。当这段程序编译通过以后，将这段程序保存在 Access 中的一个模块里，并通过类似在窗体中激发宏的操作那样来启动这个“模块”，从而实现相应的功能。不单单是 Access，其他的 Office 应用程序，如 Excel，PowerPoint 等都可以通过 VBA 来辅助设计各种功能。

VBA 是事件驱动的，简单来说，它等待能激活它的事件发生，比如当鼠标被单击，一个键被按下或者一个表单被打开等。当事件发生时，VBA 调用 Windows 操作系统的功能，实现“模块”中设定好的语句。其实，“模块”和“宏”的使用是差不多的，Access 中的“宏”也可以存成“模块”，这样运行起来的速度还会更快。“宏”的每个基本操作在 VBA 中都有相应的等效语句，使用这些语句就可以实现所有单独“宏”命令。

9.1.1　初识 VBA 程序

VBA 是微软 Office 系列软件的内置编程语言，与 Visual Basic 具有相同的语言功能。在 VBA 中，程序是由过程组成的，过程由根据 VBA 规则书写的指令组成。一个程序包括语句、变量、运算符、函数、数据库对象、事件等基本要素。在 Access 程序设计中，当某些操作不能用其他 Access 对象实现或实现起来很困难时，就可以利用 VBA 语言编写代码，完成这些复杂任务。

9.1.2　VBA 程序编辑环境

Access 所提供的 VBA 开发界面成为 VBE（Visual Basic Editor，VB 编辑器），它为 VBA 程序的开发提供了完整的开发和调试工具。VBE 就是 VBA 的代码编辑器，在 Office 的每个应用程序中都存在，可以在其中编辑 VBA 代码，创建各种功能模块。

1．开启 VBE

在 Access 2013 中，有多种方式来打开 VBE。

① 单击【数据库工具】选项卡，在宏组中单击【Visual Basic】按钮，即可开启 VBE，如图 9-1 所示。

② 单击【创建】选项卡，在宏与代码组中单击【Visual Basic】按钮，也可开启 VBE，如图 9-2 所示。

③ 单击【创建】选项卡，在宏与代码组中单击【模块】按钮，可打开 VBE，如图 9-3 所示。

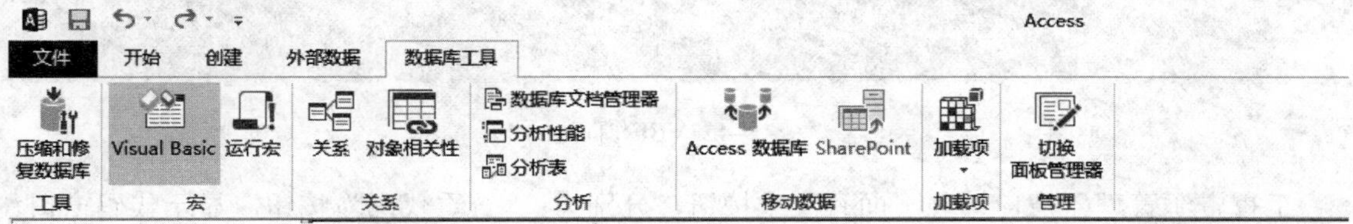

图 9-1　打开 VBE 方法一

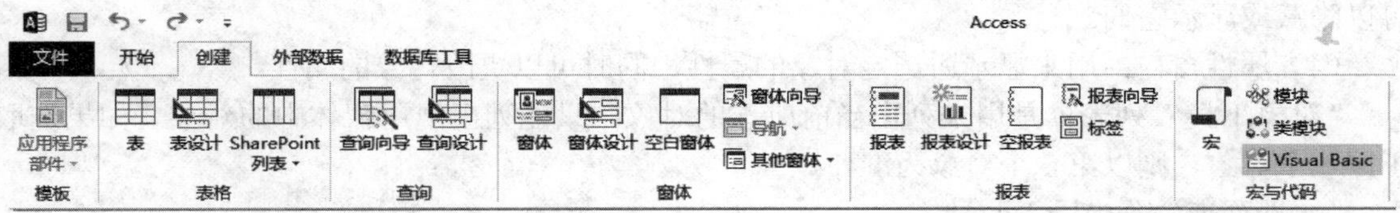

图 9-2　打开 VBE 方法二

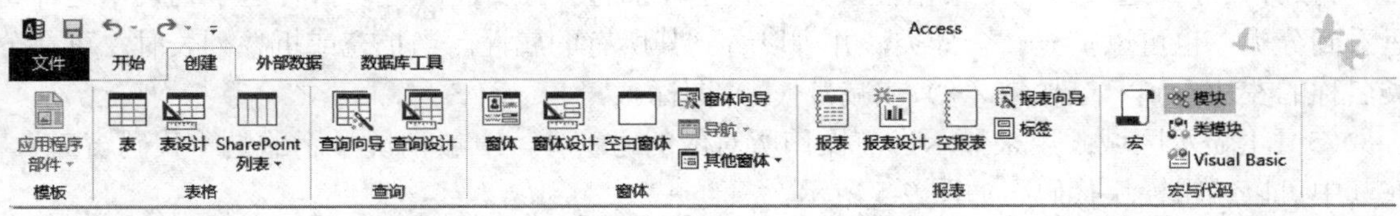

图 9-3　打开 VBE 方法三

2．VBE 窗口组成

如图 9-4 所示的 VBE 窗口，大体分为图中所标的五部分。

（1）菜单栏：VBE 中所有的功能都可以在菜单栏中实现。

（2）工具栏：工具栏中包含各种快捷工具按钮，根据功能类型的不同各属于不同分组。比如，和代码编辑相关的工具按钮就属于“编辑”工具，和调试相关的工具按钮属于“调试”工具。

（3）工程资源管理器：用来显示和管理当前数据库中包含的工程。刚打开 VBE 时，会自动产生一个与当前 Access 数据库同名的空工程，可以在其中插入模块。一个数据库可以对应多个工程，一个工程可以包含多个模块。

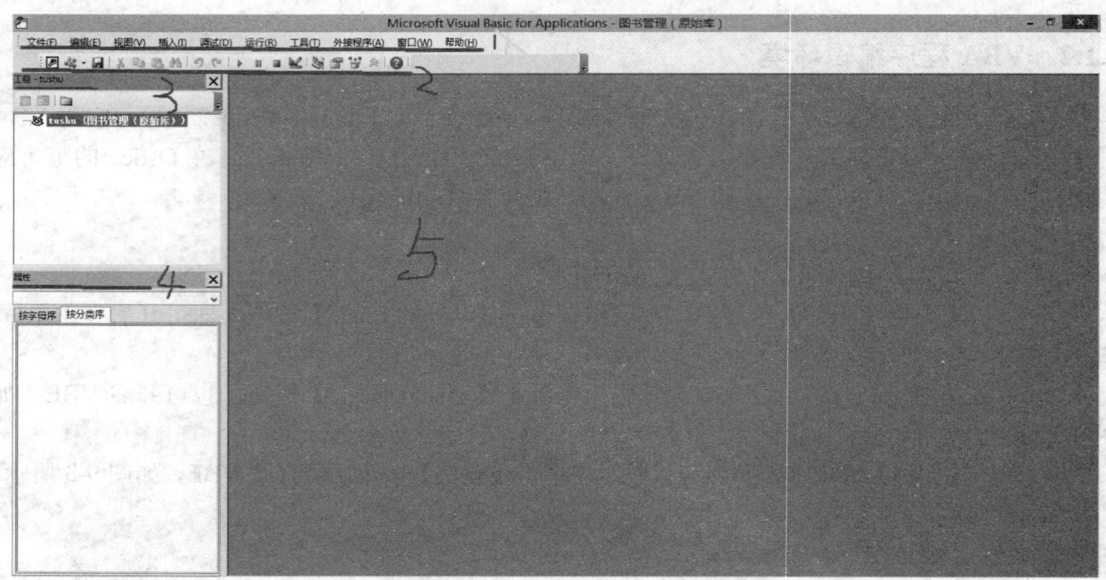

图 9-4 VBE 窗口

工程资源管理器窗口标题下面有三个按钮，分别为：“查看代码”按钮，显示代码窗口，以编写或编辑所选工程目标代码；“查看对象”按钮，显示选取的工程，可以是文档或是 UserForm 的对象窗口；“切换文件夹”按钮，当正在显示包含在对象文件夹中的个别工程时，可以隐藏或显示它们。

（4）属性窗口：用来显示所选定对象的属性，同时可以更改对象的属性。

“对象下拉”列表框是用来列出当前所选的对象，只能列出现用窗体中的对象。如果选取了好几个对象，则以第一个对象为准。

“属性列表”分为以下两种：

“按字母序”选项卡——按字母顺序列出所选对象的所有属性。

“按分类序”选项卡——根据性质列出所选对象的所有属性。可以折叠这个列表，这样将只看到分类；也可以扩充一个分类，并可以看到其所有的属性。当扩充或折叠列表时，可在分类名称的左边看到一个加号（+）或减号（–）图标。

（5）主显示区域：用来显示当前操作所对应的主窗体。一般情况显示的是“代码窗口”，在其中可以编辑模块代码，如图 9-5 所示。

图 9-5 代码窗口

如果在【视图】菜单中，选择【对象浏览器】，则在主显示区域中显示如图 9-6 中所示的“对象浏览器”窗口。如果选择【立即窗口】、【本地窗口】、【监视窗口】，则在主显示区域的下端，显示出对应的窗口。

图 9-6 【对象浏览器】窗口

① 立即窗口：在此窗中输入或粘贴一行代码，然后按下 Enter 键将立即执行该代码。立即窗口中的代码是不能存储的。

② 本地窗口：可自动显示出所有在当前过程中的变量声明及变量值。若本地窗口为可见的，则每当从执行方式切换到中断模式或是操纵堆栈中的变量时，它就会自动重建显示。

③ 监视窗口：当工程中有定义监视表达式定义时，就会自动出现，也可以将选取的变量拖动到立即窗口或监视窗口中。

提示：在 VBE 中的窗口都是可以移动的，可以随意拖动窗口，设置出最适合自己编程习惯的窗口布局。

9.1.3 VBA 模块

模块作为 Access 的对象之一，主要用来存放用户编写的 VBA 代码，如同窗体是存放控件对象的容器一样，模块是代码的容器，如图 9-7 所示。

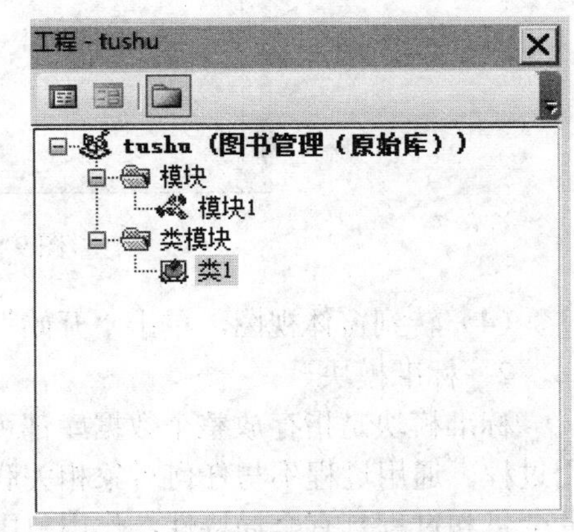

图 9-7　VBA 模块

在 Access 中，从与其他对象的关系来看，模块可分为以下两种基本类型。

1．类模块

类模块是指包含新对象定义的模块。类模块是代码和数据的集合，每个类模块都与某个特定的窗体或报表相关联。窗体模块和报表模块都属于类模块。它们从属于各自的窗体或报表。

窗体模块和报表模块通常包含事件过程，通过事件触发并运行事件过程，从而响应用户操作，控制窗体或报表的行为。

窗体模块和报表模块的作用范围仅限于本窗体或本报表内部，具有局部特性，模块中变量的生命周期随窗体或报表的打开而开始，随窗体或报表的关闭而结束。

【例 9-1】 建立一个类模块，创建如图 9-8 所示窗体，单击“开始”按钮时，显示“欢迎学习 VBA 知识！”。

操作步骤如下。

（1）在数据库中，创建如图 9-8 所示窗体，通过【属性表】中的【格式选项卡】，使“记录选择器”、“导航按钮”、“分割线”均不显示。

（2）选择命令按钮控件，单击鼠标右键，从快捷菜单中选择“事件生成器”，在“选择生成器”对话框中选择“代码生成器”。

（3）在事件过程中输入代码，如图 9-9 所示。

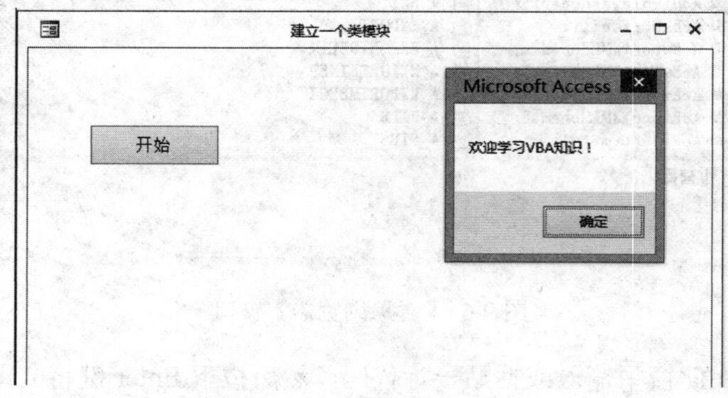

图 9-8 单击“开始”按钮，显示信息

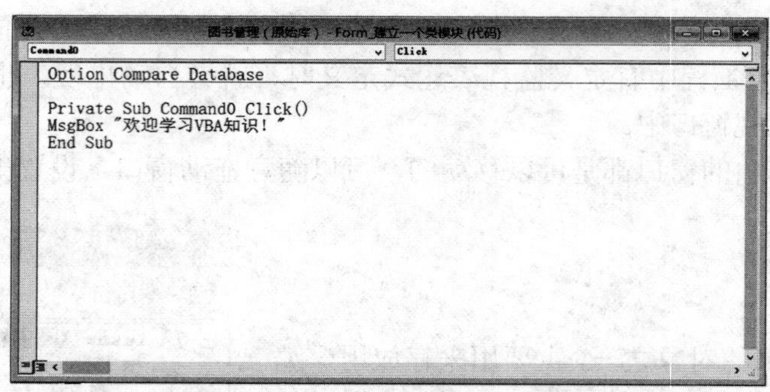

图 9-9 在事件过程中输入代码

（4）转到窗体视图，单击“开始”按钮。

2．标准模块

标准模块是指存放整个数据库都可用的子程序和函数的模块。标准模块包括通用过程和常用过程，通用过程不与任何对象相关联，常用过程可以在数据库的任何地方运行。标准模块中的变量和过程具有全局特性，作用范围是整个应用程序，生命周期随应用程序的运行而开始，随应用程序的关闭而结束。

【例 9-2】建立一个标准模块，运行时显示“欢迎学习 VBA 知识！”

操作步骤：

（1）在数据库中，单击功能区“创建”选项卡下“宏与代码”组中“模块”按钮。

（2）输入如图 9-10 所示代码。

（3）单击“保存”按钮，为模块起名：First，如图 9-11 所示。

（4）单击标准工具栏上“运行子过程”命令，数据库窗口显示相应信息。

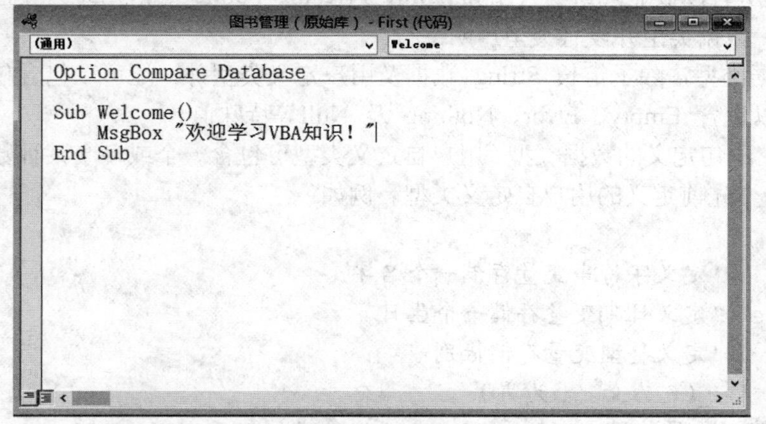

图 9-10　标准模块代码

图 9-11　First 模块

9.2　VBA 语言基础

9.2.1　数据类型

为了不同的操作需要，VB 构造了多种数据类型，用于存放不同类型的数据。

（1）Byte 变量存储为单精度型、无符号整型、8 位（1 个字节）的数值形式。Byte 数据类型在存储二进制数据时很有用。

（2）Boolean 变量存储只能是 True 或是 False。Boolean 变量的值显示为 True 或 False（在使用 Print 的时候），或者 #TRUE# 或 #FALSE#（在使用 Write # 的时候）。使用关键字 True 与 False 可将 Boolean 变量赋值为这两个状态中的一个。

当转换其他的数值类型为 Boolean 值时，0 会转成 False，而其他的值则变成 True。当转换 Boolean 值为其他的数据类型时，False 成为 0，而 True 成为−1。

（3）Integer、Long 用来存储整型值。

（4）Single，Double 用来存储浮点型值。

（5）Currency 变量一般用来存储货币型数值，或者整型的数值形式，然后除以 10000 给出一个定点数，其小数点左边有 15 位数字，右边有 4 位数字。Currency 的类型声明字符为 at 号(@)。

（6）Decimal 一般用来存储科学计数法表示的数值。

（7）Date 用来存储日期值，时间可以从 0:00:00 到 23:59:59。任何可辨认的文本日期都可以赋值给 Date 变量。日期文字必须以数字符号 (#) 括起来，例如，#January 1, 1993# 或 #1 Jan 93#。

Date 变量会根据计算机中的短日期格式来显示。时间则根据计算机的时间格式（12 或 24

小时制）来显示。

当其他的数值类型要转换为 Date 型时，小数点左边的值表示日期信息，而小数点右边的值则表示时间。午夜为 0 而中午为 0.5。负整数表示 1899 年 12 月 30 日之前的日期。

（8）Object 变量用来存储对象。

（9）String 变量用来存储字符串，字符串有两种：变长与定长的字符串。

（10）Variant 数据类型是所有没被显式声明（用如 Dim、Private、Public 等语句）为其他类型变量的数据类型。Variant 数据类型并没有类型声明字符。

Variant 是一种特殊的数据类型，除了定长 String 数据及用户定义类型外，还可以包含任何种类的数据。Variant 也可以包含 Empty、Error、Nothing 及 Null等特殊值。

（11）可以是任何用 Type 语句定义的数据类型。用户自定义类型可包含一个或多个某种数据类型的数据元素、数组或一个先前定义的用户自定义类型。例如：

```
Type MyType
MyName As String         '定义字符串变量存储一个名字
MyBirthDate As Date      '定义日期变量存储一个生日
MySex As Integer         '定义整型变量存储性别
End Type                 '（0 为女，1 为男）
```

表 9-1 列出了 VBA 中的基本数据类型。

表 9-1　VBA 基本数据类型

VBA 类型	数 据 类 型	声 明 符	字　节
Byte	单字节型		1
Integer	整型	%	2
Long	长整型	&	4
Single	单精度型	!	4
Double	双精度型	#	8
Currency	货币型	@	8
String	字符型	$	n*1
Boolean	布尔型		2
Date	日期型		8
Variant	变体型		可变
Object	对象型		4

其中，字节、整型、长整型、单精度、双精度、货币等数据类型都属于数值数据类型，可以进行各种数学运算。字符型数据类型用来声明字符串。布尔型数据类型用来表示一个逻辑值，为真时显示 True，为假时显示 Flase。日期型数据类型用来表示日期，日期常量必须用#括起来，如#2001/3/26#。变体型数据类型可以存放系统定义的任何数据类型，如数值、字符串、布尔及日期等，其数据类型由最近放入的值决定。

9.2.2　常量与变量

1．常量

常量是指在程序运行时其值不会发生变化的数据，VBA 的常量有直接常量和符号常量两种表示方法。直接常量就是直接表示的整数、单精度数和字符串，如 1234、17.28E+9、“StuID”等。符号常量就是用符号表示常量，符号常量有用户定义的符号常量、系统常量和内部常量 3 种。

（1）用户定义的符号常量　在 VBA 编程过程中，对于一些使用频度较多的常量，可以用符号常量形式来表示。符号常量使用关键字 Const 来定义，格式如下：

Const 符号常量名称=常量值

（2）系统常量　系统常量是指 Access 系统启动时建立的常量，有 True、False、Yes、No、On、Off 和 Null 等，编写代码时可以直接使用。

（3）内部常量　VBA 提供了一些预定义的内部符号常量，它们主要作为 DoCmd 命令语句中的参数。内部常量以前缀 ac 开头，如 acCmdSaveAs。

2．变量

变量是指程序运行时值会发生变化的数据。在程序运行时，数据是在内存中存放的，内存中的位置是用不同的名字表示的，这个名字就是变量的名称，该内存位置上的数据就是该变量的值。

（1）变量的命名规则　在为变量命名时，应遵循以下规则：

① 变量名只能由字母、数字和下划线组成；

② 变量名必须以字母开头；

③ 不能使用系统保留的关键字，例如 Sub，Function 等，长度不能超过 255 个字符；

④ 不区分英文大小写字母，如 StuID、sutid 和 stuID 表示同一个变量。

（2）变量类型的定义　根据变量类型定义的方式，可以将变量分为隐含型变量和显式变量两种形式。

① 隐含型变量：利用将一个值指定给变量名的方式来建立变量，如：

```
NewVar=127
```

该语句定义一个 Variant 类型变量 NewVar，值为 127。在变量名后添加不同的后缀，表示变量的不同类型。

例如，下面语句建立了一个整数数据类型的变量。

```
NewVar%=23
```

当在变量名称后没有附加类型说明字符来指明隐含变量的数据类型时，默认为 Variant 数据类型。

② 显式变量：显式变量是指在使用变量时要先定义后使用。例如，C、C++和 Java 语言中都要求在使用变量前先定义变量。

定义显式变量的方法如下：

```
Dim 变量名 As 类型名
```

在一条 Dim 语句中可以定义多个变量，例如，上例中的语句可以改写如下：

```
Dim Var1,Var2 as String
```

在模块设计窗口的顶部说明区域中，可以加入 Option Explict 语句，强制要求所有变量必须定义才能使用。

（3）数据库对象变量

Access 中的数据库对象及其属性，都可以作为 VBA 程序代码中的变量及其指定的值来加以引用。

Access 中窗体对象的引用格式为：

```
Forms!窗体名称!控件名称[.属性名称]
```

Access 中报表对象的引用格式为：

```
Reports!报表名称!控件名称[.属性名称]
```

关键字 Forms 或 Reports 分别表示窗体或报表对象集合。感叹号“!”分隔开对象名称和控件名称。如果省略了“属性名称”部分，则表示控件的基本属性。

如果对象名称中含有空格或标点符号，就要用方括号把名称括起来。

例如：下面是对“读者”窗体中“借书证号”信息文本框的引用：

```
Forms!读者!借书证号=“200910230001”
Forms!读者![借书  证号]=“200910230001”
```

当需要多次引用对象时，可以使用 Set 关键字来建立控件对象的变量，这样处理很方便。

例如：要多次引用“读者”窗体中“姓名”控件的值时，可以使用以下方式：

```
Dim ReadName As Control
Set ReadName=Forms!读者!姓名
ReadName=“刘星月”
```

9.2.3 数组

数组是一组具有相同属性和相同类型的数据，并用统一的名称作为标识的数据类型，这个名称称为数组名，数组中的每个数据称为数组元素，或称为数据元素变量。数组元素在数组中的序号称为下标，数组元素变量由数组名和数组下标组成，例如，A(1)、A(2)、A(3)表示数组 A 的 3 个元素。

数组在使用之前也要进行定义，定义数组的格式如下：

一维数组的定义格式：

```
Dim 数组名([下标下限 to] 下标上限) [As 数据类型]
```

二维数组的定义格式：

```
Dim 数组名([下标下限 to] 下标上限, [下标下限 to] 下标上限) [As 数据类型]
```

除此之外，还可以定义多维数组，对于多维数组应该将多个下标用逗号分隔开，最多可以定义 60 维。默认情况下，下标下限为 0，数组元素从“数组名(0)”至“数组名(下标上限)”。如果使用 to 选项，则可以使用非 0 下限。

例如：定义一个有 10 个数组元素的整型数组，数组元素为 NewArray(0)至 NewArray(9)，即：

```
Dim NewArray(10) As Integer
```

例如：定义一个有 10 个数组元素的整型数组，数组元素为 NewArray(1)至 NewArray(10)，即：

```
Dim NewArray(1 To 10) As Integer
```

例如：定义一个三维数组 NewArray，共含有 4×4×4（64）个数组元素。

```
Dim NewArray(3,3,3) As Integer
```

在 VBA 中，在模块的声明部分使用 OptionBase 语句，更改数组的默认下标下限。例如：

```
OptionBase 1       '数组的默认下标下限设置为 1
OptionBase 0       '数组的默认下标下限设置为 0
```

VBA 还可以使用动态数组，定义和使用方法如下：

① 用 Dim 显式定义数组，但不指明数组元素数目；

② 用 ReDim 关键字来决定数组元素数目。

```
Dim NewArray() As Long   '定义动态数组
…
ReDim NewArray(5,5,5)      '分配数组空间大小
```

在开发过程中，如果预先不知道数组需要定义多少元素时，动态数组是很有用的。当不需要动态数组包含的元素时，可以使用 ReDim 将其设为 0 个元素，释放该数组占用的内存。

可以在模块的说明区域加入 Global 或 Dim 语句，然后在程序中使用 ReDim 语句，以说明动态数组为全局的和模块级的范围。如果以 Static 取代 Dim 来说明数组，则数组可在程序的示例间保留它的值。

数组的作用域和生命周期的规则和关键字的使用方法与传统变量的用法相同。

9.2.4 用户自定义数据类型

用户可以使用 Type 语句定义任何数据类型。用户自定义数据类型可以包括数据类型数组，或当前定义的用户自定义类型的一种或多种元素。语法如下：

```
[ Private | Public ] Type 类型名
   元素名 As 数据类型
  [ 元素名 As 数据类型 ]
   ......
End Type
```

例如：定义读者的基本情况数据类型如下：

```
Public Type  Readers
  Name As String(8)
Age  As Integer
End Type
```

声明变量：

```
Dim  Reader  As  Readers
```

引用数据：

```
Reader .Name=“张三”
Reader.Age=1
```

9.2.5 运算符和表达式

在 VBA 编程语言中，可以将运算符分为算术运算符、关系运算符、逻辑运算符和连接运算符 4 种类型。不同的运算符用来构成不同的表达式，完成不同的运算和处理。表达式是由运算符、函数和数据等内容组合而成的，根据运算符的类型可以将表达式分为算数表达式、关系表达式、逻辑表达式和字符串表达式 4 种类型。

（1）算术运算符　算术运算符用于数值的算术运算，VBA 中的算术运算符共有 7 个，如表 9-2 所示。

表 9-2　算术运算符

运 算 符	运算符含义	举　例
+	加	3+7　结果 10
–	减	9-1　结果 8
*	乘	4*5　结果 20
/	除	7/2　结果 3.5
\	整除	5\2　结果 2
Mod	求模	9Mod5　结果 4
^	乘幂	4^2　结果 16

算术运算符之间存在优先级，优先级是决定算术表达式的运算顺序的原则，算术运算符优先级从高到低依次为乘幂、乘除法、整数除法、求模和加减法。由算术运算符、数值、括号和正负号等构成的表达式称为算术表达式。在算术表达式中，括号和正负号的优先级比算术运算符要高，括号比正负号的优先级高。

【例 9-3】 算术表达式-8+20*4 Mod 6^ (5\2)的结果。

计算的过程如下：

① 计算(5\2)的结果为 2，表达式化为−8+20*4 Mod 6^2；

② 计算 6^ 2 的结果为 36，表达式化为−8+20*4 Mod 36；

③ 计算 20*4 的结果为 80，表达式化为−8+80 Mod 36；

④ 计算 80 Mod 36 的结果为 8，表达式化为−8+8；

⑤ 计算−8+8 的结果为 0。

（2）关系运算符　关系运算符用来表示两个值或表达式之间的大小关系，从而构成关系表达式。6 个关系运算符的优先级是相同的，如果它们出现在同一个表达式中，按照从左到右的顺序依次运算，但关系运算符比算术运算符的优先级低，如表 9-3 所示。关系运算的结果为逻辑值：真（True）和假（False）。

表 9-3　关系运算符

运　算　符	运算符含义	举　例
>	大于	8>5　结果 True
<	小于	5<4　结果 False
=	等于	7=6　结果 False
>=	大于或等于	9>=5　结果 True
<=	小于或等于	4<=9　结果 True
<>	不等于	2<>2　结果 False

（3）逻辑运算符　使用逻辑运算符可以对两个逻辑量进行逻辑运算，其结果仍为逻辑值真（True）或假（False），逻辑运算规则如表 9-4 所示。表 9-5 是逻辑运算的真值表。

表 9-4　逻辑运算规则

运　算　符	运　算	含　义
And	与	两个表达式同时为真则为真，否则为假
Or	或	两个表达式中有一个为真则为真，否则为假
Not	非	由真变假或由假变真
Xor	异或	两个表达式的值相同时为假，不同时为真
Eqv	等价	两个表达式的值相同时为真，不同时为假
Imp	蕴含	当第一个表达式为真，且第二个表达式为假，则值为假，否则为真

表 9-5　逻辑运算的真值表

A	B	A And B	A Or B	Not A	A Xor B	A Eqv B	A Imp B
True	True	True	True	False	False	True	True
True	False	False	True	False	True	False	False
False	True	False	True	True	True	False	True
False	False	False	False	Tme	False	True	True

逻辑运算符的优先级低于关系运算符，常用的 3 个逻辑运算符之间的优先级由高到低依次为：非运算（Not），与运算符（And），或运算符（Or）。

（4）连接运算符　连接运算符具有连接字符串的功能。在 VBA 中有“&”和“+”两个运算符。

①“&”运算符用来强制两个表达式作字符串连接。

②“+”运算符是当两个表达式均为字符串数据时，才将两个字符串连接成一个新字符串。

当一个表达式由多个运算符连接在一起时，运算进行的先后顺序是由运算符的优先级决定的。优先级高的运算先进行，优先级相同的运算依照从左向右的顺序进行。上述 4 种运算符的优先级由高到低依次为算术运算符、连接运算符、关系运算符、逻辑运算符。

9.2.6　常用标准函数

在 VBA 中提供了近百个内置的标准函数，用户可以直接调用标准函数来完成许多操作。标准函数的调用形式如下：

函数名(参数表列)

下面按分类介绍一些常用标准函数的使用方法。

1. 数学函数

数学函数用来完成数学计算功能。常用的数学函数如表 9-6 所示。

表 9-6　常用的数学函数

函　数	名　称	作　用
Abs(数值表达式)	绝对值函数	返回数值表达式的绝对值
Int(数值表达式)	取整函数	返回数值表达式的整数部分
Fix(数值表达式)	取整函数	参数为正值时，与 Int 函数相同。参数为负值时，Int 函数返回小于等于参数值的第一个负数，而 Fix 函数返回大于等于参数值的第一个负数
Exp(数值表达式)	自然指数函数	计算 e 的 N 次方，返回一个双精度数
Log(数值表达式)	自然对数函数	计算以 e 为底的数值表达式值的对数
Sqr(数值表达式)	开平方函数	计算数值表达式的平方根
Sin(数值表达式)	正弦三角函数	计算数值表达式的正弦值，数值表达式值表示以弧度为单位的角度值
Cos(数值表达式)	余弦三角函数	计算数值表达式的余弦值，数值表达式值表示以弧度为单位的角度值
Tan(数值表达式)	正切三角函数	计算数值表达式的正切值，数值表达式值表示以弧度为单位的角度值
Rnd(数值表达式)	产生随机数函数	产生一个 0～1 之间的随机数，为单精度类型。数值表达式参数为随机数种子，决定产生随机数的方式。如果数值表达式值小于 0，每次产生相同的随机数。如果数值表达式值大于 0，每次产生新的随机数。如果数值表达式值等于 0，产生最近生成的随机数，且生成的随机数序列相同。如果省略数值表达式参数，则默认参数值大于 0

【例 9-4】　常用数学函数使用举例如下：

```
Abs(-7)=7
Exp(2)=7.389 056 098 930 65
Log(6)=1.791 759 469 228 05
Sqr(25)=5
Int(6.28)=6, Fix(6.28)=6
Int(-6.28)=-7, Fix(-6.28)=-6
Sin(90*3.14159/180)
 Cos(45*3.14159/180)
Tan(30*3.14159/180)
Int(100*Rnd)
```

```
Int(101*Rnd)
```

2．字符串函数

字符串函数完成字符串处理功能。主要包括以下函数。

（1）字符串检索函数

函数格式：InStr([Start,] Strl，Str2 [，Compare])

函数功能：检索子字符串 Str2 在字符串 Strl 中最早出现的位置，返回整型数。

参数说明：Start 参数为可选参数，设置检索的起始位置。默认时，从第一个字符开始检索。Compare 参数也为可选参数，指定字符串比较的方法，其值可以为 0、1 和 2。0：默认值，做二进制比较。1：不区分大小写的文本比较。2：做基于数据库中包含信息的比较。

如果 Strl 字符串的长度为 0 或 Str2 字符串检索不到，则函数返回 0。如果 Str2 字符串长度为 0，函数将返回 Start 值。

【例 9-5】 已知 Strl=“123456”，Str2=“56”。

```
s=InStr(strl,str2)      '返回 5
s=InStr(3, “aBCdAb”, “a”,1)      '返回 5
```

（2）字符串长度检测函数

函数格式：Len(字符串表达式或变量名)

函数功能：返回字符串中所包含字符个数。

参数说明：对于定长字符串变量，其长度是定义时的长度，和字符串实际值无关。

（3）字符串截取函数

函数格式：

```
Left(字符串表达式,N)
Right(字符串表达式,N)
Mid(字符串表达式,N1,N2)
```

函数功能：Left 函数可以从字符串左边起截取 N 个字符。Right 函数可以从字符串右边起截取 N 个字符。Mid 函数可以从字符串左边第 N1 个字符起截取 N2 个字符。

参数说明：如果 N 值为 0，Left 函数和 Right 函数将返回零长度字符串。如果 N 大于等于字符串的字符数，则返回整个字符串。对于 Mid 函数，如果 N1 值大于字符串的字符数，则返回零长度字符串。如果省略 N2，则返回字符串中左边起第 N1 个字符开始的所有字符。

（4）生成空格字符函数

函数格式：Space(数值表达式)

函数功能：Space 函数可以返回数值表达式的值指定的空格字符数。

（5）删除空格函数

函数格式：

```
LTrim(字符串表达式)
RTrim(字符串表达式)
Trim(字符串表达式)
```

函数功能：LTrim 函数可以删除字符串的开始空格。RTrim 函数可以删除字符串的尾部空格。Trim 函数可以删除字符串的开始和尾部空格。

3．日期/时间函数

日期/时间函数的功能是处理日期和时间。主要包括以下函数。

（1）获取系统日期和时间函数

函数格式：Date

```
Time
Now
```

函数功能：Date 函数可以返回当前系统日期。Time 函数可以返回当前系统时间。Now 函数可以返回当前系统日期和时间。

（2）截取日期分量函数

函数格式：
```
Year(日期表达式)
Month(日期表达式)
Day(日期表达式)
Weekday(日期表达式,[W])
```

函数功能：Year 函数可以返回日期表达式年份的整数。Month 函数可以返回日期表达式月份的整数。Day 函数可以返回日期表达式日期的整数。Weekday 函数可以返回 1～7 的整数，表示星期。

参数说明：Weekday 函数中，参数 W 可以指定一个星期的第一天是星期几。默认时周日是一个星期的第一天，W 的值为 vbSunday 或 1。

【例 9-6】 日期分量函数举例。

```
Year(#2007/1/15#)              '返回 2007
Month(#2007/1/15#)             '返回 1
Day(#2007/1/15#)               '返回 15
Weekday(#2007/1/15#)           '返回 2，#2007/1/15#是星期一
Weekday(#2007/1/15#,5)         '返回 5
```

（3）截取时间分量函数

函数格式：
```
Hour(时间表达式)
Minute(时间表达式)
Second(时间表达式)
```

函数功能：Hour 函数可以返回时间表达式的小时数（0～23）。Minute 函数可以返回时间表达式的分钟数（0～59）。Second 函数可以返回时间表达式的秒数（0～59）。

【例 9-7】 时间分量函数举例。

```
Hour(#20:17:36#)          '返回 20
Minute(#20:17:36#)        '返回 17
Second(#20:17:36#)        '返回 36
```

（4）日期/时间增加或减少一个时间间隔

```
DateAdd(间隔类型,间隔值,表达式)
Dateadd("yyyy",3,#2006-1-10#)
Dateadd("d",3,#2006-1-10#)
Dateadd("q",3,#2006-1-10#)
Dateadd("m",3,#2006-1-10#)
Dateadd("ww",3,#2006-1-10#)
```

（5）计算两个日期的间隔函数

```
DateDiff(间隔类型,日期1,日期2)
DateDiff("yyyy",#2003-5-28#,#2004-2-29#)
DateDiff("q",#2003-5-28#,#2004-2-29#)
```

```
DateDiff("m",#2003-5-28#,#2004-2-29#)
DateDiff("ww",#2003-5-28#,#2004-2-29#)
```

（6）返回日期指定时间部分函数

```
DatePart(间隔类型,日期)
DatePart("yyyy",#2003-5-28#)
DatePart("d",#2003-5-28#)
DatePart("m",#2003-5-28#)
DatePart("ww",#2003-5-28#)
```

（7）返回包含指定年月日的日期函数

```
DateSerial(年值,月值,日值)
DateSerial(2008,1,28)=#2008-1-28#
```

4．类型转换函数

类型转换函数可以将数据类型转换成指定类型。下面介绍一些类型转换函数。

（1）字符串转换字符代码函数

函数格式：Asc(字符串表达式)

函数功能：Asc 函数可以返回字符串首字符的 ASCII 值。

（2）字符代码转换字符函数

函数格式：Chr(字符代码)

函数功能：Chr 函数可以返回与字符代码相关的字符。

（3）数字转换成字符串函数

函数格式：Str(数值表达式)

函数功能：Str 函数可以将数值表达式值转换成字符串。

参数说明：数值表达式的值为正时，返回的字符串将包含一个前导空格。

（4）字符串转换成数字函数

函数格式：Val(字符串表达式)

函数功能：Val 函数可以将数字字符串转换成数值型数字。

参数说明：数字字符串转换时可自动将字符串中的空格、制表符和换行符去掉，当遇到第一个不能识别的字符时，停止转换。

5．验证函数

Access 提供了一些对数据进行校验的函数，常用的验证函数如表 9-7 所示。

表 9-7　常用的验证函数

函数名称	返回值	说明
IsNumeric	Boolean 值	指出表达式的运算结果是否为数值。返回 True，为数值
IsDate	Boolean 值	指出一个表达式是否可以转换成日期。返回 True，可转换
IsNull	Boolean 值	指出表达式是否为无效数据(Null)。返回 True，无效数据
IsEmpty	Boolean 值	指出变量是否已经初始化。返回 True，未初始化
IsArrav	Boolean 值	指出变量是否为一个数组。返回 True，为数组
IsError	Boolean 值	指出表达式是否为一个错误值。返回 True，有错误
IsObject	Boolean 值	指出标识符是否表示对象变量。返回 True，为对象

6．输入框函数

输入框函数用于在对话框中显示提示，等待用户输入正文并按下按钮，然后返回包含文本框内容的数据信息。

函数格式：

```
InputBox(Prompt[,Titlel],Default[,Xpos][,Ypos][,Helpfile,Context])
```

【例 9-8】 使用 InputBox 函数返回用键盘输入的读者借书证号。

```
Dim StuID As String
StuID=InputBox("请输入读者借书证号：","信息提示")
```

7．消息框函数

消息框用于在对话框中显示消息，等待用户单击按钮，并返回一个整型值，指示用户单击了哪一个按钮。

函数格式：

```
MsgBox(Prompt[,Buttons][,Title][,Helpfile,Context])
```

9.3　VBA 程序的流程控制结构

一个程序由多条不同功能的语句组成，每条语句能够完成某个特定的操作。

9.3.1　语句书写规则

（1）源程序不分大小写，英文字母的大小写是等价的（字符串除外），但是，为了提高程序的可读性，VBA 编译器对不同的程序部分都有默认的书写规则，当程序书写不符合这些规则时，编译器会自动进行转换。例如，关键字默认首字母大写，其他字母小写。

（2）通常一个语句写在一行，但一行最多允许 255 个字符。当语句较长，一行写不下时，可以用续行符“_”将语句连续写在下一行。

（3）如果一条语句输入完成，按回车后该行代码呈红色，说明该行语句有错误，应及时修改。

9.3.2　VBA 基本语句

1．注释语句

注释语句多用来说明程序中某些语句的功能和作用，为了增加程序的可读性，在程序中可以添加适当的注释。VBA 在执行程序时，并不执行注释文字。注释方法有两种“Rem”和“‘”。注释可以和语句在同一行，并写在语句后面，也可占据一整行。例如：

```
Rem  程序举例
DoCmd.OpenForm  "读者"    '打开读者窗体
```

2．赋值语句

赋值语句是为变量指定一个值或表达式。

语句格式：[Let]　变量名=值或表达式

其中，Let 为可选项，可以省略。

如：a=123;form1.caption=“我的窗口”;

对对象赋值可以用 set　myobject:=object 或 myobject : =object

3．输出语句

在立即窗口中，可以使用 Print 语句或“？”来输出变量或表达式的结果，格式为：Print|?变量或表达式[;|,]…[;|,]。

例如：Print 3，-1.45；“Reader”

输出语句结尾也可以加上逗号或分号，用来确定下一条输出语句的位置是分区输出还是紧凑输出。

9.3.3 VBA 基本控制结构

结构化程序设计的基本控制结构有 3 种：顺序结构、选择结构和循环结构。

1．顺序结构

顺序结构是结构化程序设计中最常见的程序结构，它按代码从上到下顺序，依次执行关键字控制下的代码，执行过程没有任何分支。

【例 9-9】 已知某同学的语文、数学、英语的成绩分别为 80、90、100，在立即窗口中打印出他的总分和平均分（保留小数点后 2 位）。

实现上述功能的程序如下所示：

```
Public Sub Score()
Dim chinese As Integer, Math As Integer, Eng As Integer
Dim AvgScore As Integer, AllScore As Integer
chinese = 80: Math = 90: Eng = 100
AllScore = chinese + Math + Eng
AvgScore = AllScore / 3
Debug.Print "平均分是: " & AvgScore & vbCrLf & "总分是: " & AllScore
End Sub
```

顺序结构的程序虽然能解决计算、输出等问题，但不能在判断的基础上做出选择。对于要先做判断再选择的问题，需要使用选择结构。

2．选择结构

选择结构的程序根据条件式的值来选择程序运行的语句。主要有以下一些结构：

（1）If 语句　格式如下：

```
If  条件表达式 1  Then
......       '条件表达式 1 为真时要执行的语句
[Else  [If  条件表达式 2  Then]]
......   '条件表达式 1 为假，[并且条件表达式 2 为真时]要执行的语句
End If 语句
```

【例 9-10】 通过输入对话框输入一个年份，判断该年是否为闰年。判断某年是否为闰年的规则是：如果该年份能被 400 整除，则是闰年；如果该年份能被 4 整除，但不能被 100 整除，则也是闰年。

```
Public Sub  yunnian()
    Dim y As Integer
    y = Val(InputBox("请输入年份: "))
    If y Mod 400 = 0 Or (y Mod 4 = 0 And y Mod 100 <> 0) Then
       MsgBox Str(y) & "年是闰年"
    Else
       MsgBox Str(y) & "年不是闰年"
    End If
```

```
End Sub
```

【例 9-11】 用户通过输入对话框输入一个百分制的成绩分数，程序根据成绩分数来判断，并输出其对应的等级。转换规则为：90≤成绩分数≤100 为优；80≤成绩分数<90 为良；60≤成绩分数<80 为中；成绩分数<60 为差；其他为非法输入。

```
Public Sub 例 9_11()
    Dim grade As Integer
    grade = Val(InputBox("请输入成绩分数"))
    If grade <= 100 And grade >= 90 Then
        Debug.Print Str(grade) & "的等级为:优"
    ElseIf grade < 90 And grade >= 80 Then
        Debug.Print Str(grade) & "的等级为:良"
    ElseIf grade < 80 And grade >= 60 Then
        Debug.Print Str(grade) & "的等级为:中"
    ElseIf grade < 60 And grade > 0 Then
        Debug.Print Str(grade) & "的等级为:差"
    Else
        Debug.Print "你输入的成绩不对!"
    End If
End Sub
```

（2）Select Case 语句　Select Case 语句是多分支选择语句，它可以根据测试条件中表达式的值来决定执行几组语句中的依据。使用格式如下：

```
Select Case 表达式
Case 表达式 1
......          '表达式的值与表达式 1 的值相等时执行的语句
[Case 表达式 2]
......          '表达式的值介于表达式 2 和表达式 3 之间时执行的语句
[Case Else]
......          '上述情况均不符合时执行的语句
End Select
```

【例 9-12】 使用 Select Case 语句实现例 9-11。

```
Public Sub 例 7_11()
    Dim grade As Integer
    grade = Val(InputBox("请输入成绩分数"))
    Select Case grade
        Case 90 To 100
            MsgBox (Str(grade) & "的成绩为:优")
        Case 80 To 90
            MsgBox (Str(grade) & "的成绩为:良")
        Case 60 To 80
            MsgBox (Str(grade) & "的成绩为:中")
        Case 0 To 60
```

```
            MsgBox (Str(grade) & "的成绩为:差")
        Case Else
            MsgBox ("你输入的成绩不对!")
    End Select
End Sub
```

3. 循环结构

循环结构使得若干语句重复执行若干次，实现重复性操作。在程序设计中，经常需要用到循环控制。

（1）Do 语句　Do 语句根据条件判断是否继续进行循环操作。用在事先不知道程序代码需要重复多少次的情况下。

Do 语句语法格式主要有以下 4 种。

格式一：

```
Do While 条件表达式
     语句组 1
[Exit Do]
     语句组 2
Loop
```

格式二：

```
Do Until 条件表达式
      语句组 1
[Exit Do]
        语句组 2
Loop
```

格式三：

```
Do
      语句组 1
[Exit Do]
       语句组 2
Loop While 条件表达式
```

格式四：

```
Do
         语句组 1
[Exit Do]
        语句组 2
Loop Until 条件表达式
```

【例 9-13】 用 Do 循环求 100 以内的奇数和。

方式 1：用 Do While…Loop 语句实现。

```
Public Sub sum()
Dim i As Integer, s As Integer
 i = 1
 Do While i <= 100
```

```
s = s + i
i = i + 2
Loop
MsgBox "100 以内的奇数和为：" & s
End Sub
```

方式 2：用 Do…Loop Until 语句实现。

```
Public Sub sum()
Dim i As Integer, s As Integer
i = 1
Do
s = s + i
i = i + 2
Loop Until i > 100
MsgBox "100 以内的奇数和为：" & s
End Sub
```

方式 3：用不带条件的 Do…Loop 语句实现。

```
Public Sub sum()
Dim i As Integer, s As Integer
i = 1
Do
s = s + i
i = i + 2
If i > 100 Then Exit Do
Loop
MsgBox "100 以内的奇数和为：" & s
End Sub
```

（2）For 语句　For 语句可以通过指定次数来重复执行一组语句，这是最常用的一种循环控制结构。其语法结构如下：

```
For 循环体变量=初值 To 终值[Step 步长]
      语句组 1
[Exit For]
      语句组 2
Next
```

【例 9-14】 求 100 以内的所有奇数之和。

```
Public Sub sum()
   Dim i As Integer, s As Integer
   For i = 1 To 100 Step 2 ' 步长为 2
      s = s + i
   Next i
   MsgBox "100 以内的奇数和为：" & s
End Sub
```

（3）循环嵌套　循环嵌套是指在一个循环的循环体内包含了另一个循环，嵌套的层次可以很多，这里只介绍嵌套一次的情况，即双重循环。

① 内层循环和外层循环的循环变量不能同名。

② 内层循环必须完全包含在外层循环之中，不能交叉。

③ 循环嵌套执行时，对于外层的每一次循环，内层循环必须执行完所有的循环次数，才能进入到外层的下一次循环。

④ 对于一个外层有 m 次、内层有 n 次的双重循环，其核心循环体（即内层循环的循环体）将重复执行 m×n 次。

【例 9-15】编程计算 1！+2！+3！+…+10！的和。

```
Public Sub 例 7_21()
    Dim i As Integer, j As Integer, s As Single, p As Single
    s = 0
    For i = 1 To 10                         '外层循环求累加
        p = 1
        For j = 1 To i                      '内层循环求每一个 i 的阶乘
            p = p * j
        Next j
        s = s + p
    Next i
    MsgBox "1!+2!+3!+...+10!=" & s
End Sub
```

9.4　VBA 过程与函数

9.4.1　过程

过程是 VBA 程序代码的容器，是程序中的若干较小的逻辑部件，每种过程都有其独特的功能。过程可以简化程序设计任务，还可以增强或扩展 Visual Basic 的构件。另外，过程还可用于共享任务或压缩重复任务，如减少频繁运算等。

过程是由 Sub 和 End Sub 语句包含起来的 VBA 语句其格式如下：

```
[Private|Public|Friend] Sub 子过程名（参数列表）
    <子过程语句>
Exit Sub
    <子过程语句>
End Sub
```

【例 9-16】 下面是一个简单的验证密码的 Sub 过程。

```
Sub CheckPwd( )
    Dim Pwd As String
    Pwd=InputBox（"请输入密码！"）
    If Pwd="123456" Then
        MsgBox "密码正确，欢迎进入系统！"
```

```
    Else
       MsgBox “密码错误!”
    End if
End Sub
```

9.4.2　函数

函数是一种能够返回具体值的过程（如计算结果）。在 Access 中，包含了许多内置函数，如字符串函数 Mid()、统计函数 Max()等。除此之外，用户也可以根据需要创建自定义函数。函数有返回值，可以在表达式中使用。函数过程以关键字“Function”开始，并以“End Function”语句结束。其格式如下：

```
[Private|Public][Static]Function 函数名(参数行)[As 数据类型]
    <函数语句>
Exit Function
     <函数语句>
End Function
```

可以在函数和子过程定义时，使用 Public、Private 或 Static 前缀，用于声明子过程和函数的作用范围。

Private 前缀表示为私有的子过程和函数，只能在定义它们的模块中使用，Public 前缀代表公共的子过程和函数可能被任何其他模块调用，如果模块中子过程和函数没有使用 Private 进行声明，则系统默认为 Public(公共)子过程和函数。

【例 9-17】 下面是编写求圆面积的函数过程。

```
Function Circle(r As Single) As Single
    Dim Circle As Single
    Circle=0
    If r<=0 Then
       MsgBox “圆半径必须是正数!”
    Endif
    Circle=3.14159*r*r
End Function
```

9.4.3　变量的作用域与生存期

1. 变量的作用域

变量定义的位置不同，则其作用的范围也不同，这就是变量的作用域。

根据变量的作用域的不同，可以将变量分为局部变量、模块变量和全局变量 3 类。

① 局部变量。局部变量是指定义在模块过程内部的变量，在子过程或函数过程中定义的，或者不用 Dim…As 关键字定义而直接使用的变量，这些都是局部变量，其作用的范围是其所在的过程。

② 模块变量。模块变量是在模块的起始位置、所有过程之外定义的变量。运行时在模块所包含的所有子过程和函数过程中都可见，在该模块的所有过程中都可以使用该变量，用 Dim…As 关键字定义的变量就是模块变量。

③ 全局变量。全局变量就是在标准模块的所有过程之外的起始位置定义的变量，运行时

在所有类模块和标准模块的所有子过程与函数过程中都可见，在标准模块的变量定义区域，用下面的语句定义全局变量：

```
Public 全局变量名 As 数据类型
```

2. 变量的生命周期

定义变量的方法不同，变量的存在时间也不同，称为持续时间或生命周期。变量的持续时间，是从变量定义语句所在的过程第一次运行到程序代码执行完毕，并将控制权交回调用它的过程为止的时间。按照变量的生命周期，可以将局部变量分为动态局部变量和静态局部变量。

① 动态局部变量。动态局部变量是以 Dim…As 语句说明的局部变量，每次子过程或函数过程被调用时，该变量会被设定为默认值。

数值数据类型为 0，字符串变量则为空字符串(“ ”)。这些局部变量与子过程或函数过程持续的时间是相同的。

② 静态局部变量。用 Static 关键字代替 Dim 来定义静态局部变量，该变量可以在过程的实例之间保留局部变量的值。静态局部变量的持续时间是整个模块执行的时间，但它的作用范围是由其定义位置决定的。

9.5 面向对象程序设计

目前有两种常见的编程思想：面向过程程序设计和面向对象程序设计。

① 面向过程程序设计将数据和数据的处理相分离，程序由过程和过程调用组成。

② 面向对象程序设计则将数据和数据的处理封装成一个称之为“对象”的整体。

对象是面向对象程序的基本元素，其程序由对象和消息组成，程序中的一切操作都是通过向对象发送消息来实现的，对象接收到消息后，启动有关方法完成相应的操作。

VBA 是 Access 系统内置的 Visual Basic（VB）语言，VB 语言是可视化的、面向对象、事件驱动的高级程序设计语言，采用面向对象的程序设计思想。

9.5.1 类和对象

客观世界里的任何实体都可以看做是对象。对象可以是具体的物，也可以指某些概念。例如一台计算机、一个相机、一个窗体、一个命令按钮等都可以作为对象。每个对象都有一定的状态，如一个窗体的大小、颜色、边框、背景、名称等。每一个对象也有自己的行为，如对于一个命令按钮可以进行单击、双击等。

使用面向对象的方法解决问题的首要任务，是从客观世界里识别出相应的对象，并抽象出为解决问题所需要的对象属性和对象方法。属性用来表示对象的状态，方法用来描述对象的行为。

类是客观对象的抽象和归纳，是对一类相似对象的性质描述，这些对象具有相同的性质：相同种类的属性以及方法。类好比是一类对象的模板，有了类定义后，基于类就可以生成这类对象中任何一个对象。

9.5.2 对象的属性

属性是对象所具有的物理性质及其特性的描述，通过设置对象的属性，可以定义对象的特征或某一方面的状态。如一个命令按钮的大小、标题、标题字号的大小、 按钮的位置等都是这个命令按钮的属性。

在 VBA 代码中引用对象的属性的格式为：

〈对象名〉.〈属性名〉

例如将文本框 Text1 的值赋给变 Name。

```
Name=Me. Text1. Value
```

如将 Command1 的标题设置为“确定”。

```
Command1. Caption=“确定”
```

9.5.3　对象的方法

方法用来描述一个对象的行为，对象的方法就是对象可以执行的操作。如命令按钮的单击事件、双击事件，按下鼠标和释放鼠标等事件。

在 VBA 代码中引用对象方法的格式为：

〈对象名〉.〈方法名〉（〈参数 1〉，〈参数 2〉…）

例如 DoCmd.Close，关闭当前窗体。其中，Close 是系统对象 DoCmd 的内置方法。

9.5.4　对象的事件

事件是 Access 预先定义好的，能被对象识别的动作。事件作用于对象，对象识别事件并作出相应的反应，如单击命令按钮，其中的“单击”事件是命令按钮能识别的动作。有些事件能被多个对象识别，如“单击”事件和“双击”事件，可以被按钮、标签、复选框等多个对象识别。

事件是固定的，由系统定义好的，用户不能定义新的事件，只能引用。响应事件的方式有以下 2 种。

① 用宏对象响应对象的事件。

② 给事件编写 VBA 代码，用事件过程响应对象的事件。

类模块每个过程的开始行都会显示对象名和事件名。

如：`Private Sub Command1_Click()`

其中，Command1 是对象名，Click 是事件名。

面向对象的程序设计用事件驱动程序。其代码不是按预定顺序执行，而是在响应不同事件时执行不同代码。

对象能响应多种类型事件，每种类型的事件又由若干种具体事件组成。

9.5.5　DoCmd 对象

DoCmd 是系统对象，主要作用是调用系统提供的内置方法，在 VBA 程序中实现对 Access 的操作。例如，打开窗体、关闭窗体、打开报表、关闭报表等。

DoCmd 对象的大多数方法都有参数，除了必选参数之外，其他参数可以省略，用系统提供的默认值即可。使用 DoCmd 调用方法的格式如表 9-8 所示。

表 9-8　DoCmd 对象方法

方　法	功　能	示　例
OpenForm	打开窗体	DoCmd.OpenForm　"读者信息"
OpenReport	打开报表	DoCmd.OpenReport　"借书信息", acViewPreview
OpenTable	打开表	DoCmd. OpenTable　"图书信息"

续表

方　法	功　能	示　例
Close	关闭对象	DoCmd. close
RunMacro	运行宏	DoCmd. RunMacro　"Macro1"

【例 9-18】 创建如图 9-12 所示窗体，单击命令按钮时，使用 DoCmd 对象分别打开“读者信息”窗体和“读者情况报表”报表。编程结果如图 9-13 所示。

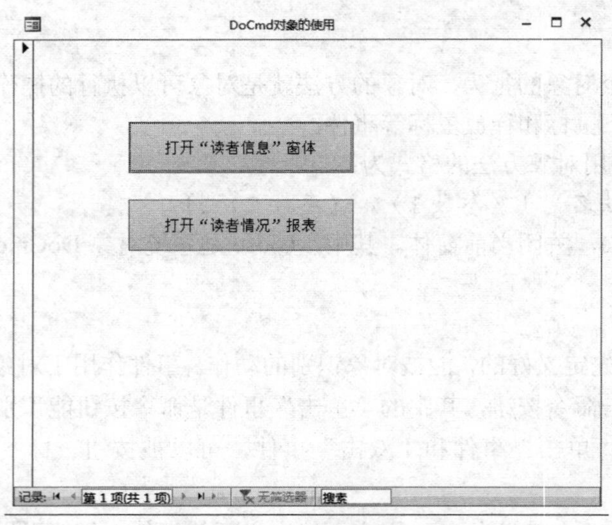

图 9-12　窗体界面

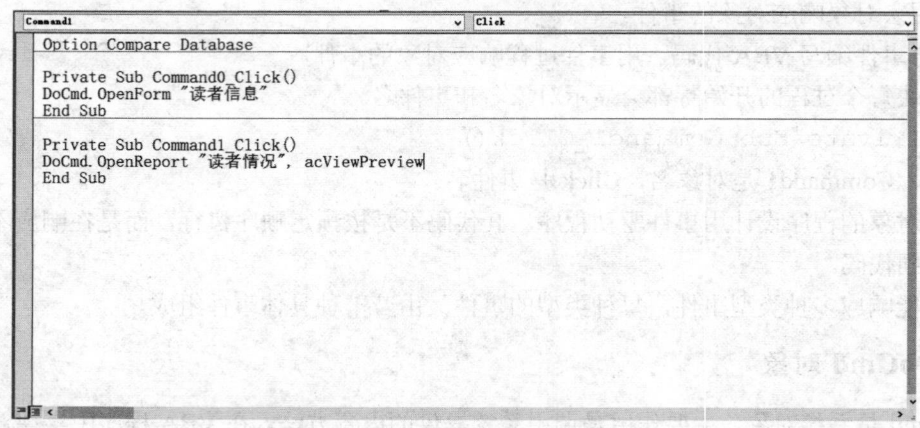


```
Option Compare Database

Private Sub Command0_Click()
DoCmd.OpenForm "读者信息"
End Sub

Private Sub Command1_Click()
DoCmd.OpenReport "读者情况", acViewPreview
End Sub
```

图 9-13　使用 DoCmd 对象编程

9.6　VBA 数据库编程

要想快速、有效地管理好数据，开发出更具实用价值的 Access 数据库应用程序，应当了解和掌握 VBA 的数据库编程方法。

在 VBA 中主要提供了 3 种数据库访问接口。

（1）开放数据库互联应用编程接口　开放数据库互联应用编程接口（Open DataBase

Connectivity API)，简称 ODBCAPI。在 Access 应用中，直接使用 ODBCAPI 需要大量 VBA 函数原型声明（Declare）和一些繁琐、低级的编程，因此，实际编程很少直接进行 ODBCAPI 的访问。

（2）数据访问对象　数据访问对象（Data Access Objects），简称 DAO。DAO 提供一个访问数据库的对象模型。利用其中定义的一系列数据访问对象，例如，Database、QueryDef、RecordSet 等对象，可以实现对数据库的各种操作。

（3）Active 数据对象　Active 数据对象（ActiveX Data Objects），简称 ADO。ADO 是基于组件的数据库编程接口，是一个和编程语言无关的 COM 组件系统。使用它可以方便地连接任何符合 ODBC 标准的数据库。

9.6.1　ADO 数据访问接口

1．ADO 对象模型

ADO 是一个组件对象模型，模型中包含了一系列用于连接和操作数据库的组件对象。该系统已经完成了组件对象的类定义，只需在程序中通过相应的类型声明对象变量，就可以通过对象变量来调用对象方法、设置对象属性，以此来实现创建数据库、定义表、定义字段和索引、建立表之间的关系、定位指针、查询数据等功能。如表 9-9 所示。

表 9-9　ADO 模型对象包含的对象

对　象	作　用
Connection	建立与数据库的连接，通过连接可以从应用程序中访问数据源
Command	在建立与数据库的连接后，发出命令操作数据源
Recordset	与连接数据库中的表或查询相对应，所有对数据的操作基本上都是在记录集中完成的
Field(s)	表示记录集中的字段数据信息
Error	表示程序出错时的扩展信息

2．设置 ADO 库的引用

当用户在 Access 模块设计中要使用 DAO 的访问对象时，首先应该增加一个对 DAO 库的引用。Access 2013 的 DAO 引用库为 DAO3.6，其引用设置方法为：先进入 VBA 编程环境，即打开 VBE 窗口，单击菜单栏中的“工具”，单击“工具”菜单中的“引用”项，弹出“引用”对话框，如图 9-14 所示，从“可使用的引用”的列表项中，选中“Microsoft DAO 3.6 Object Library”项，然后，单击“确定”按钮即可。

3．利用 DAO 访问数据库

通过 DAO 编程实现数据库访问时，首先要创建对象变量，然后通过对象方法和属性来进行操作。下面介绍数据库操作一般语句和步骤。

（1）创建对象变量

定义工作区对象变量：Dim ws As Workspace

定义数据库对象变量：Dim db As Database

定义记录集对象变量：Dim rs As RecordSet

（2）通过 Set 语句设置各个对象变量的值

```
Set ws=DBEngine.Workspace(0)
Set db=ws.OpenDatabase(数据库文件名)
Set rs=db.OpenRecordSet(表名、查询名或 SQL 语句)
```

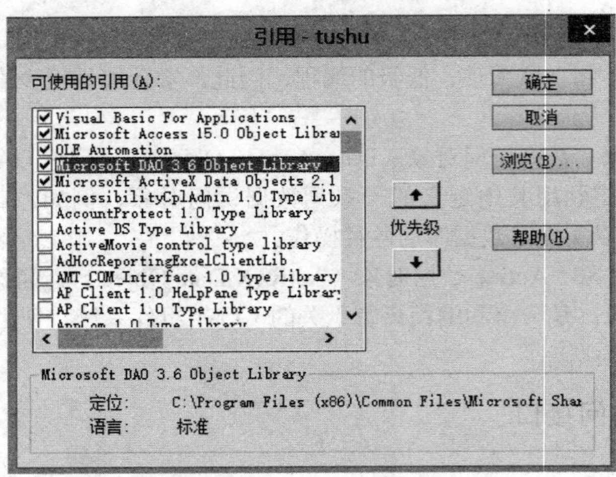

图 9-14 ADO 数据访问接口

（3）通过对象的方法和属性进行操作

① Command 对象。Command 对象主要用来执行查询命令，获得记录集。其常用属性和常用方法如表 9-10 和表 9-11 所示。

表 9-10 Command 对象常用属性

名 称	含 义
ActiveConnection	指明 Connection 对象
CommadnText	指明查询命令的内容，可以是 SQL 语句

表 9-11 Command 对象常用方法

名 称	含 义
Excute	执行 CommadnText 属性中定义的查询语句

② Record 对象。通过 Record 对象可以读取数据库中的记录，进行添加、删除、更新和查询操作。其常用属性与常用方法如表 9-12 和表 9-13 所示。

表 9-12 Record 对象常用属性

名 称	含 义
Bof	如果为真，指针指向记录集的顶部
Eof	如果为真，指针指向记录集的底部
RecordCount	返回记录集对象中记录的个数
Filter	设置筛选条件过滤出满足条件的记录

表 9-13 Record 对象常用方法

名 称	含 义
AddNew	添加新记录
Delete	删除当前记录
Find	查找满足条件的记录
Move	移动记录指针位置
MoveFirst	指针定位在第一条记录
MoveLast	指针定位在最后一条记录

续表

名　称	含　义
MoveNext	指针定位在下一条记录
MovePrevious	指针定位在上一条记录
Update	将 Recordset 对象中的数据保存到数据库
Close	关闭连接或记录集

（4）操作的收尾工作

```
rs.close
cn.close
Set rs=Nothing
Set cn=Nothing
```

9.6.2　ADO 应用示例

【例 9-19】 通过 DAO 编程，显示当前打开的数据库的名称。窗体界面如图 9-15 所示。

```
Private Sub Cmd1_Click()
  Dim wks As Workspace                     '声明工作区对象变量
  Dim dbs As Database                      '声明数据库对象变量
  Set wks = DBEngine.Workspaces(0)         '打开默认工作区（即 0 号工作区）
  Set dbs = wks.Databases(0)               '打开当前数据库（即 0 号数据库）
  MsgBox dbs.Name                          'Name 是 Database 对象变量的属性
End Sub
```

显示结果如图 9-16 所示。

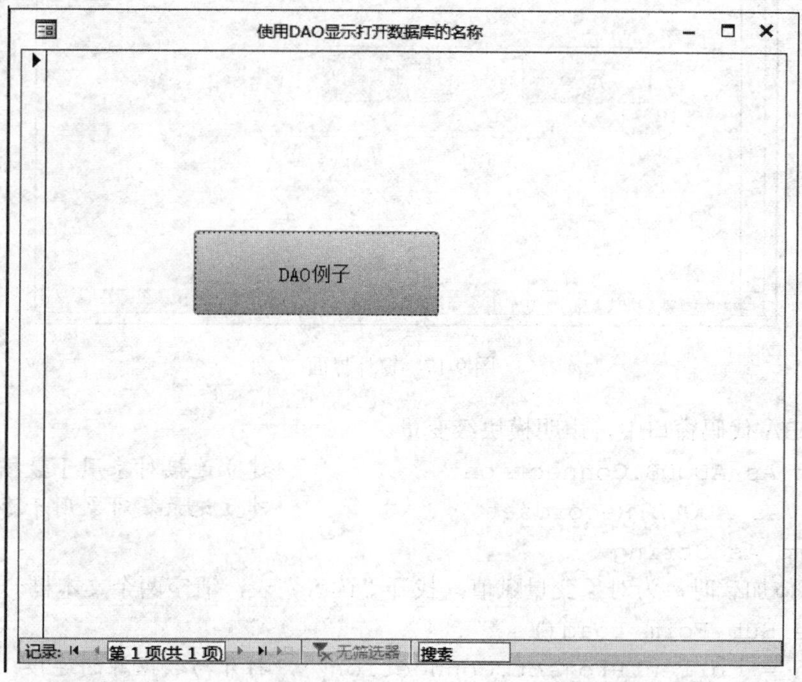

图 9-15　窗体界面

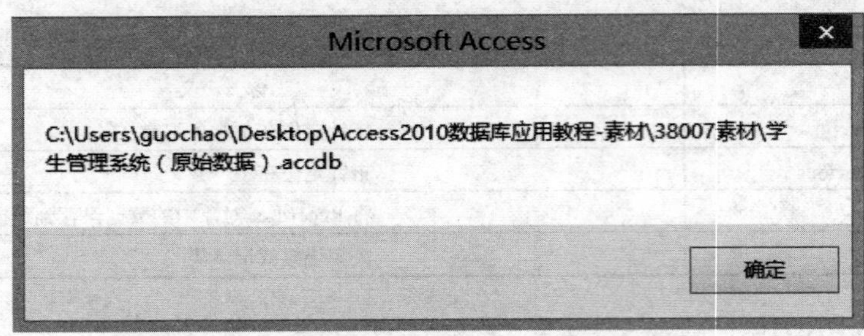

图 9-16　显示结果

【例 9-20】 使用 ADO 编程，完成根据读者借书证号查找姓名的功能。

操作步骤如下。

（1）创建如图 9-17 所示窗体，建立两个文本框，“名称”属性分别改为 Text 借书证号、Text 姓名，附加标签的标题分别为“借书证号”、“姓名”。建立两个命令按钮，“名称”属性分别改为 cmd 查找和 cmd 退出。

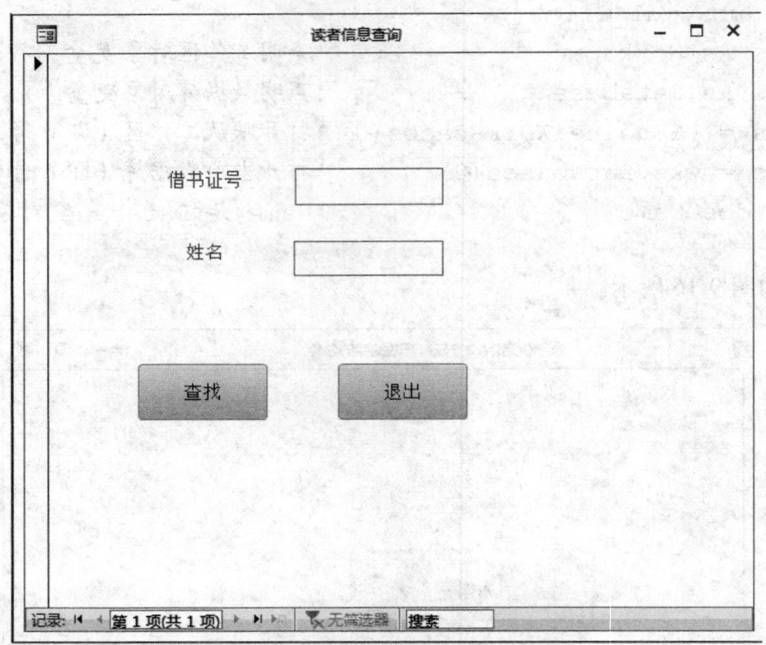

图 9-17　窗体界面

（2）在 VBA 代码窗口中，声明模块级变量。

```
Dim cnn As ADODB.Connection                   '建立连接对象用于数据库连接
Dim rs  As ADODB.Recordset                    '建立记录集对象用于存放记录
Dim temp As String
```

（3）在窗体加载时，为对象变量赋值，找开“读者”表，清空两个文本框。

```
Private Sub Form_Load()
Set cnn = CurrentProject.Connection    '打开与数据源的连接
Set rs = New ADODB.Recordset
```

```
temp = "Select * From 读者"
rs.Open temp, cnn, adOpenKeyset, adLockOptimistic    '打开记录集
Text 借书证号.Value = ""
Text 姓名.Value = ""
End Sub
```

（4）查找代码如下：

```
Private Sub cmd 查找_Click()
Dim strsearch As String
strsearch = InputBox("请输入要查找的课程号", "查找输入")
temp = "select * from 读者 where 课程号='" & strsearch & "'"
rs.Close
rs.Open temp, cnn, adOpenKeyset, adLockOptimistic
If Not rs.EOF Then
MsgBox "找到了！"
Text 借书证号.Value = rs("借书证号")
Text 姓名.Value = rs("姓名号")
Else
 MsgBox "没找到！"
 End If
End Sub
```

（5）退出事件代码如下：

```
Private Sub cmd 退出_Click()
rs.Close                     '关闭记录集
cnn.Close                    '关闭连接
Set rs = Nothing             '回收记录集对象变量占用的内存
Ser cnn = Nothing            '回收连接对象变量占用的内存
DoCmd.Close
End Sub
```

9.7　VBA 程序运行错误处理与调试

在编写 VBA 程序代码时，程序错误是不可避免的。VBA 编程时可能产生的错误有 4 种：语法错误、编译错误、运行错误和逻辑错误。

1．语法错误

语法错误是指输入代码时产生的不符合 VBA 语法要求的错误，初学者经常发生此类错误。

例如，标点符号丢失、括号不匹配、使用了全角符号、使用了对象不存在的属性或方法、If 和 End If 不匹配等。

如果在输入程序时发生了此类错误，编辑器会随时指出，并将出现错误的语句用红色显示。编程者只要根据给出的出错信息，就可以及时改正错误。

2．编译错误

编译错误是指在程序编译过程中发现的错误。

例如，在要求显式声明变量时输入了一个未声明的变量。对于这类错误，编译器往往会在程序运行初期的编译阶段发现并指出，并将出错的行用高亮显示，同时停止编译并进入中断状态。

3．运行错误

运行错误是指在 VBE 环境中程序运行时发现的错误。例如，出现除数为 0 的情况，或者试图打开一个不存在的文件等，系统会给出运行时错误的提示信息并告知错误的类型。

对于上面的两种错误，都会在程序运行过程中由计算机识别出来。编程者这时可以修改程序中的错误，然后选择“运行”|“继续”菜单命令，继续运行程序；也可以选择“运行”|“重新设置”菜单命令退出中断状态。

4．逻辑错误

逻辑错误是指程序编译没有报错，但程序运行结果与所期望的结果不同。产生逻辑错误的原因有多种。例如，在书写表达式时忽视了运算符的优先级，造成表达式的运算顺序有问题；将排序的算法写错，不能得到正确的排序结果；程序的分支条件或循环条件没有设置正确；程序设计存在算法错误等。

逻辑错误不能由计算机自动识别，需要编程者认真阅读、分析程序，通过程序调试发现问题所在。

VBA 中提供 On Error GoTo 语句进行程序错误处理。

On Error GoTo 语句的语法如下。

On Error GoTo 标号：在程序执行过程中，如果发生错误将转移到标号位置执行错误处理程序。

```
On Error Resume Next
```

On Error GoTo 0 关闭了错误处理，当错误发生时会弹出一个出错信息提示对话框。

在 VBA 编程语言中，除 On Error Goto 语句外，还提供了一个对象 Err、一个函数 Errors()和一个语句 Error 来帮助了解错误信息。

Access 的 VBE 编程环境提供了完整的一套调试工具和调试方法。使用这些调试工具和调试方法可以快速、准确地找到问题所在，并对程序加以修改和完善。

1．设置断点

断点就是在过程的某个特定语句上设置一个位置点，以中断程序的执行。设置和使用断点是程序调试的重要手段。

一个程序中可以设置多个断点。在设置断点前，应该先选择断点所在的语句行，然后设置断点。在 VBE 环境里，设置好的“断点”行是以“酱色”亮条显示，如图 9-18 所示。

设置和取消断点有以下 4 种方法：

① 单击“调试”工具栏中的“切换断点”按钮，可以设置和取消断点；

② 执行“调试”菜单中的“切换断点”命令，可以设置和取消断点；

③ 按“F9”键，可以设置和取消断点；

④ 用鼠标单击行的左端，可以设置和取消断点。

2．调试工具的使用

在 VBE 环境中，执行“视图”菜单的级联菜单“工具栏”中的“调试”命令，可以打开“调试”工具栏；或用鼠标右键单击菜单空白位置，在弹出快捷菜单中选择“调试”选项，也可以打开“调试”工具栏，如图 9-19 所示。

```
cmd查找                                          Click
Dim strsearch As String
strsearch = InputBox("请输入要查找的课程号", "查找输入")
temp = "select * from 读者 where 课程号='" & strsearch & "'"
rs.Close
rs.Open temp, cnn, adOpenKeyset, adLockOptimistic
If Not rs.EOF Then
MsgBox "找到了！"
Text借书证号.Value = rs("借书证号")
Text姓名.Value = rs("姓名号")
Else
 MsgBox "没找到！"
 End If
End Sub
```

图 9-18　断点设置

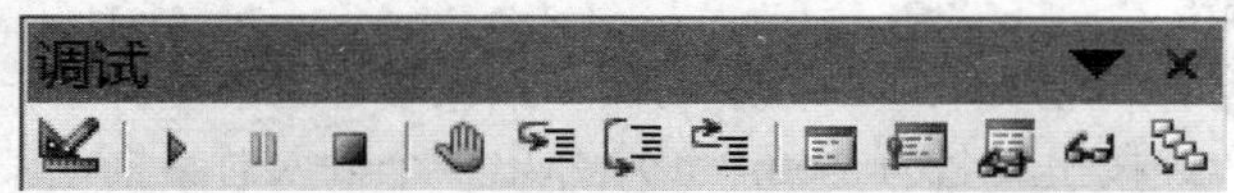

图 9-19　“调试”工具栏

3．使用调试窗口

在 VBA 中，用于调试的窗口包括本地窗口、立即窗口、监视窗口和快速监视窗口。

（1）本地窗口　单击调试工具栏上的“本地窗口”按钮，可以打开本地窗口，该窗口内部自动显示出所有在当前过程中的变量声明及变量值。

（2）立即窗口　单击调试工具栏上的“立即窗口”按钮，可以打开立即窗口。在中断模式下，立即窗口中可以安排一些调试语句，而这些语句是根据显示在立即窗口区域的内容或范围来执行的。

（3）监视窗口　单击调试工具栏上的“监视窗口”按钮，可以打开监视窗口。在中断模式下，右键单击监视窗口将弹出快捷菜单，选择“编辑监视”或“添加监视”菜单项，打开“编辑（或添加）窗口”，在表达式位置进行监视表达式的修改或添加，选择“删除监视”项则会删除存在的监视表达式。

通过在监视窗口增添监视表达式的方法，程序可以动态了解一些变量或表达式的值的变化情况，从而对代码的正确与否有清楚的判断。

（4）快速监视窗口　在中断模式下，先在程序代码区选定某个变量或表达式，然后单击“快速监视”工具按钮，打开“快速监视”窗口。从中可以快速观察到该变量或表达式的当前值，达到了快速监视的效果。

通过本章的学习，可以了解到什么是 VBA，并掌握 Access 2013 的 VBA 编程环境和 VBE 的操作，学会使用基础 VBA 语法，并用它来编写短小实用的模块，帮助我们更方便有效的使用 Access。

上 机 实 训

一、实验目的

① 表中字段属性有效性规则和有效性文本的设置；

② 窗体中命令按钮和报表中文本框控件属性的设置；

③ VBA 编程。

二、实验过程

考生文件夹下存在一个数据库文件“samp3.mdb”，里面已经设计了表对象“tEmp”、窗体对象“fEmp”、报表对象“rEmp”和宏对象“mEmp”。试在此基础上按照以下要求补充设计。

（1）设置表对象“tEmp”中“年龄”字段的有效性规则为：年龄值在 20 到 50 之间（不含 20 和 50），相应有效性文本设置为“请输入有效年龄”。

（2）设置报表“rEmp”按照“性别”字段降序（先女后男）排列输出；将报表页面页脚区域内名为“tPage”的文本框控件设置为“页码/总页数”形式页码显示。

（3）将“fEmp”窗体上名为“btnP”的命令按钮，由灰色无效状态改为有效状态。设置窗体标题为“职工信息输出”。

（4）试根据以下窗体功能要求，对已给的命令按钮事件过程进行补充和完善。在“fEmp”窗体上单击“输出”命令按钮（名为“btnP”）,弹出一个输入对话框，其提示文本为“请输入大于 0 的整数值”。

① 输入 1 时，相关代码关闭窗体（或程序）；

② 输入 2 时，相关代码实现预览输出报表对象“rEmp”；

③ 输入>=3 时，相关代码调用宏对象“mEmp”，以打开数据表“tEmp”。

注意：不允许修改数据库中的宏对象“mEmp”；不允许修改窗体对象“fEmp”和报表对象“rEmp”中未涉及的控件和属性；不允许修改表对象“tEmp”中未涉及的字段和属性；已给事件过程，只允许在“******Add******”与“******Add******”之间的空行内补充语句、完成设计，不允许增删和修改其他位置已存在的语句。

实验步骤如下。

（1）步骤 1：打开“samp3.mdb”数据库窗口，选中“表”对象，右键单击“tEmp”选择【设计视图】。

步骤 2：单击“年龄”字段行任一点，在“有效性规则”行输入“>20 and <50”，在“有效性文本”行输入“请输入有效年龄”。

步骤 3：单击工具栏中“保存”按钮，关闭设计视图。

（2）步骤 1：选中“报表”对象，右键单击“rEmp”选择【设计视图】。

步骤 2：单击菜单栏【视图】|【排序与分组】，在对话框的“字段/表达式”列选中“性别”字段，在“排序次序”列选中“降序”，关闭界面。

步骤 3：右键单击“tPage”选择【属性】，在“全部”选项卡下“控件来源”行输入“=［Page］&“/”&［Pages］”，关闭属性界面。

步骤 4：单击工具栏中“保存”按钮，关闭设计视图。

（3）步骤 1：选中“窗体”对象，右键单击“fEmp”选择【设计视图】。

步骤 2：右键单击命令按钮“btnP”选择【属性】，在“数据”选项卡下的“可用”行右侧下拉列表中选中“是”，关闭属性界面。

步骤 3：右键单击“窗体选择器”选择【属性】，在“标题”行输入“职工信息输出”，关闭属性界面。

（4）步骤 1：右键单击命令按钮“输出”选择【事件生成器】，空行内输入以下代码：

```
*****Add1*****
k=InputBox("请输入大于 0 的整数")
    *****Add1*****
```

```
*****Add2*****
DoCmd.OpenReport "rEmp",acViewPreview
*****Add2*****
```

步骤 2：单击工具栏中“保存”按钮，关闭设计视图。

习　　题

一、选择题

1．以下叙述中不正确的是________。

A．VBA 是事件驱动型可视化编程工具

B．VBA 应用程序不具有明显的开始和结束语句

C．VBA 工具箱中的所有控件都要更改 Width 和 Height 属性才可使用

D．VBA 中控件的某些属性只能在运行时设置

2．以下不是 VBA 中变量的作用范围的是________。

A．模块级　　B．窗体级　　C．局部级　　D．数据库级

3．窗体模块属于________。

A．标准模块　　B．类模块　　C．全局模块　　D．局部模块

4．以下关于过程和过程参数的描述中，错误的是________。

A．过程的参数可以是控件名称

B．用数组作为过程的参数时，使用的是“传址”方式

C．只有函数过程能够将过程中处理的信息传回到调用的程序中

D．窗体可以作为过程的参数

5．VBA 数据类型符号 “&”表示的数据类型是________。

A．整数　　B．长整数　　C．单精度数　　D．双精度数

6．变量声明语句 Dim New Var 表示变量是什么变量________。

A．整型　　B．长整型　　C．变体型　　D．双精度数

7．以下变量名中,正确的是________。

A．A B　　B．C24　　C．12A$B　　D．1+2

8．可以判定某个日期表达式能否转换为日期或时间的函数是________。

A．CDate　　B．IsDate　　C．Date　　D．IsText

9．从字符串 S 中,第二个字符开始获得 4 个字符的子字符串函数是________。

A．Mid$(S,2,4)　　B．Left(S,2,4)　　C．Right$(S,4)　　D．Left$(S,4)

10．VBA 程序流程控制的方式是________。

A．顺序控制和分支控制　　B．顺序控制和循环控制

C．循环控制和分支控制　　D．顺序控制、分支控制和循环控制

11．以下不是分支结构的语句是________。

A．If…Then…EndIf　　B．While…Wend

C．If…Then…Else…EndIf　　D．Select…Case…End Select

12．下面属于 VBA 常用标准数据类型的是________。

A．数值型　　B．字符型　　C．货币型　　D．以上都是

13．不属于 VBA 中的内部函数的是________。

A．数学函数　　B．字符函数　　C．转换函数　　D．条件函数

14．Len("ABCDE")=________。

A．5　　B．6　　C．ABCDE　　D．"ABCDE"

15．25\2 的结果是________。

A．12　　B．12．5　　C．1　　D．以上都不是

16．Dim A(10) As Double,则 A 数组共有________个元素。

A．10　　B．11　　C．12　　D．9

17．函数 RIGHT("abcdef",2)的结果是_______。

A．"ab"　　B．"ef"　　C．"abcd"　　D．"cdef"

18．模块是用 Access 提供的__________语言编写的程序段。

A．VBA　　B．SQL　　C．VC　　D．FoxPro

19．函数 Now( )返回值的含义是_________。

A．系统日期与时间　　B．系统日期

C．系统时间　　D．以上都不是

20．已知程序段:

```
s=0
For i=1 to 10 step 2
s=s+1
i=I*2
Next i
```

当循环结束后,变量 i 的值为__________。

A．10　　B．11　　C．22　　D．16

二、填空题

1．VBA 的全称是______。

2．模块包含了一个声明区域和一个或多个子过程或者函数过程（以______开头）。

3．窗体模块和报表模块都属于______。

4．说明变量最常用的方法，是使用______结构。

5．VBA 中变量作用域分为 3 个层次，这 3 个层次是局部变量、模块变量和______。

6．在模块的说明区域中，用______关键字声明的变量是模块范围的变量。

7．在模块的说明区域中，用 PCbliC 或______关键字声明的变量是属于全局范围的变量。

8．要在程序或函数的实例之间保留局部变量的值，可以用______关键字代替 Dim。

9．VBA 语言中，函数__________的功能是输入数据对话框；________函数的功能是显示消息信息。

10．VBA 的三种流程控制结构是顺序结构、选择结构和______。

三、简答题

1．假定有以下函数过程：

```
Function Fun (S As String) As string
    Dim s1  As  string
                For  i=1  To Len(S)
                  s1=UCase(Mid(S,i1))+s1
                        Next i
                        Fun=s1
```

```
                    End
  Fun("abcdefg")的输出结果是什么？
```

2．单击窗体上 Commandl 命令按钮时，执行如下事件过程：

```
Private Sub Command1_Click( )
  A$="softwear and hardwear
  B$=Right(A$,8)
  C$=Mid(A$,1,8)
  MsgBox A$,B$,C$,1
 End Sub
```

则在弹出的信息框的标题栏中显示的信息是什么?

3．求 1～100 以内所有奇数的和。

4．求 $1+2+2^3+2^4+\ldots+2^{10}$ 的值。

5．任意输入 10 个数，输出大于平均值的数。

第 10 章　数据库管理

【学习要点】

- 数据的备份与恢复;
- 数据库的压缩与恢复;
- 数据库的密码;
- 用户级安全机制。

【学习目标】

通过本章的学习，读者将了解 Access 数据库的安全措施，如数据库的备份，加密等方法; Access 2013 数据库的压缩和修复功能，Access 2013 用户级的安全机制，主要是创建和加入新的工作组; 如何通过设置用户和组账户，以及设置用户和组权限，提高数据库安全性的方法。

10.1　管理数据库

Access 2013 提供了两种保证数据库可靠性的途径：一种是建立数据库的备份，当数据库损坏时，可以用备份的数据库来恢复；另一种是通过自动恢复功能来修复出现错误的数据库。为了提高数据库的性能，Access 2013 还提供了性能优化分析器，帮助用户设计具有较高整体性能的数据库。此外，Access 2013 还提供了数据库的压缩和修复功能，以降低对存储空间的需求，并修复受损的数据库。

10.1.1　数据的备份和恢复

为了确保数据库使用时的安全，经常需要对数据进行备份，同时，在需要的时候就用备份数据库对系统进行恢复。

【例 10-1】 备份一份“图书管理”数据库。操作步骤如下。

（1）打开“图书管理”数据库，关闭数据库中的对象。

（2）执行“文件”菜单中的“另存为”命令，选择“备份数据库”命令，如图 10-1 所示。

（3）单击“另存为”按钮，打开“另存为”对话框，在对话框中指定备份的数据库文件名称和保存位置，如图 10-2 所示。

【例 10-2】根据备份文件“图书管理_备份.mdb”，恢复数据库。操作方法：直接把备份后的数据库改名，然后替换原数据库。

提示：① 备份数据前，首先要关闭要备份的数据库，如果在多用户(共享)数据库环境中，则要确保所有用户都关闭了要备份的数据库。

② 备份后的数据库不要与原数据库放在同一部电脑，以防不测。

10.1.2　数据库的压缩和恢复

修复一个数据库时，首先要求其他用户关闭这个数据库，然后以管理员的身份打开数据库。

【例 10-3】 打开“图书管理”数据库，压缩和修复数据库。操作步骤如下:

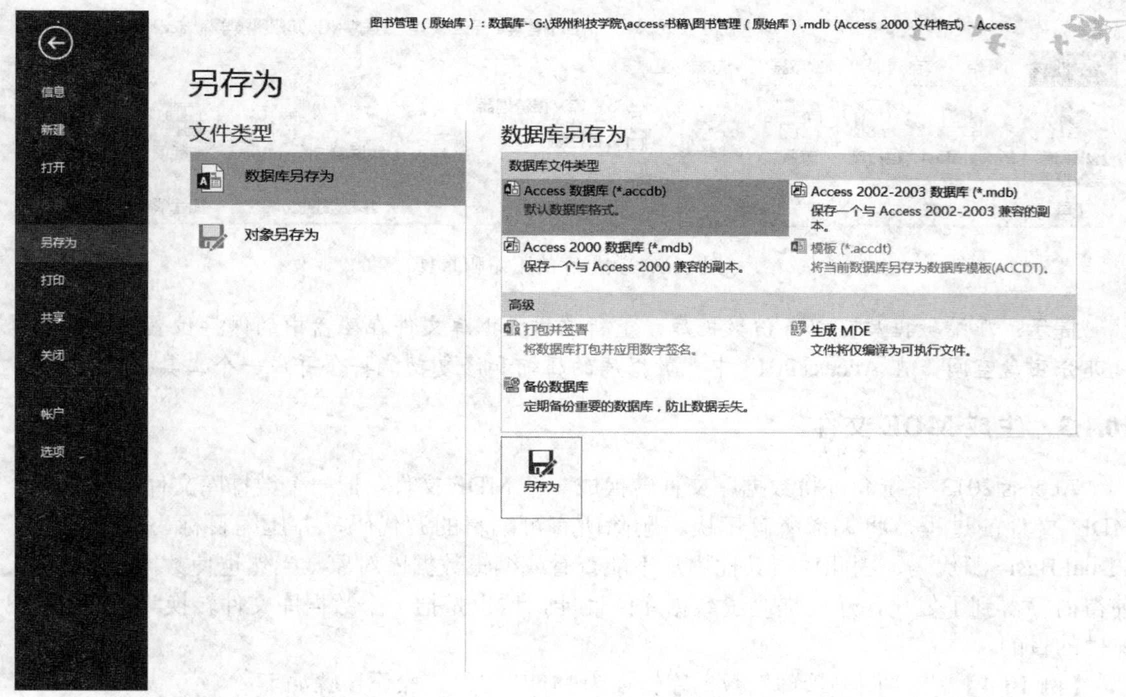

图 10-1 “备份数据库”命令

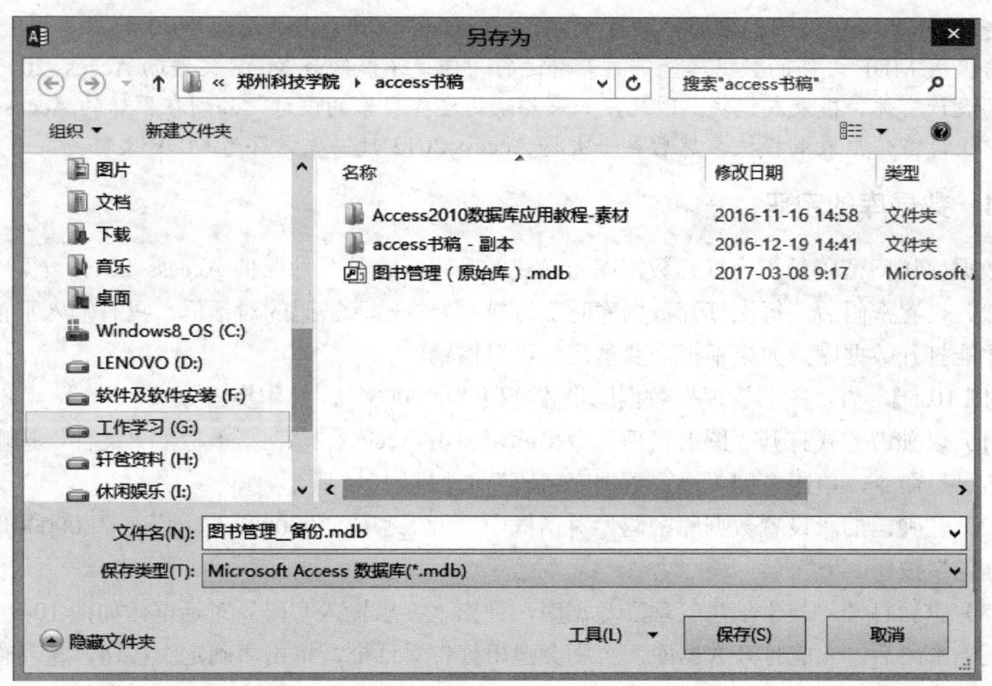

图 10-2 备份数据库“另存为”对话框

打开“图书管理”数据库，执行“数据库工具”选项卡下“工具”组中 “压缩和修复数据库”命令，压缩修复后重新打开数据库，如图 10-3 所示。

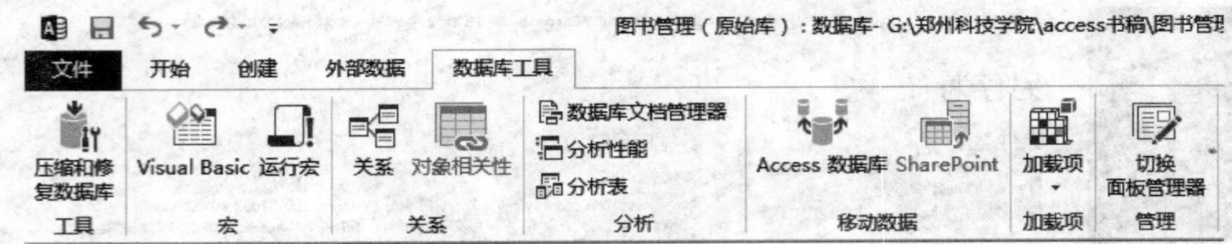

图 10-3　数据库的压缩和修复

提示：压缩数据库可以备份数据库，重新安排数据库文件在磁盘中的保存位置，并可以释放部分磁盘空间。在 Access 2013 中，数据库的压缩和修复功能将合并成一个工具。

10.1.3　生成 MDE 文件

Access 2013 系统允许将数据库文件转换成一个 MDE 文件。把一个数据库文件转换为一个 MDE 文件的过程，将编译所有模块、删除所有可编辑的源代码，并压缩目标。由于删除了 Visual Basic 源代码，因此使得其他用户不能查看或编辑数据库对象。当然也使数据库变小了，使得内存得到了优化，从而提高了数据库的性能，这也是把一个数据库文件转换为一个 MDE 文件的目的。

【例 10-4】 将“图书管理”数据库转换为 MDE 文件。操作步骤如下：

打开“图书管理”数据库，执行“文件”|“另存为”|“生成 MDE 文件”命令，弹出“将 MDE 保存为”对话框，单击“保存”即可。

提示：如果要将一个数据库转换称 MDE 文件，最好保存原来 Access 2013 数据库文件副本。因为转换成 MDE 文件的数据库能够打开和运行，但是不能修改 MDE 文件的 Access 2013 数据库中的设计窗体、报表或模块。因此，如果要改变这些对象的设计，必须在原始的 Access 2013 数据中设计窗体报表或模块，然后再一次将 Access 2013 数据库保存为 MDE 文件。

10.1.4　数据库的密码

数据库访问密码是指为打开数据库而设置的密码，它是一种保护 Access 2013 数据库的简单方法。设置密码后，每次打开数据库时都将显示要求输入密码的对话框，只有输入了正确的密码才能打开数据库。如果不再需要密码，可以撤销。

【例 10-5】 为“图书管理”数据库设置密码“000000”。操作步骤如下。

（1）以独占方式打开“图书管理”数据库，单击 Access 2013 菜单栏上“文件”选项卡下的“信息”命令，单击右侧“设置数据库密码”，如图 10-4 所示。

（2）在弹出的“设置数据库密码”对话框中，输入密码“000000”，验证“000000”，单击“确定”按钮。

（3）重新打开“教学信息管理”数据库，弹出“要求输入密码”对话框，如图 10-5 所示，输入正确密码后，才能打开数据库，否则会弹出警告对话框，单击“确定”按钮，重新输入密码即可。

【例 10-6】 撤销“图书管理”数据库所设置的密码。操作步骤如下：

以独占方式打开“教学信息管理”数据库，执行“文件”|“信息”|“撤销数据库密码”命令，弹出“撤销数据库密码”对话框（图 10-6），输入先前所设置的密码，单击“确定”按钮。

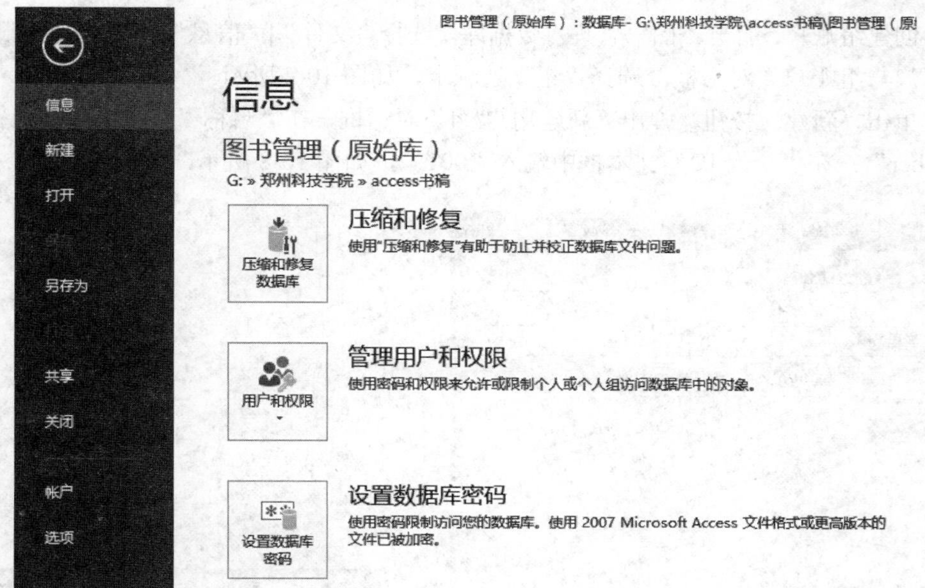

图 10-4　“用密码进行加密”命令

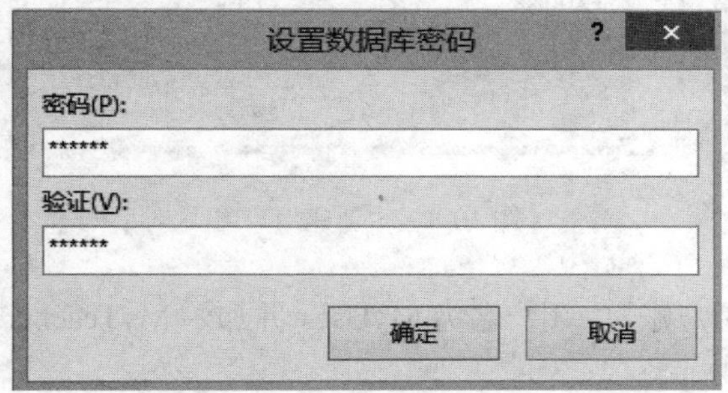

图 10-5　“要求输入密码”对话框

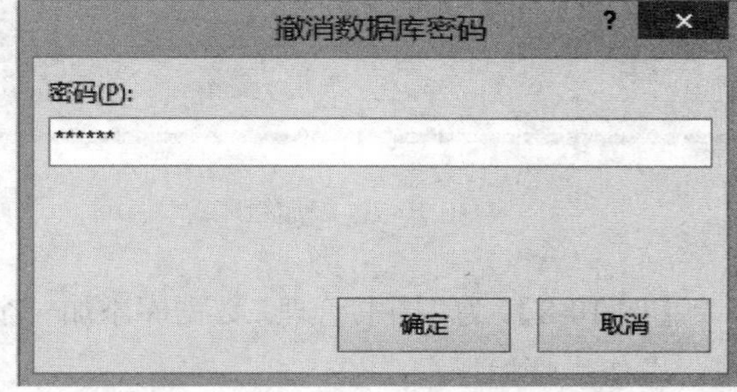

图 10-6　“要求撤销密码”对话框

提示：密码区分大小写，在设置密码之前，最好先备份数据库，同时密码可随时修改和撤销。

10.2　用户级的安全机制

保护数据库安全的最灵活和最广泛的方法是设置用户级安全，包括用户、组账户和权限。

10.2.1　设置用户和组账户

保护数据库中数据主要措施是根据用户设置安全级别，Access 系统将数据库系统中的用户分成两组：管理员组和用户组。初始状态时，两个组中只有管理员用户账户。

用户可以根据需要添加新的用户和组账户，并设置用户隶属于不同的组。要完成用户和组账户的设置，必须以管理员的身份登录数据库中。

【例 10-7】 为“教学信息管理”数据库添加一个组账户，组名为 MyTeacher。操作步骤如下。

（1）创建组账户。打开“图书管理”数据库，选择“文件”|“信息”|“用户和权限”命令，打开“用户与组账户”对话框，选择“组”选项卡，如图 10-7 所示。

（2）单击“新建”按钮，弹出“新建用户/组”对话框，在“名称”文本框中输入新的组名“MyTeacher”；在“个人 ID”文本框中输入“001”，如图 10-8 所示，单击“确定”按钮。

图 10-7　添加组账户

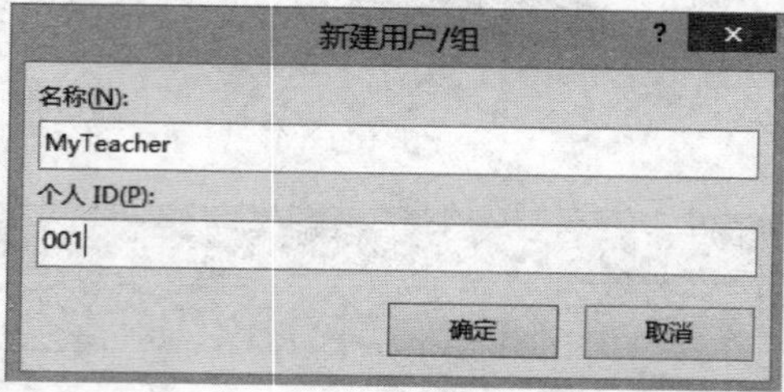

图 10-8　“新建用户/组”对话框

【例 10-8】 为“图书管理”数据库添加一个用户账户，用户名为 MyUse。并加入 MyTeacher 组。操作步骤如下。

（1）在“用户与组账户”对话框中，选择“用户”选项卡，如图 10-9 所示。

（2）单击“新建”按钮，弹出“新建用户/组”对话框，在“名称”文本框中输入新用户名“MyUse”，在“个人 ID”文本框中输入“0001”，如图 10-10 所示，单击“确定”按钮。

（3）在“用户”选项卡中，从“名称”下拉框列表中选择 MyUse，在“可用的组”中选择 MyTeacher，单击“添加”按钮，MyTeacher 显示在“隶属于”列表框中，如图 10-11 所示，单击“确定”按钮。

【例 10-9】 设置“管理员”密码“admin”，设置 MyUse 用户密码“123456”。操作步骤如下。

（1）以“管理员”用户自动登录系统。

（2）执行“用户与组账户”对话框中的“更改登录密码”选项卡，在“旧密码”文本框中输入旧密码(如果之前没有设置，旧密码为空)，在“新密码”文本框中输入新密码“admin”，在“验证”文本框中再次输入新密码“admin”，单击“确定”按钮，如图 10-12 所示。

（3）关闭系统，重新启动系统，弹出“登录”对话框，输入用户名“MyUse”，密码为“空”，如图 10-13 所示，单击“确定”按钮，登录系统。

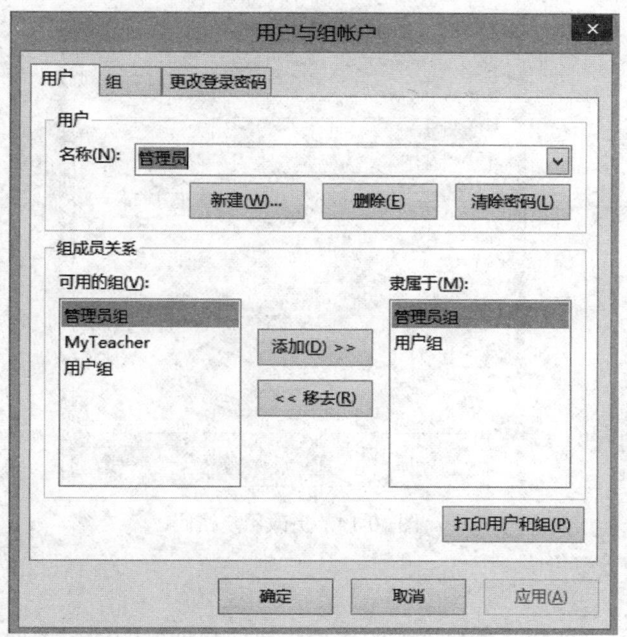

图 10-9　“用户”选项卡

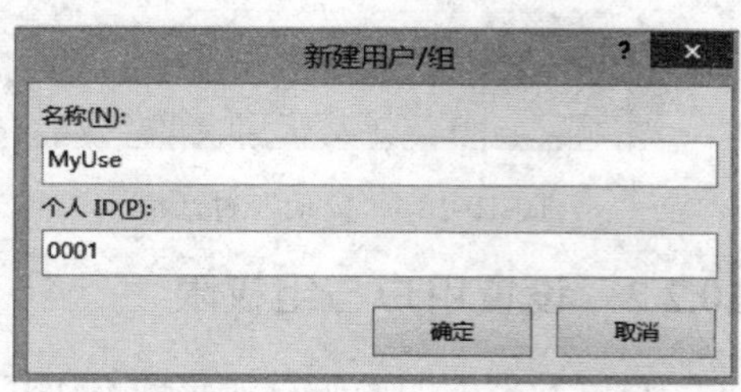

图 10-10　“新建用户/组”对话框

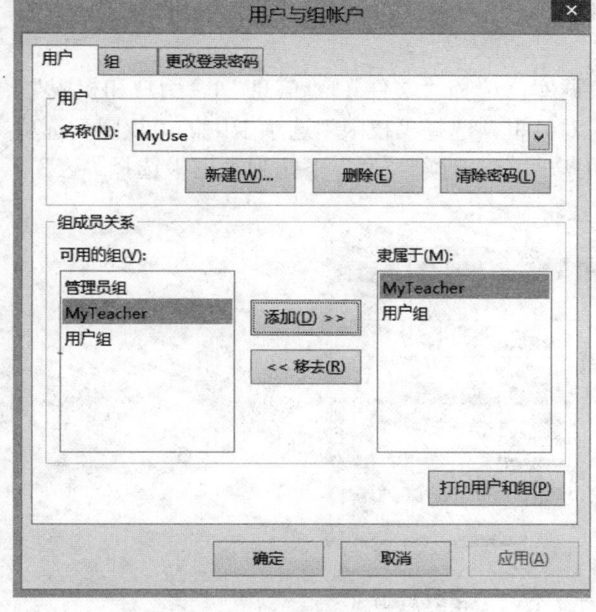

图 10-11　设置用户隶属组

图 10-12　更改登录密码

（4）更改登录密码，如图 10-14 所示，单击“确定”按钮。

提示：“管理员”账户是用户系统自带的，隶属于“管理员组”和“用户组”，当没有设置“管理员”密码时，或者删除了“管理员”密码后，系统自动登录，安全机制无效。只有设置了“管理员”用户密码，系统启动时才会弹出登录窗口，输入用户名和密码，登录系统。

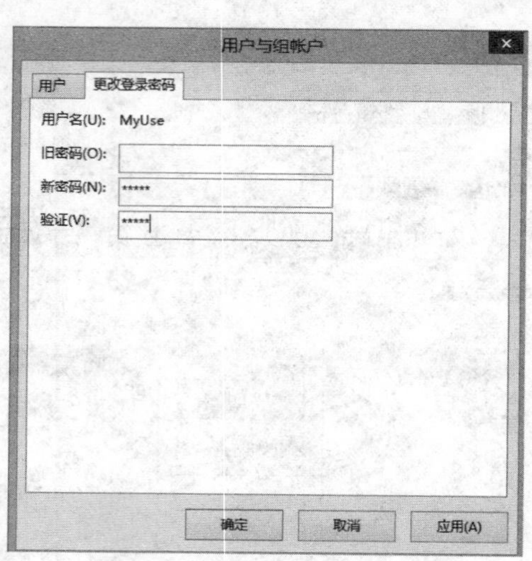

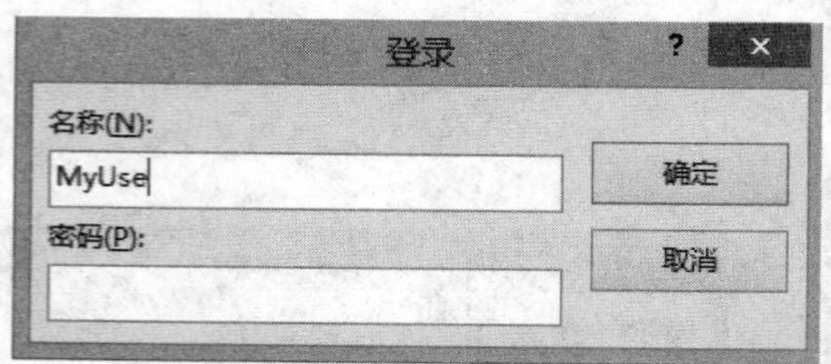

图 10-13 “登录”对话框

图 10-14 更改用户密码

10.2.2 设置用户与组权限

设置数据库的密码只能起到不让其他用户打开这个数据库的作用，要使数据库的使用者拥有不同的权限，即有的人可以修改数据库的内容，而有的人只能看看数据库的内容而不能修改，这就需要为不同的用户或用户组设置权限。

【例 10-10】 设置“图书管理”数据库的 MyUse 用户对表对象拥有所有的操作权限，并将“读者”表的所有者更改为 MyUse。操作步骤：

（1）设置用户权限。打开“图书管理”数据库，选择“文件”|“信息”|“用户和权限”|“用户与组权限”命令，弹出“用户与组权限”对话框，选择“权限”选项卡中的“权限”选项卡，在“用户名/组名”列表框中选择 MyUse 用户，在“对象类型”下拉列表框中选择“表”，有“权限”区域中全选，如图 10-15 所示。

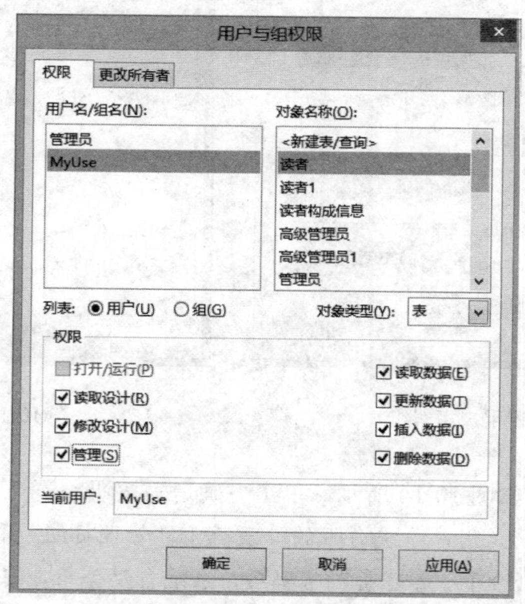

图 10-15 设置用户权限

（2）选择“更改所有者”选项卡，在“对象类型”列表框中选择“表”，在“对象”选项卡中选择“读者”，在新所有者列表框中选择 MyUse，单击“更改所有者”按钮，如图 10-16 所示，单击“确定”按钮。

图 10-16 “更改所有者”选项卡

提示：只有“管理员”才有权授权，设置权限后，当用户登录时，只有授权的对象，用户才能操作。

习 题

一、选择题

1．在建立、删除用户和更改用户权限时，一定先使用________账户进入数据库。

A．管理员　　B．普通账号

C．具有读写权控制的账号　　D．没有限制

2．在更改数据库密码前，一定先要________。

A．直接修改　　B．输入原来的密码

C．直接输入新密码　　D．同时输入原来的密码和新密码

3．在建立数据库安全机制后，进入数据库要依据建立的________。

A．权限　　B．组的安全

C．账号的 PID　　D．安全机制

二、填空题

1．给数据库设置密码后，打开时将显示要求输入密码的对话框。只有输入______的密码，用户才可以打开。

2．Access 2013 提供了用户级安全机制，通过使用________和__________，规定个人、组对数据库的访问权限。

3．初始时，所有的账号都是________身份。

4．一个组包含多个账号，通过对__________的权限设置，使得其中所有的账号具有相同的权限。

5．一个工作组信息文件中包含以下几个预定义的账号：______、______和、______。

三、简答题

1．如何新建、修改、删除 Access 2013 工作组信息文件？

2．设置用户与组权限对数据库有什么好处？

3．生成 MDE 文件有何优点？

四、上机实操

1．为“图书管理系统”数据库设置密码“123456”。

2．为 Access 2013 系统添加一个用户组：“读者组”，添加一个用户账号，用户名为自己姓名，并加入“读者组”。

3．设置用户“自己姓名”，操作数据表的所有权限。

4．设置系统“管理员”的密码“admin”，以“自己姓名”登录系统，修改密码为“888888”，并验证其权限。

第 11 章　数据库安全

【学习要点】

- Access 2013 安全性的新增功能;
- 用户级安全;
- 使用受信任位置中的 Access 数据库;
- 数据库的打包、签名和分发;
- 旧版本数据库格式的转换。

【学习目标】

通过本章的学习，了解如何保证数据库系统安全可靠的运行，在创建了数据库之后，如何对数据库进行安全管理和保护。Access 2013 提供了一些对数据库进行安全管理的保护措施，在这一章中，主要介绍如何利用 Access 2013 提供的安全功能，实现数据库安全的操作。

11.1　Access 2013 安全性的新增功能

Access 2013 安全性的新增功能中，提供了经过改进的安全模型，该模型有助于简化将安全性应用于数据库，以及打开已启用安全性的数据库的过程。

11.1.1　Access 2013 中的新增功能

1．在不启用数据库内容时也能查看数据的功能

在 Microsoft Office Access 以前的版本中，如果将安全级别设置为“高”，则必须先对数据库进行代码签名并信任数据库，然后才能查看数据。现在使用 Access 2013 可以直接查看数据，而无需决定是否信任数据库。

2．更高的易用性

如果将数据库文件（新的 Access 文件格式或早期文件格式）放在受信任位置（例如：指定为安全位置的文件夹或网络共享），那么这些文件将直接打开并运行，而不会显示警告消息或要求用户启用任何禁用的内容。此外，如果在 Access 2013 中打开由早期版本的 Access 创建的数据库（例如：.mdb 或 .mde 文件），并且这些数据库已进行了数字签名，而且用户已选择信任发布者，那么系统将运行这些文件而不需要决定是否信任它们。

3．信任中心

信任中心是一个对话框，是保证 Access 安全的工具，它为设置和更改 Access 的安全设置提供了一个集中的位置。使用信任中心可以为 Access 创建或更改受信任位置并设置安全选项。在 Access 实例中打开新的和现有的数据库时，这些设置将影响它们的行为。信任中心包含的逻辑还可以评估数据库中的组件，确定打开数据库是否安全，或者信任中心是否应禁用数据库，并让用户判断是否启用它。

4．更少的警告消息

早期版本的 Access 强制用户处理各种警报消息，宏安全性和沙盒模式就是其中的两个例

子。在 Access 2013 默认情况下，如果打开一个非信任的 .accdb 文件，将只看到一个称为“消息栏”的工具。如果要信任该数据库，可以使用消息栏来启用任何这样的数据库内容，如图 11-1 所示。

图 11-1 安全警告消息栏

5．用于签名和分发数据库文件的新方法

在 Access 之前的版本中，使用 Visual Basic 编辑器，将安全证书应用于各个数据库组件。现在可以直接将数据库打包，然后签名并分发该包。

如果将数据库从签名的包中解压缩到受信任位置，则数据库将打开而不会显示消息栏。如果将数据库从签名的包中解压缩到不受信任位置，但信任包证书并且签名有效，则数据库将打开而不会显示消息栏。如果对不受信任的数据库进行签名，并将其部署到不受信任位置，则默认情况下信任中心将禁用该数据库，用户必须在每次打开它时选择是否启用数据库。

6．使用更强的加密算法

Access 2013 将加密那些使用数据库密码功能的 .accdb 文件格式的数据库。加密数据库将打乱表中的数据，有助于防止不请自来的用户读取数据。当使用密码对数据库进行加密时，加密的数据库将使用页面级锁定。

7．新增了一个在禁用数据库时运行的宏操作子类

这些更安全的宏还包含错误处理功能。用户还可以直接将宏（即使宏中包含 Access 禁止的操作）嵌入任何窗体、报表或控件属性。

11.1.2 Access 和用户级安全

对于以新文件格式(.accdb 和 .accde 文件)创建的数据库，Access 不提供用户级安全。但是，如果在 Access 2013 中打开由早期版本的 Access 创建的数据库，并且该数据库应用了用户级安全，那么这些设置仍然有效。如果将具有用户级安全的早期版本 Access 数据库转换为新的文件格式，则 Access 将自动剔除所有安全设置，并应用保护.accdb 或.accde 文件的规则。

使用用户级安全功能创建的权限，不会阻止具有恶意的用户访问数据库，因此不应用作安全屏障。此功能适用于提高受信任用户对数据库的使用。若要保护数据安全，请使用 Windows 文件系统权限，仅允许受信任用户访问数据库文件或关联的用户级安全文件。

11.1.3 Access 安全体系结构

Access 数据库是一组对象（表、窗体、查询、宏、报表等），这些对象通常必须相互配合才能发挥功用。例如，当创建数据输入窗体时，如果不将窗体中的控件绑定(链接)到表，就无法用该窗体输入或存储数据。

有几个 Access 组件会造成安全风险，因此不受信任的数据库中将禁用以下这些组件：

① 动作查询（用于插入、删除或更改数据的查询）；

② 宏；

③ 一些表达式（返回单个值的函数）；

④ VBA 代码。

为了帮助确保用户的数据更加安全，每次打开数据库时，Access 和信任中心都将执行一组安全检查。执行过程如下。

在打开 .accdb 或 .accde 文件时，Access 会将数据库的位置提交到信任中心。如果信任中心确定该位置受信任，则数据库将以完整功能运行。如果打开具有早期版本的文件格式的数据库，则 Access 会将文件位置和有关文件的数字签名的详细信息提交到信任中心。

信任中心将审核“证据”，评估该数据库是否值得信任，然后通知 Access 禁用数据库或者打开具有完整功能的数据库。

如果打开的数据库是以早期版本的文件格式（.mdb 或 .mde 文件）创建的，并且该数据库未签名且未受信任，则默认情况下，Access 将禁用任何可执行内容。

11.1.4　禁用模式

如果信任中心将数据库评估为不受信任，则 Access 将在禁用模式（即关闭所有可执行内容）下打开该数据库，而不管数据库文件格式如何。

在禁用模式下，Access 会禁用下列组件。

（1）VBA 代码和 VBA 代码中的任何引用，以及任何不安全的表达式。

（2）所有宏中的“不安全”操作。不安全操作是指可能允许用户修改数据库或对数据库以外的资源获得访问权限的任何操作。但是，Access 禁用的操作有时可以被视为是“安全”的。例如，如果用户信任数据库的创建者，则可以信任任何不安全的宏操作。

（3）几种查询类型：

① 动作查询：这些查询用于添加、更新和删除数据。

② 数据定义语言(DDL)查询：用于创建或更改数据库中的对象，例如，表和过程。

③ SQL 传递查询：用于直接向支持开放式数据库连接 (ODBC) 标准的数据库服务器发送命令。传递查询在不涉及 Access 数据库引擎的情况下处理服务器上的表。

（4）ActiveX 控件。数据库打开时，Access 可能会尝试载入加载项（用于扩展 Access 或打开数据库功能的程序）。可能还需要运行向导，以便在打开的数据库中创建对象。在载入加载项或启动向导时，Access 会将证据传递到信任中心，信任中心将做出其他信任决定，并启用或禁用对象或操作。如果信任中心禁用数据库，而用户不同意该决定，那么可以使用“消息栏”来启用相应的内容。

11.2　使用受信任位置中的 Access 数据库

将 Access 数据库放在受信任位置时，所有 VBA 代码、宏和安全表达式都会在数据库打开时运行。用户不必在数据库打开时做出信任决定。

使用受信任位置中的 Access 数据库的过程大致分为下面几个步骤：

① 使用信任中心查找或创建受信任位置；

② 将 Access 数据库保存、移动或复制到受信任位置；

③ 打开并使用数据库。

打开信任中心，查找或创建受信任位置，然后将数据库添加到该位置。

（1）在“文件”选项卡上，单击“选项”，打开“Access 选项”对话框。

（2）在“Access 选项”对话框左侧窗格，单击“信任中心”，然后在“Microsoft Office Access

信任中心”下，单击“信任中心设置”，如图 11-2 所示。

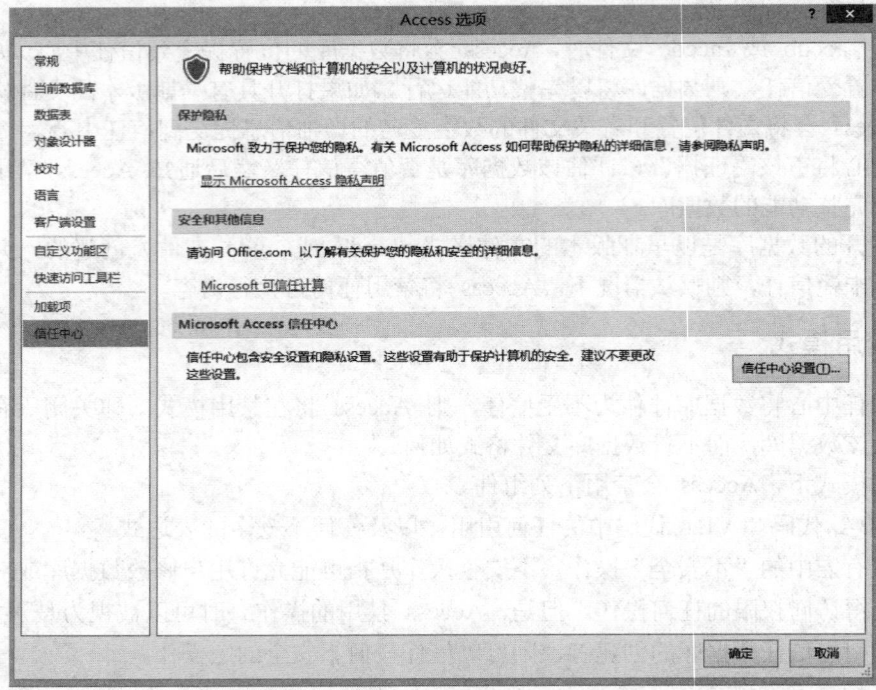

图 11-2 “信任中心”对话框

（3）在打开的“信任中心”对话框中，单击左侧窗格“受信任位置”，如图 11-3 所示。

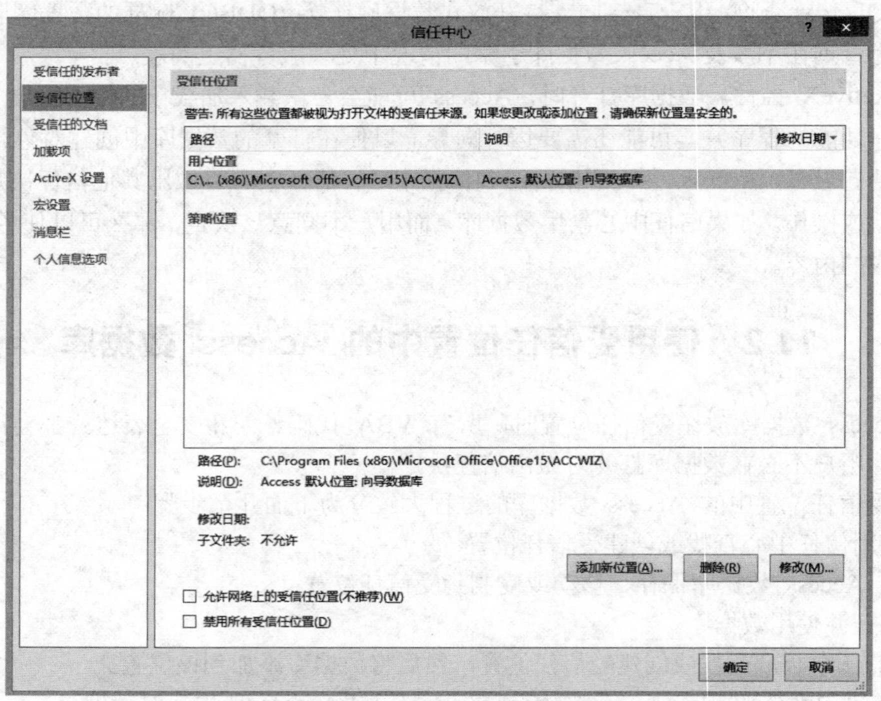

图 11-3 “信任中心”对话框

然后，执行下列某项操作。

① 记录一个或多个受信任位置的路径。

② 创建新的受信任位置。用户如果需要创建新的受信任位置，请单击“添加新位置”按钮，在打开“Microsoft Office 受信任位置”对话框中，添加新的路径，将数据库放在该受信任位置，如图 11-4 所示。

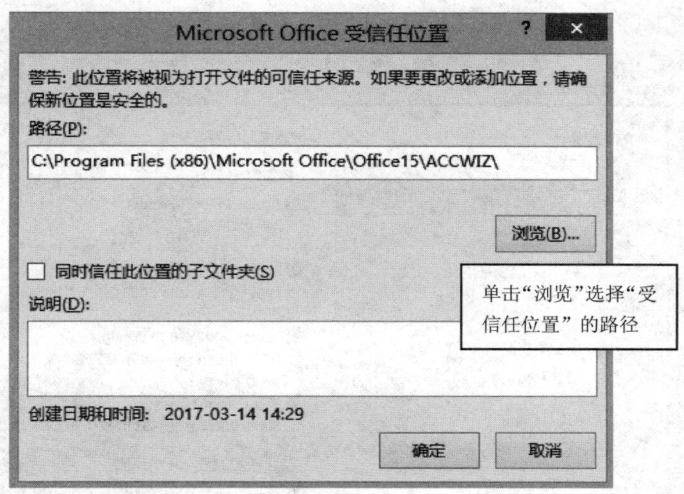

图 11-4 “Microsoft Office 受信任位置”对话框

11.3　数据库的打包、签名和分发

数据库开发者将数据库分发给不同的用户使用，或是在局域网中使用，这时需要考虑数据库分发时的安全问题。签名是为了保证分发数据库的安全性，打包是确保在创建该包后数据库没有被修改。

Office Access 2013 可以轻松而快速地对数据库进行签名和分发。在创建 .accdb 文件或 .accde 文件后，可以将该文件打包，对该包应用数字签名，然后将签名包分发给其他用户。“打包并签署”工具会将该数据库放置在 Access 部署 (.accdc) 文件中，对其进行签名，然后将签名包放在确定的位置。随后，其他用户可以从该包中提取数据库，并直接在该数据库中工作，而不是在包文件中工作。

在操作过程中需要注意以下事项。

（1）将数据库打包并对包进行签名，是一种传达信任的方式。在对数据库打包并签名后，数字签名会确认在创建该包之后数据库未进行过更改。

（2）从包中提取数据库后，签名包与提取的数据库之间将不再有关系。

（3）仅可以在以 .accdb、.accdc 或 .accde 文件格式保存的数据库中使用“打包并签署”工具。Access 还提供了用于对以早期版本的文件格式创建的数据库进行签名和分发的工具，所使用的数字签名工具，必须适合于所使用的数据库文件格式。

（4）一个包中只能添加一个数据库。

（5）该过程将对包含整个数据库的包(而不仅仅是宏或模块)进行签名。

（6）该过程将压缩包文件，以便缩短下载时间。

（7）可以从位于 Windows SharePoint Services 3.0 服务器上的包文件中提取数据库。

1．创建签名包

（1）打开要打包和签名的数据库。

（2）在“文件”选项卡上，单击“保存并发布”，然后在“高级”下双击“打包并签署”，如图 11-5 所示。

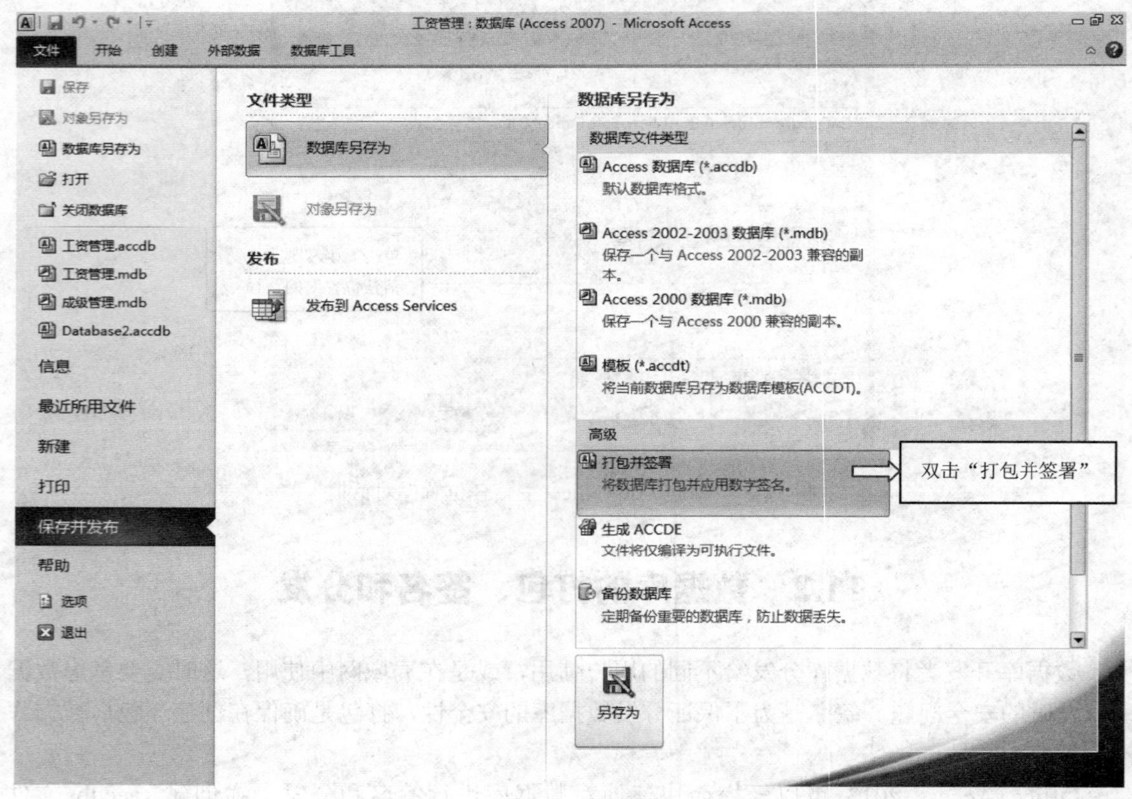

图 11-5　打包并签署

（3）将出现“选择证书”对话框或者出现“创建 Microsoft Office Access 签名包”对话框。

① 出现“选择证书”对话框，选择数字证书，然后单击“确定”按钮。

② 出现“创建 Microsoft Office Access 签名包”对话框。则：

a．在“保存位置”列表中，为签名的数据库包选择一个位置。

b．在“文件名”框中为签名包输入名称，然后单击“创建”按钮。

Access 将创建 “工资管理.accdc”文件，并将其放置在选定的位置，如图 11-6 所示。

2．提取并使用签名包

（1）在“文件”选项卡上，单击“打开”，将出现“打开”对话框。

（2）选择“Microsoft Office Access 签名包(*.accdc)”作为文件类型。

（3）使用“查找范围”列表，找到包含 .accdc 文件的文件夹，选择该文件，然后单击“打开”，如图 11-7 所示。

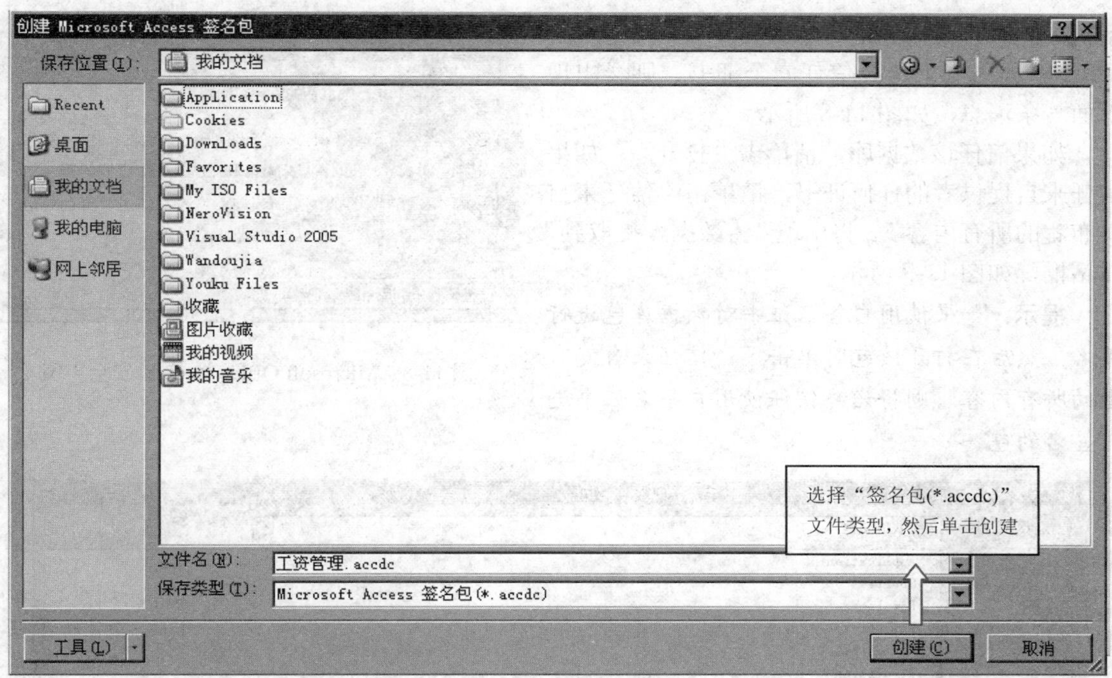

图 11-6　创建签名包

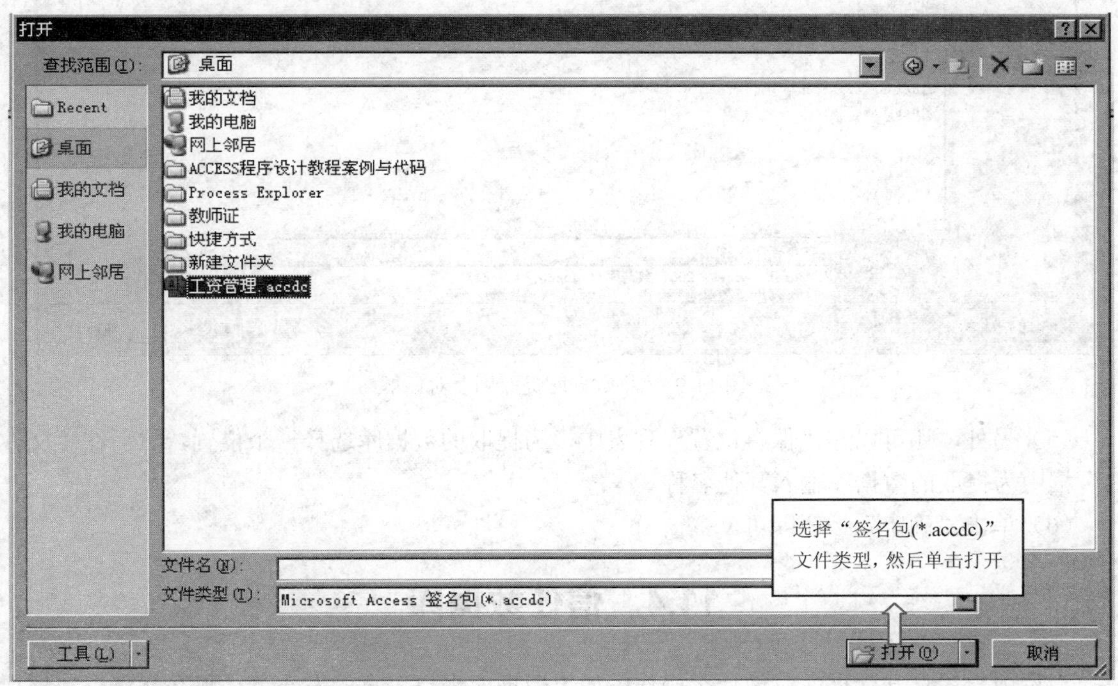

图 11-7　选择工资管理.accdc 签名包

（4）请执行下列操作之一：

① 如果选择了信任用于对部署包进行签名的安全证书，则会出现“将数据库提取到”对

话框。此时，请转到下一步。

② 如果尚未选择信任安全证书，则会出现下面一条消息，如图 11-8 所示。

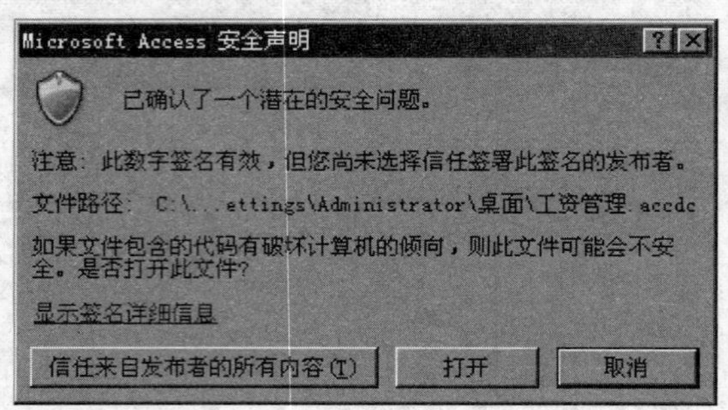

图 11-8　Microsoft Office Access 安全声明

如果信任该数据库，请单击“打开”；如果信任来自提供者的任何证书，请单击“信任来自发布者的所有内容”。将出现“将数据库提取到”对话框，如图 11-9 所示。

提示：如果使用自签名证书对数据库包进行签名，然后在打开该包时单击了“信任来自发布者的所有内容”，则将始终信任使用自签名证书进行签名的包。

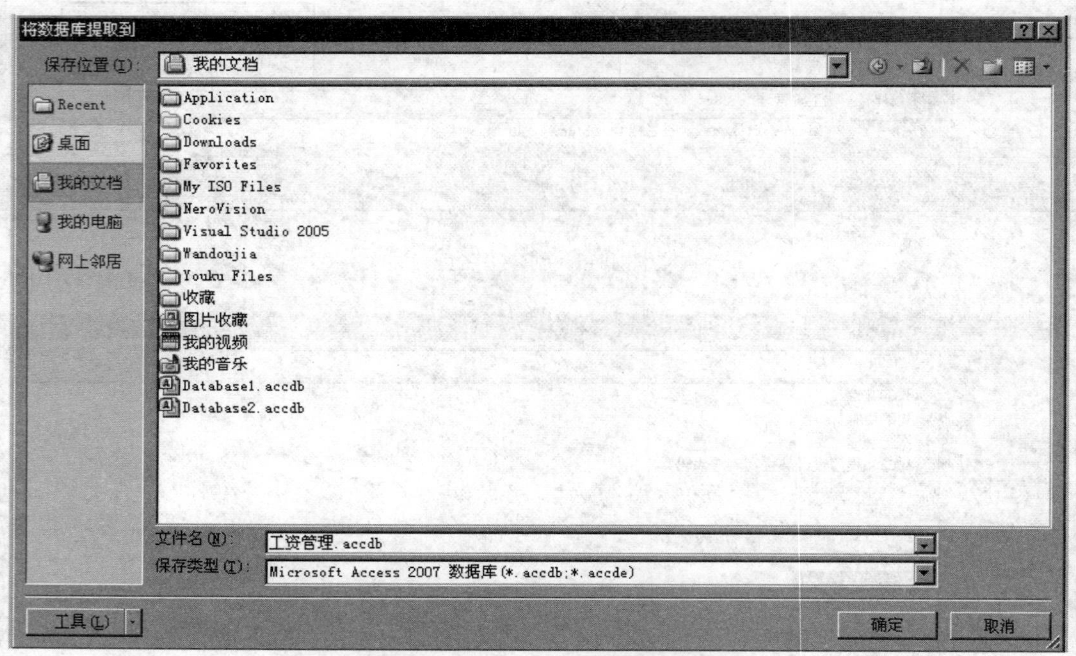

图 11-9　“将数据库提取到”对话框

（5）另外，还可以在“保存位置”列表中，为提取的数据库选择一个位置，然后在“文件名”框中为提取的数据库输入其他名称。

（6）单击“确定”按钮即可。

11.4　信任数据库

无论用户在打开数据库时做什么操作，如果数据库来自可靠的发布者，那么就可以选择启用文件中的可执行组件，以信任数据库。

在消息栏中，启用内容或隐藏消息栏。如图 11-10 所示，单击“启用内容”，然后单击“消息栏”右上角的“关闭”按钮(X)，“消息栏”即会关闭。除非将数据库移到受信任位置，否则在下次打开数据库时仍会重新显示消息栏。

图 11-10 未受信任“消息栏”

11.5 旧版本数据库格式的转换

1. Access 2013 数据库默认的文件格式

在创建新的空白数据库时，Access 会要求为数据库文件命名。默认情况下，文件的扩展名为“.accdb”，这种文件是采用 Access 2007-2010 文件格式创建的，在早期版本的 Access 中无法打开。

在实际应用当中，不同的用户安装的 Access 版本也不同，但是如果是使用同一个数据库，这时就出现了版本之间的兼容性，规则：新版本对旧版本的兼容，高版本向低版本的兼容，是不可逆向兼容的。在 Microsoft Access 2013 中，可以选择采用 Access 2000 格式或 Access 2002-2003 格式（扩展名均为“.mdb”）创建文件。在成功创建新的数据库文件时，生成的文件将采用早期版本的 Access 格式创建，并且可以与使用该版本 Access 的其他用户共享。

2. 更改默认文件格式

（1）启动 Microsoft Access 2013。

（2）在“文件”选项卡下，单击“选项”命令，打开“Access 选项”对话框，如图 11-11 所示。

图 11-11 “Access 选项”对话框

（3）在“Access 选项”对话框左侧窗格中，单击“常规”选项。

（4）在“创建数据库”下的“默认文件格式”框中，选择要作为默认设置的文件格式,单击

“确定”按钮。

（5）设置完“创建数据库”的默认格式后，创建的就是该版本格式的数据库。

3．转换数据库的格式

如果要将现有的.accdb数据库转换为其他格式(例如早期的数据库2000-2003版本的.mdb格式，或者是模板.accdt格式)，那么可以在“将数据库另存为”命令下选择格式。

（1）单击“文件 ”选项卡，在对话框左侧窗格中，单击“另存为”选项。

（2）在“数据库文件类型”中选择要保存的格式即可，这里选择另存为“2000-2003 版本的.mdb格式”如图11-12所示。

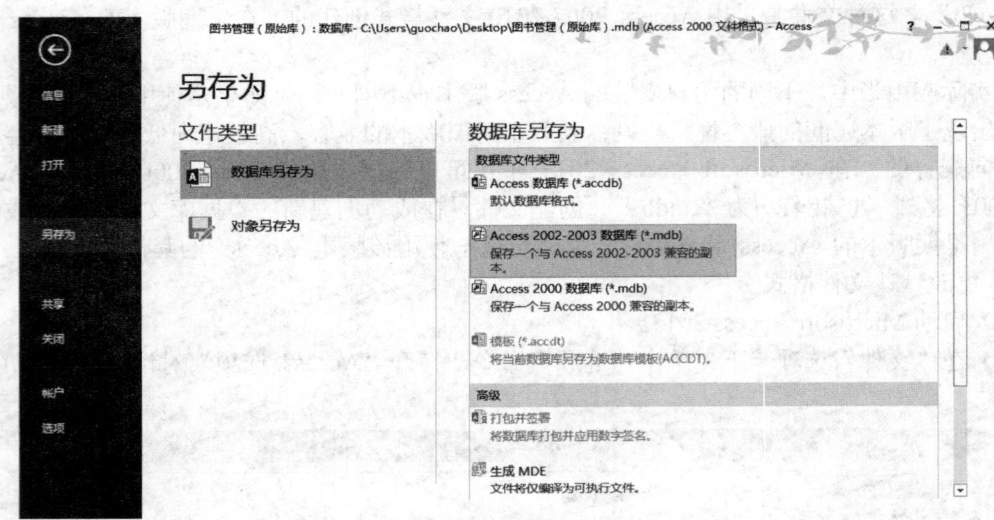

图 11-12　数据库另存为

（3）在另存为的对话框中的“保存类型”中，可以看到此时的文件格式为 2000-2003.mdb 格式，如图11-13所示。

图 11-13　“另存为”对话框

此命令除了保留数据库原来的格式之外，还按照用户指定的格式创建一个数据库副本。其他用户就可以将该数据库副本用在所需的 Access 版本中。

上 机 实 训

一、实验目的

① 掌握数据库的打包和分发；

② 掌握如何加密和解密数据库；

③ 了解数据库格式的转换。

二、实验过程

（1）将自己创建的数据库设置密码。

（2）把数据库分发给信任的数据库用户。

实验步骤如下：

（1）设置数据库密码。

（2）将加密的数据库进行打包、签名、分发。

（3）用户接受数据库签名包进行提取。

习　　题

一、选择题

1．在对数据库进行打包并签署，用于存储数据库的格式是________。

A．.accdc　　B．.accdb　　C．.accdt　　D．.accde

2．在 Access 2013 中，默认打开数据库对象的文件类型是________。

A．.accdb　　B．.dbf　　C．.accdc　　D．.mdb

3．对数据库进行加密是使用______ 方式打开数据库。

A．只读　　B．独占　　C．只读独占　　D．默认

4．下列哪项不属于 Access 2013 数据库的安全机制________。

A．信任中心　　B．打包签署　　C．加密　　D．复制副本

5．在 Access 2013 常规设置里，下面哪项不是空白数据库默认的文件格式________。

A．Access 2000　　B．Access 2000-2003

C．Access 2007　　D．Access 2013

二、思考题

1．如何理解 Access 2013 数据库的信任中心？

2．Access 2013 数据库的打包、签名、分发有什么好处？

3．Access 2013 数据库设置密码后，使用其中的表还要输入密码吗？

4．怎样理解加密后的数据库？

5．Access 2013 的数据库类型和早期版本的数据库类型可以互相兼容吗？

三、操作题

1．添加一个新的受信任位置。

2．创建一个签名包，把它保存在个人文件下，然后将该包提取到桌面。

3．为个人创建的数据库建立打开密码。

4．将数据库的密码撤销。

5．将个人创建的数据库复制一个副本，保存为 Access 2000-2003 版本的格式。

课后习题参考答案

第1章　数据库基础

一、选择题

1～5　AACCC　　6～10　DDABC

11～15　BACAC　　16～20　DBBAB

第2章　Access 2013数据库

一、选择题

1～5　ABADA　　6～9　DDBA

第3章　表的创建与使用

一、选择题

1～5　BDCCB　　6～10　CAAAD

二、填空题

1．表、数据　2．OLE对象　3．字段名　4．逻辑顺序　5．约束条件

6．设计　7．主键　8．操作依据　9．嵌入　10．超链接

第4章　查询设计

一、选择题

1～5　CADCD　　6～10　CDDBC

11～15　BBABD　　16～18　CBD

二、填空题

1．生成表查询　更新查询　追加查询　删除查询

2．表　查询

3．与　或

4．参数

5．更新查询

第5章　结构化查询语言SQL

一、选择题

1～5 ABCBB　　6～10 BAABC

11～15 DBBDD　　16～20 ACDBB

21～25 CBAAA

二、填空题

1．数据控制

2．Create　table　stu

3．ALTER
4．GROUP BY
5．ORDER BY
6．GROUP BY　　　ORDER BY
7．Select * from 学生表 where 性别="男" and 年龄>20
8．SELECT 借书证号，COUNT(图书编号)
FROM 借阅
GROUP BY 借书证号
HAVING COUNT(*)>3;
9．SUM　AVG　MIN　MAX
10．COUNT
11．BETWEEN
12．LIKE

第 6 章　窗体设计及高级应用

一、选择题

1～5　CADDC　　6～10　DDDAC

二、填空题

1．表 查询
2．向导 人工
3．子窗体 控件
4．节 主体节
5．数据
6．主/子窗体的数据源
7．窗体页眉
8．计算型
9．更新后
10．数据表

第 7 章　报表设计

一、选择题

1～5　CADCA　　6～10　DCBCD　　11～12　BC

二、填空题

1．分组
2．纵栏
3．横向　纵向
4．版面预览
5．页面页脚节
6．设计视图
7．设计视图
8．报表页眉

第 8 章　宏

一、选择题

1～5 DBACB　　6～10 DBBCD

11～15 CDDBA

二、填空题

1．操作

2．宏组名.宏名

3．OpenTable 、OpenForm

4．Forms!窗体名!控件名、Reports!报表名!控件名

5．另存为模块

6．排序次序

7．宏组

8．…

9．AutoExec

10．OpenQuery、OpenForm

第 9 章　VBA 与模块

一、选择题

1～5　CDCCB　　6～10　CBBAD

11～15　BDDDA　　16～20　BBAAC

二、填空题

1．Visual Basic for Application

2．Sub

3．类模块

4．Dim…As…

5．全局变量

6．Private

7．Global

8．Static

9．InputBox　　Msgbox

10．循环结构

第 10 章　数据库管理

一、选择题

1～3　ABD

第 11 章　数据库安全

一、选择题

1～5　AABDD

参考文献

[1] 叶恺，张思卿. Access 2010 数据库案例教程[M]. 北京：化学工业出版社，2012.
[2] 翁正科.Visual FoxPro 8.0 数据库开发教程[M]. 第 3 版.北京：清华大学出版社，2004.
[3] 科教工作室.Access2010 数据库应用[M]. 北京：清华大学出版社，2012.
[4] 袁淑敏. Access2007 数据库应用基础与实训教程[M]. 北京：清华大学出版社，2011.
[5] 九州书源. Access 数据库应用[M]. 北京：清华大学出版社，2011.
[6] 孙宝林. Access 数据库应用技术[M]. 北京：清华大学出版社，2010.
[7] 张欣. Access 数据库基础案例教程[M]. 北京：清华大学出版社，2011.
[8] 董超俊. Access 数据库应用教程[M]. 北京：北京邮电大学出版社，2011.
[9] 訾秀玲. Access 数据库技术及应用教程[M]. 北京：清华大学出版社，2007.
[10] 杨涛. 中文版 Access 2003 数据库应用实用教程[M]. 北京：清华大学出版社，2009.
[11] 聂玉峰，陈东方，田萍芳. Access 数据库技术及应用[M]. 北京：科学出版社，2011.
[12] 王凤. Access 2007 数据库管理从新手到高手[M]. 北京：中国铁道出版社，2011.
[13] 卢湘鸿. 数据库 Access 2003 应用教程[M]. 北京：人民邮电出版社，2007.
[14] 张强，杨玉明. Access 2010 入门与实例教程[M]. 北京：电子工业出版社，2011.
[15] 张敏.电脑不过如此——Access 2007 入门与应用技巧[M]. 北京：化学工业出版社，2010.
[16] Access 2010 数据库应用教程[M]. 北京：人民邮电出版社，2015.